"十三五"江苏省高等学校重点教材
职业教育立体化数字资源配套教材

液压与气动技术

▶▶

黎少辉　李建松　主编
史书林　许大华　刘娟　副主编
孙金海　主审

YEYA YU
QIDONG JISHU

化学工业出版社

·北京·

内 容 简 介

本书是"十三五"江苏省高等学校重点教材，是机械类、机电类专业的教学用书。全书共分9章，内容包括液压传动和流体力学基础、液压动力元件、液压执行元件、液压控制元件、液压辅助元件、液压基本回路、典型液压系统分析、气压传动技术、液压传动虚拟仿真技术，章后附有练习题，便于读者检验学习成果。为方便实验教学，书后附有实验，各学校可根据实际情况选取。液压仿真技术与实验相关技能的训练，使读者在学习知识和技能训练的过程中，初步形成解决液压与气压系统实际问题的综合职业能力。书中配套视频动画等数字资源，可扫描二维码观看，另外提供电子课件等（可到QQ群410301985下载）。

本书的内容编写以成果导向展开，自始至终贯彻职业教育定向性、实用性和先进性原则，力求贴近高职教育教学改革实际，努力减少理论知识与计算公式的推导，便于学生按"果"索骥，以培养高技能人才为目标，深入浅出，图文并茂，选编了较多的应用实例。本书增添了"课程思政"相关内容，以传统文化及相关发表文章为载体，既培养学生继承优秀传统文化意识，又培养学生专业发展信心、企业文化认可等方面的综合素养。既能保障教学的有效实施，又能实现课程育人目标，使该教材成为教、学、育人一体化的载体。

本书可作为高等职业技术院校、高等专科学校、职工大学、函授学院、成人教育学院等机械类及机电类专业的教学用书，也可供有关工程技术人员参考。

图书在版编目（CIP）数据

液压与气动技术/黎少辉，李建松主编．—北京：化学工业出版社，2021.8（2023.9重印）
ISBN 978-7-122-39223-7

Ⅰ．①液… Ⅱ．①黎… ②李… Ⅲ．①液压传动②气压传动 Ⅳ．①TH137②TH138

中国版本图书馆CIP数据核字（2021）第096982号

责任编辑：韩庆利　　　　　　　　　　　　文字编辑：宋　旋　陈小滔
责任校对：王素芹　　　　　　　　　　　　装帧设计：史利平

出版发行：化学工业出版社（北京市东城区青年湖南街13号　邮政编码100011）
印　　装：北京印刷集团有限责任公司
787mm×1092mm　1/16　印张14　字数 339千字　2023年9月北京第1版第3次印刷

购书咨询：010-64518888　　　　　　　　　售后服务：010-64518899
网　　址：http://www.cip.com.cn
凡购买本书，如有缺损质量问题，本社销售中心负责调换。

定　价：39.80元　　　　　　　　　　　　　　　　　　　　　版权所有　违者必究

前言

　　液压与气动技术是利用有压液体或气体作为能源介质实现各种机械的传动和自动控制的技术，在工业生产的各个领域均有广泛的应用。本书主要培养学生具有从事机械、液压、气动设备的安装、调试、维修保养相关工作的能力，以及对一般机械、液压、气动系统的设计能力。

　　高等职业教育与学科型普通高等教育作为现代高等教育体系中最主要的两种类型，由于在人才培养的模式、手段、途径、方法以及目的等诸多方面存在的巨大差异，使其二者各自扮演着不同的育人角色，承担着不同的社会功能。高等职业教育培养的是生产、服务和管理第一线需要的高技能人才，培养中特别注重学生职业技能的训练及职业岗位能力的培养。因而本书编写过程中，始终贯彻以学生为中心，以培养学生实际应用液压与气动传动知识的能力为主线，实现教、学、练有机结合。同时，以成果为导向的内容组织有助于学生明确学习达成目标，培养主动学习意识，也便于教师展开教学活动。教材的编写跟随时代要求，增添了"课程思政"相关内容，既培养学生继承优秀传统文化意识，又培养学生专业发展信心、企业文化认可等方面的综合素养；既能保障教学的有效实施，又能实现课程育人目标，使该教材成为教、学、育人一体化的载体。本书特点如下：

　　1. 内容编写方面。以"必需、够用"为度，尽量做到少而精，体现"为用而学"的教学理念，用到什么知识就讲什么知识，用多少就讲多少，淡化理论知识的系统性和完整性，即不求完整但求实用、够用。

　　2. 内容组织方面。以成果为导向的内容组织，是本书的编写特色，该编写方式有助于学生基于成果完成相关教学内容的学习，实现能力目标培养，便于学生自主学习。同时，基于成果导向的内容组织结构，提炼了每章内容的教学成果，方便教师展开教学，开发在线课程。

　　3. 教材编写紧随时代要求。本书章节前安排了基于制度建设、规则意识培养的古诗词、名言名句及专业发展现状、企业文化等公开发表的相关论文，既培养学生继承优秀传统文化精神，助于教学开展，又提高学生专业自信心与企业文化认可度。响应"课程思政"要求，用好课堂教学这个主渠道，使各类课程与思想政治理论课同向同行，形成协同效应。

　　4. 考虑气动技术与液压技术的类似性，教材在编写中，主要介绍液压传动方面的知识，而气动方面的知识，尤其在实际中较少用到的内容，只作简单介绍。

　　本书由黎少辉、李建松主编，史书林、许大华、刘娟副主编，王昕煜参编。黎少辉编写

第1、2、6章，许大华编写第3章，李建松编写第4、7章，刘娟编写第5章，史书林编写第8章和附录，西安航空学院王昕煜老师编写第9章，全书由徐州工业职业技术学院孙金海主审。

徐工集团安东亮工程师，徐州工业职业技术学院曾晓老师对本书的编写提出了许多宝贵的意见和建议，北京掌宇集电科技有限公司谢凌涛工程师提供了液压仿真技术相关资料，在此表示衷心感谢！

由于编者水平所限，书中如有不足之处敬请使用本书的师生与读者批评指正，以便修订时改进。

编　者

"课程思政"内容及实施目标

为实现专业知识学习与立德树人目标的融通,需调整现有教学策略、引入新的教学手段;本课程在育人目标上主要培养学生主动学习、团队协作、语言表达、资料检索等能力,同时培养学生专业发展信心与企业文化认同意识,进而扩展学生论文阅读能力。具体内容与实施方法说明如下。

课程育人的阶段性目标需要相应的教学组织方式与教学内容来支撑。本课程教学组织方式采用"基于成果导向的同伴式翻转课堂",教学内容主要体现在以下三个方面(如图1)。

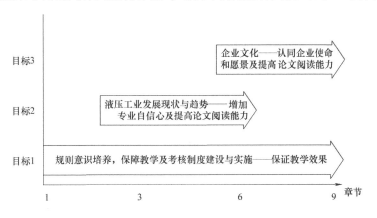

图1 《液压与气动技术》课程思政内容与目标

目标1:培养学生"遵规重教"意识。保证教学方式实施及提高教学效果,培养学生"制度、规则"意识,提高学习积极性,构建完善的教学制度与组织方式。教学制度激发学生的主动学习意识,组织方式提高学生教学活动参与度。基于此,教学过程中引经据典作为观念教育准绳,既培养学生继承优秀的传统文化,发扬优秀传统精神意识,又提高学生"遵规重教"思想,便于开展教学。

目标2:增加学生专业自信心。经过一段时间的课程学习,学生对液压技术有一定层次的了解。在课程中期阶段安排学生阅读一定量的有关液压工业发展现状与趋势的论文,以增加学生专业自信心及提高论文的阅读能力。

目标3:提高学生企业文化认同感。在课程的后期向学生推送一些企业文化方面的论文,使学生了解不同企业文化的内涵及其在企业发展中的价值和作用,以认同企业使命与发展愿景,端正学生就业观,同时进一步提高学生的论文阅读能力。

基于成果导向的同伴式翻转课堂教学实施说明

如果给小学生上课称为"讲课",给中学生上课称为"授课",那么给将要踏入社会的大学生上课应为"组织课"。有效组织课堂教学活动,实现大学生主动学习能力与综合素质提高,则为大学课堂教学之本。

成果导向是本教材的编写特色,该编写方式有助于学生基于成果完成相关教学内容的学习,实现能力目标培养。为匹配教材的编写特点,本课程教学组提出"基于成果导向的同伴式翻转课堂"的教学方式。经过五年多课程的教学实践,该教学方式能有效激发学生学习主动性,提高学生团队合作、语言表达、资料检索等综合能力,有效保证了教学效果。

翻转课堂"翻"得动至关重要,如果让学生完全翻讲整堂课的教学内容,同时缺乏有效的组织方式,翻转课堂很难进行下去,最后往往达不到效果。基于成果导向的同伴式翻转课堂,在内容组织方面,学生仅仅讲解布置的成果(能力目标),这样的教学组织方式有效降低了翻转课堂在高职教学课堂中开展的难度。

该教学方式的重点是强化个人与团队的过程考核。过程考核成绩占期末总成绩的50%以上,避免学生产生期末考试临时突击的想法。过程考核主要包括:出勤(10%)、课前预习作业讲稿(10%)、参与教学过程(20%)、设计作业及实验报告(10%)。

流程如下。

1. 组团队。根据学生自愿或以宿舍为单元形成学习团队,一个班组成5~6个团队,每个团队安排一名带头人。由于两节课教学时间有限,团队数量过多易造成拖堂现象。

2. 推送下一次课的教学任务。该环节向学生提供相应的教学资源(如课件、网络资源等),并提供师生在线答疑平台。注意:推送给学生的课件只有成果要求的内容,不具有教师讲课课件的完整性。

3. 教学实施。实施流程为:出勤记录(个人与团队)—抽检预习作业讲稿—教师指导学生教学内容讲解—随机抽取讲解团队—团队成员讲解—教师补充—随机抽取答疑小组(小组全体成员站讲台一字排开)—剩余小组每组问两个问题(指定讲台上小组某成员回答)—教师补充与总结—布置下一次任务。教学实施过程中一定做好过程考核。具体教学环节如下。

环节一:学生出勤分组考核(小组组长汇报),随机抽查上节课布置的预习任务作业。(时间5分钟)

环节二:介绍本次课要讲解的主要内容(成果)及讲解要领,组长组织小组成员准备讲解。(时间15分钟)

环节三：随机抽取讲解小组，小组安排成员讲解。（教师根据讲解情况将时间把控在 20 分钟以内）

环节四：教师根据学生的讲解情况，对教学内容与讲解方式进行针对性的补充。（时间 10 分钟）

环节五：随机抽取答疑小组，该小组成员一字排开站在讲台上，回答其他小组成员的问题。（时间 20 分钟）

环节六：教师补充或拓展教学内容，总结本节课教学组织情况。（时间 15 分钟）

环节七：布置下次课的教学内容（成果要求），并指导学生怎样学习与讲解。（时间 5 分钟）

目 录

第1章 —————————————————————————————————— 1
液压传动和流体力学基础
1.1 ▶ 液压传动工作原理 ·· 1
1.1.1　液压传动工作原理 ·· 2
1.1.2　液压系统构成及图形符号 ·· 2
1.1.3　液压传动系统优缺点 ··· 4
1.2 ▶ 液压传动工作介质选择 ·· 4
1.2.1　液压油主要性质 ··· 5
1.2.2　液压传动工作介质种类与选择 ······································ 7
1.2.3　液压油污染及控制措施 ··· 9
1.3 ▶ 流体力学基础 ·· 9
1.4 ▶ 流体动力学 ·· 12
1.4.1　基本概念 ·· 13
1.4.2　连续性方程与伯努利方程 ··· 15
1.5 ▶ 液体在管路中流动时压力损失 ·· 17
1.6 ▶ 液体流经孔口及缝隙时压力-流量特性 ······························ 20
1.6.1　小孔流量 ·· 21
1.6.2　缝隙流量 ·· 22
1.7 ▶ 液压冲击及气穴现象 ·· 25
练习题 ·· 26

第2章 —————————————————————————————————— 27
液压动力元件
2.1 ▶ 容积式液压泵工作原理 ·· 27
2.2 ▶ 液压泵主要性能参数 ·· 28
2.3 ▶ 齿轮泵 ·· 30
2.3.1　齿轮泵工作原理 ··· 31
2.3.2　外啮合齿轮泵结构特点和应用 ···································· 32
2.4 ▶ 叶片泵 ·· 34

        2.4.1　单作用叶片泵 ·· 34
        2.4.2　限压式变量叶片泵 ··· 35
        2.4.3　双作用叶片泵 ·· 36
    2.5 ▶ 柱塞泵 ·· 38
    2.6 ▶ 液压泵选用 ··· 39
    2.7 ▶ 液压泵噪声 ··· 40
    练习题 ··· 40

第3章
液压执行元件 — 42
    3.1 ▶ 液压缸典型结构和组成 ·· 42
        3.1.1　单缸活塞式液压缸结构 ··· 42
        3.1.2　液压缸密封 ·· 46
    3.2 ▶ 液压缸的设计 ··· 49
        3.2.1　液压缸主要参数 ·· 49
        3.2.2　液压缸主要形式 ·· 50
        3.2.3　液压缸主要尺寸计算 ··· 53
    3.3 ▶ 液压马达 ·· 54
    练习题 ··· 55

第4章
液压控制元件 — 57
    4.1 ▶ 方向控制阀 ··· 57
        4.1.1　单向阀 ·· 58
        4.1.2　换向阀 ·· 59
    4.2 ▶ 压力控制阀 ··· 65
        4.2.1　溢流阀 ·· 65
        4.2.2　减压阀 ·· 69
        4.2.3　顺序阀 ·· 71
        4.2.4　压力继电器 ··· 72
    4.3 ▶ 流量控制阀 ··· 74
        4.3.1　节流口流量特性和形式 ··· 74
        4.3.2　调速阀 ·· 75
    4.4 ▶ 新型阀 ·· 78
        4.4.1　插装阀 ·· 78
        4.4.2　叠加阀 ·· 80
        4.4.3　比例阀 ·· 81
    练习题 ··· 83

第 5 章　液压辅助元件　85

- 5.1 ▶ 油箱 ⋯⋯⋯⋯⋯⋯⋯⋯⋯⋯⋯⋯⋯⋯⋯⋯⋯⋯⋯⋯⋯⋯⋯⋯⋯⋯⋯⋯⋯⋯⋯⋯85
- 5.2 ▶ 过滤器 ⋯⋯⋯⋯⋯⋯⋯⋯⋯⋯⋯⋯⋯⋯⋯⋯⋯⋯⋯⋯⋯⋯⋯⋯⋯⋯⋯⋯⋯⋯87
- 5.3 ▶ 热交换器 ⋯⋯⋯⋯⋯⋯⋯⋯⋯⋯⋯⋯⋯⋯⋯⋯⋯⋯⋯⋯⋯⋯⋯⋯⋯⋯⋯⋯⋯89
- 5.4 ▶ 蓄能器 ⋯⋯⋯⋯⋯⋯⋯⋯⋯⋯⋯⋯⋯⋯⋯⋯⋯⋯⋯⋯⋯⋯⋯⋯⋯⋯⋯⋯⋯⋯91
- 5.5 ▶ 油管组件 ⋯⋯⋯⋯⋯⋯⋯⋯⋯⋯⋯⋯⋯⋯⋯⋯⋯⋯⋯⋯⋯⋯⋯⋯⋯⋯⋯⋯⋯94
- 练习题 ⋯⋯⋯⋯⋯⋯⋯⋯⋯⋯⋯⋯⋯⋯⋯⋯⋯⋯⋯⋯⋯⋯⋯⋯⋯⋯⋯⋯⋯⋯⋯⋯⋯⋯96

第 6 章　液压基本回路　97

- 6.1 ▶ 方向控制回路 ⋯⋯⋯⋯⋯⋯⋯⋯⋯⋯⋯⋯⋯⋯⋯⋯⋯⋯⋯⋯⋯⋯⋯⋯⋯⋯⋯98
- 6.2 ▶ 压力控制回路 ⋯⋯⋯⋯⋯⋯⋯⋯⋯⋯⋯⋯⋯⋯⋯⋯⋯⋯⋯⋯⋯⋯⋯⋯⋯⋯⋯99
  - 6.2.1　调压回路 ⋯⋯⋯⋯⋯⋯⋯⋯⋯⋯⋯⋯⋯⋯⋯⋯⋯⋯⋯⋯⋯⋯⋯⋯⋯100
  - 6.2.2　减压和增压回路 ⋯⋯⋯⋯⋯⋯⋯⋯⋯⋯⋯⋯⋯⋯⋯⋯⋯⋯⋯⋯⋯101
  - 6.2.3　保压回路 ⋯⋯⋯⋯⋯⋯⋯⋯⋯⋯⋯⋯⋯⋯⋯⋯⋯⋯⋯⋯⋯⋯⋯⋯⋯103
  - 6.2.4　卸荷回路 ⋯⋯⋯⋯⋯⋯⋯⋯⋯⋯⋯⋯⋯⋯⋯⋯⋯⋯⋯⋯⋯⋯⋯⋯⋯104
  - 6.2.5　平衡回路 ⋯⋯⋯⋯⋯⋯⋯⋯⋯⋯⋯⋯⋯⋯⋯⋯⋯⋯⋯⋯⋯⋯⋯⋯⋯105
- 6.3 ▶ 速度控制回路 ⋯⋯⋯⋯⋯⋯⋯⋯⋯⋯⋯⋯⋯⋯⋯⋯⋯⋯⋯⋯⋯⋯⋯⋯⋯⋯107
  - 6.3.1　节流调速回路 ⋯⋯⋯⋯⋯⋯⋯⋯⋯⋯⋯⋯⋯⋯⋯⋯⋯⋯⋯⋯⋯⋯⋯107
  - 6.3.2　容积调速回路 ⋯⋯⋯⋯⋯⋯⋯⋯⋯⋯⋯⋯⋯⋯⋯⋯⋯⋯⋯⋯⋯⋯⋯113
  - 6.3.3　容积节流调速回路 ⋯⋯⋯⋯⋯⋯⋯⋯⋯⋯⋯⋯⋯⋯⋯⋯⋯⋯⋯⋯116
  - 6.3.4　调速回路比较和选用 ⋯⋯⋯⋯⋯⋯⋯⋯⋯⋯⋯⋯⋯⋯⋯⋯⋯⋯⋯118
- 6.4 ▶ 快速运动回路和速度换接回路 ⋯⋯⋯⋯⋯⋯⋯⋯⋯⋯⋯⋯⋯⋯⋯⋯⋯⋯118
  - 6.4.1　快速运动回路 ⋯⋯⋯⋯⋯⋯⋯⋯⋯⋯⋯⋯⋯⋯⋯⋯⋯⋯⋯⋯⋯⋯⋯118
  - 6.4.2　速度换接回路 ⋯⋯⋯⋯⋯⋯⋯⋯⋯⋯⋯⋯⋯⋯⋯⋯⋯⋯⋯⋯⋯⋯⋯120
- 6.5 ▶ 多缸动作回路 ⋯⋯⋯⋯⋯⋯⋯⋯⋯⋯⋯⋯⋯⋯⋯⋯⋯⋯⋯⋯⋯⋯⋯⋯⋯⋯122
  - 6.5.1　顺序动作回路 ⋯⋯⋯⋯⋯⋯⋯⋯⋯⋯⋯⋯⋯⋯⋯⋯⋯⋯⋯⋯⋯⋯⋯123
  - 6.5.2　同步回路 ⋯⋯⋯⋯⋯⋯⋯⋯⋯⋯⋯⋯⋯⋯⋯⋯⋯⋯⋯⋯⋯⋯⋯⋯⋯124
  - 6.5.3　多缸快慢速互不干涉回路 ⋯⋯⋯⋯⋯⋯⋯⋯⋯⋯⋯⋯⋯⋯⋯⋯⋯125
- 练习题 ⋯⋯⋯⋯⋯⋯⋯⋯⋯⋯⋯⋯⋯⋯⋯⋯⋯⋯⋯⋯⋯⋯⋯⋯⋯⋯⋯⋯⋯⋯⋯⋯⋯126

第 7 章　典型液压系统分析　130

- 7.1 ▶ 汽车起重机液压系统 ⋯⋯⋯⋯⋯⋯⋯⋯⋯⋯⋯⋯⋯⋯⋯⋯⋯⋯⋯⋯⋯⋯⋯130
- 7.2 ▶ 装载机液压系统 ⋯⋯⋯⋯⋯⋯⋯⋯⋯⋯⋯⋯⋯⋯⋯⋯⋯⋯⋯⋯⋯⋯⋯⋯⋯134
- 7.3 ▶ 滑阀式液压伺服转向系统 ⋯⋯⋯⋯⋯⋯⋯⋯⋯⋯⋯⋯⋯⋯⋯⋯⋯⋯⋯⋯138
- 7.4 ▶ 组合机床动力滑台液压系统 ⋯⋯⋯⋯⋯⋯⋯⋯⋯⋯⋯⋯⋯⋯⋯⋯⋯⋯⋯139
- 7.5 ▶ 注塑机液压系统 ⋯⋯⋯⋯⋯⋯⋯⋯⋯⋯⋯⋯⋯⋯⋯⋯⋯⋯⋯⋯⋯⋯⋯⋯⋯143
- 7.6 ▶ 车床液压系统 ⋯⋯⋯⋯⋯⋯⋯⋯⋯⋯⋯⋯⋯⋯⋯⋯⋯⋯⋯⋯⋯⋯⋯⋯⋯⋯147

	7.7 ▶ 液压系统常见故障及其排除 ·· 149
	练习题 ·· 152

第8章 — 154
气压传动技术

- 8.1 ▶ 气压传动概述 ·· 154
- 8.2 ▶ 气源装置与气动辅助元件 ·· 156
  - 8.2.1 气源装置 ··· 156
  - 8.2.2 气动辅助元件 ·· 160
- 8.3 ▶ 气动执行元件 ·· 161
  - 8.3.1 气缸 ·· 161
  - 8.3.2 气动马达 ··· 165
- 8.4 ▶ 气动控制元件 ·· 166
  - 8.4.1 方向控制阀 ··· 166
  - 8.4.2 压力控制阀 ··· 171
  - 8.4.3 流量控制阀 ··· 172
  - 8.4.4 气动逻辑元件 ·· 173
- 8.5 ▶ 气动基本回路 ·· 177
  - 8.5.1 换向回路 ··· 177
  - 8.5.2 压力控制回路 ·· 178
  - 8.5.3 速度控制回路 ·· 179
  - 8.5.4 其他常用回路 ·· 179
- 8.6 ▶ 典型气动回路分析 ··· 183
  - 8.6.1 气动机械手气压传动系统 ·· 183
  - 8.6.2 气动钻床气压传动系统 ··· 186
  - 8.6.3 工件夹紧气压传动系统 ··· 187
- 8.7 ▶ 气动系统使用和维护 ··· 188
  - 8.7.1 气动系统安装和调试 ··· 188
  - 8.7.2 气动系统使用与维护 ··· 190
- 练习题 ·· 191

第9章 — 193
液压传动虚拟仿真技术

- 9.1 ▶ Automation Studio™软件 ··· 193
- 9.2 ▶ Automation Studio™软件界面 ·· 194
- 9.3 ▶ 实例操作 ··· 196
- 练习题 ·· 204

附录

实验

实验1 ▶ 认识液压系统 ·· 205

实验2 ▶ 液压泵的拆装 ·· 206

实验3 ▶ 液压传动系统调速回路组装实验 ······································ 207

实验4 ▶ 液压传动系统顺序回路组装实验 ······································ 209

实验5 ▶ 双作用气缸的速度控制 ··· 210

实验6 ▶ 气动双缸往复电-气联合控制回路 ···································· 211

参考文献 ·· 212

第 1 章 液压传动和流体力学基础

【佳句欣赏】阐述下面语句的意思,谈谈"尊重规则、执行规则、创新规则"的实际意义。

"离娄之明、公输子之巧,不以规矩,不能成方圆;师旷之聪,不以六律,不能正五音;尧舜之道,不以仁政,不能平治天下。"——孟子《孟子·离娄上》

"那些仅仅循规蹈矩过活的人,并不是在使社会进步,只是在使社会得以维持下去。"——泰戈尔

【成果要求】基于本章内容的学习,要求收获如下成果。
成果1:能够说明液压千斤顶、机床工作台液压传动系统组成及工作原理;
成果2:能够对比其他传动方式说明液压传动的优缺点;
成果3:能够根据工作条件、工作环境选择合适的液压油及防污染措施;
成果4:能够说明流体静力学基本方程及帕斯卡原理的物理意义,并有效应用;
成果5:能够说明连续方程的物理意义,并有效应用;
成果6:能够说明伯努利方程的物理意义,并有效应用;
成果7:能够说明压力损失分类及计算方法;
成果8:能够说明流体流经孔口及缝隙时的压力-流量特性;
成果9:能够说明液压冲击及气穴产生的原因、危害,有哪些避免措施。

1.1 液压传动工作原理

预习本节内容,并撰写讲稿(预习作业),收获成果1:能够说明液压千斤顶、机床工作台液压传动系统构成及工作原理;成果2:能够对比其他传动方式说明液压传动的优缺点。

一部机器主要由动力装置、传动装置、操纵或控制装置、工作执行装置四部分构成,动力装置必须通过各种传动装置实现执行装置的各种工况要求。

一般工程技术中使用动力传递方式有机械传动、电气传动、气压传动、液体传动以及由它们组合而成的复合传动。

液体传动是以液体作为工作介质进行能量(动力)传递的传动方式。液体传动分为液力传动和液压传动两种方式。液力传动主要利用液体的动能来传递能量;而液压传动则是利用液体的压力能来传递能量。本书主要学习液压传动技术。

1.1.1 液压传动工作原理

以液压千斤顶的工作原理来说明液压传动的工作原理。

图1-1是液压千斤顶的工作原理图。大油缸9和大活塞8组成举升液压缸。杠杆手柄1、小油缸2、小活塞3、单向阀4和7组成手动液压泵。如提起手柄使小活塞向上移动，小活塞下端油腔容积增大，形成局部真空，这时单向阀4打开，通过吸油管5从油箱12中吸油；用力压下手柄，小活塞下移，小活塞下腔压力升高，单向阀4关闭，单向阀7打开，下腔的油液经管道6输入举升油缸9的下腔，迫使大活塞8向上移动，顶起重物。再次提起手柄吸油时，单向阀7自动关闭，使油液不能倒流，从而保证了重物不会自行下落。不断地往复扳动手柄，就能不断地把油液压入举升缸下腔，使重物逐渐地升起。如果打开截止阀11，举升缸下腔的油液通过管道10、截止阀11流回油箱，重物就向下移动。这就是液压千斤顶的工作原理。

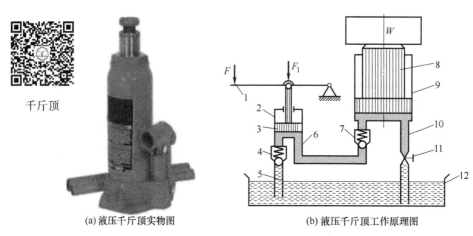

(a) 液压千斤顶实物图　　(b) 液压千斤顶工作原理图

图1-1　液压千斤顶工作原理图

1—杠杆手柄；2—小油缸；3—小活塞；4, 7—单向阀；5—吸油管；6, 10—管道；
8—大活塞；9—大油缸；11—截止阀；12—油箱

从此可以看出，液压千斤顶是一个简单的液压传动装置。分析液压千斤顶的工作过程可知，液压传动是依靠液体在密封容积中的压力能实现运动和动力传递的。液压传动装置本质上是一种能量转换装置，它先将机械能转换为便于输送的液压能，后又将液压能转换为机械能做功。液压传动利用液体的压力能进行工作，它与利用液体的动能工作的液力传动有根本的区别。

1.1.2 液压系统构成及图形符号

图1-2（a）为液压系统原理图，各元件是用半结构式图形画出来的，这种图形直观性强，较易理解，但难以绘制，系统中元件数量多时更是如此。在工程实际中，一般都用简单的图形符号绘制液压系统原理图，如图1-2（b）所示，国家标准GB/T 786.1—2021/ISO 1219—1:2012规定了各元件的图形符号，这些符号只表示元件的功能，不能表示元件的结

构和参数。

根据图 1-2 磨床工作台液压传动系统工作原理图，分析如下：

在图 1-2（a）所示位置，液压泵 3 在电动机的带动下旋转，油液由油箱 1 经过滤器 2 被吸入液压泵，由液压泵输入的压力油通过节流阀 4、换向阀 5 进入液压缸 7 的左腔，推动活塞和工作台向右移动，液压缸 7 右腔的油液经换向阀 5 排回油箱。

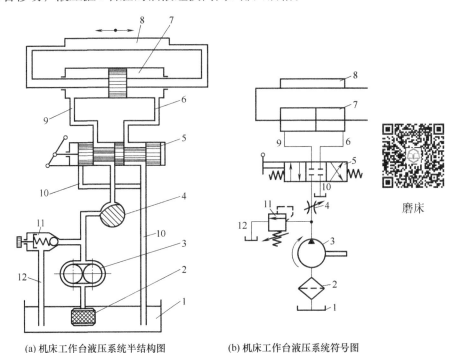

(a) 机床工作台液压系统半结构图　　(b) 机床工作台液压系统符号图

图 1-2　磨床工作台液压传动系统工作原理图
1—油箱；2—过滤器；3—液压泵；4—节流阀；5—换向阀；6,9,10,12—管道；
7—液压缸；8—工作台；11—溢流阀

如果将换向阀 5 换向（阀芯左移），则压力油进入液压缸 7 的右腔，推动活塞和工作台向左移动，液压缸 7 左腔的油液经换向阀 5 排回油箱。工作台 8 的移动速度由节流阀 4 来调节。当节流阀开大时，进入液压缸的油液增多，工作台的移动速度增大；当节流阀关小时，工作台的移动速度减小。

如果将手动换向阀 5 转换成如图 1-2（b）所示的状态，液压泵输出的油液溢流阀 11 流回油箱，这时工作台停止运动，液压系统处于卸荷状态。

从上述例子看出，一个完整的液压系统，由以下五部分组成。

① 动力装置。是将原动机输出的机械能转换成液体压力能的元件，其作用是向液压系统提供压力油，最常见的形式是液压泵，它是液压系统的心脏。

② 执行装置。是把液体压力能转换成机械能的装置，包括液压缸和液压马达。

③ 控制装置。包括压力、方向、流量控制阀，是对系统中油液压力、方向、流量进行控制和调节的装置，如图 1-2 中，换向阀 5 即属控制装置。

④ 辅助装置。上述三个组成部分以外的其他装置，如管道、管接头、油箱、滤油器等为辅助元件。

⑤ 工作介质。即传动液体，通常称为液压油。

1.1.3 液压传动系统优缺点

（1）液压传动的优点

液压传动之所以得到如此迅速的发展和广泛应用，是由于它们具有许多的优点。

① 单位功率的重量轻、结构尺寸小。常见轴向柱塞泵马达的功率重量比可达6~10kW/kg，而高速电机约为2~3kW/kg，常见的低速电机更小。这说明在同等功率情况下，前者的重量只有后者的10%~20%；至于尺寸相差更大，前者约为后者的10%~20%。这就是飞机上的操舵装置、起落架、发动机的自动调节系统、自动驾驶仪、导弹的发射与控制均采用液压的原因。

② 工作比较平稳，换向冲击小，反应快。由于重量轻、惯性小、反应快，易于实现快速启动、制动和频繁的换向。

③ 能在大范围内实现无级调速（调速范围可达2000∶1），而且调速性能好。

④ 操纵、控制调节比较方便、省力，便于实现自动化，尤其和电器控制结合起来，能实现复杂的顺序动作和远程控制。

⑤ 液压装置易于实现过载保护，而且工作油液能使零件实现自润滑，故使用寿命长。

⑥ 液压元件已实现标准化、系列化和通用化，有利于缩短机器的设计、制造周期和降低制造成本，便于选用，液压元件的布置也更为方便。

（2）液压传动的缺点

① 油的泄漏和液体的可压缩性会影响执行元件运动的准确性，故无法保证严格的传动比。

② 液压传动对油温变化比较敏感，它的工作稳定性很容易受到温度的影响。因此它不宜在很高或很低的温度条件下工作，工作温度在15~60℃范围内较合适。

③ 能量损失较大（摩擦损失、泄漏损失、节流和溢流损失等），故传动效率不高，不宜作远距离传动。

④ 液压元件制造精度要求较高，因此它的造价较高，使用维护比较严格。

⑤ 液压系统出现故障时不易查找故障原因。

1.2 液压传动工作介质选择

预习本节内容，并撰写讲稿（预习作业），收获成果3：能够根据工作条件、工作环境选择合适的液压油及防污染措施。

在液压系统中，液压工作介质不仅有传递能量的作用，同时还有润滑、冷却、防腐及防锈等作用。大量的实践证明，液压系统的各类故障75%~85%是由液压工作介质引起的。因此正确选择、使用、维护和保养液压工作介质能有效地避免许多潜在液压故障的发生，对于提高液压系统性能、安全性、可靠性以及寿命都有重要的意义。

1.2.1 液压油主要性质

（1）密度 ρ

对均质的液体来说，单位体积所具有的质量称为液体的密度，通常用"ρ"。体积为 V（m³），质量为 m（kg）的液体，其密度为：

$$\rho = \frac{m}{V} \text{ (kg/m}^3\text{)} \tag{1-1}$$

液压油的密度随温度的上升而有所减小，随压力的提高而稍有增加，但是在一般的工作条件下，温度和压力引起的密度变化很小，可以认为是常值。

（2）可压缩性

液体受压力的作用而体积减小的性质称为液体的可压缩性。由于液体的压缩性极小，所以在很多场合下可以忽略不计。但是在压力较高或进行动态分析时就需考虑液体的压缩性。如压力为 p_0、体积为 V_0 的液体，如压力增大 Δp 时，体积减小 ΔV，则此液体的可压缩性可用体积压缩系数 K，即单位压力变化下的体积相对变化量来表示。

$$K = -\frac{1}{\Delta p} \frac{\Delta V}{V_0} \text{ (m}^2\text{/N)} \tag{1-2}$$

由于压力增大时液体的体积减小，因此上式右边须加一负号，以使 K 成为正值。常用液压油的压缩系数 $K=(5\sim7)\times10^{-10}\text{m}^2\text{/N}$。液体体积压缩系数的倒数，称为体积弹性模量 k，简称体积模量，即 $k = \frac{1}{K}$。

液体黏性

（3）黏性

① 黏性的定义。液体在外力作用下流动（或有流动趋势）时，分子间的内聚力要阻止分子之间的相对运动而产生一种内摩擦力，这种性质叫作液体的黏性。液体只有在流动（或有流动趋势）时才会呈现出黏性，静止液体是不呈现黏性的。黏性使流动液体内部各处的速度不相等，如图1-3所示，若两平行平板间充满液体，下平板不动，而上平板以速度 u_0 向右平动。由于液体的黏性作用，紧靠下平板和上平板的液体层速度分别为 0 和 u_0。通过实验测定得出，液体流动

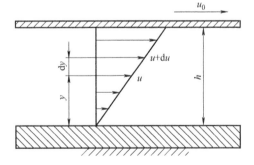

图1-3 液体黏性示意图

时相邻液层间的内摩擦力 F，与液层接触面积 A、液层间的速度梯度 du/dy 成正比，即

$$F = \mu A \frac{du}{dy} \tag{1-3}$$

式中 μ——比例常数，称为黏性系数或动力黏度；

du/dy——速度梯度。

如以 τ 表示切应力，即单位面积上的内摩擦力，则：

$$\tau = \frac{F}{A} = \mu \frac{du}{dy} \tag{1-4}$$

这就是牛顿液体内摩擦定律。

由式（1-4）可知，液体在静止状态下，$du/dy=0$，内摩擦力$\tau=0$，所以，流体在静止状态下不呈现黏性，只有在运动情况下才呈现。

② 黏度。液体黏性的大小用黏度来度量。常用的黏度指标有动力黏度、运动黏度和相对黏度。

a. 动力黏度μ。动力黏度又称绝对黏度，由式（1-4）可得：$\mu = \dfrac{\tau}{\dfrac{du}{dy}}$

由上式可知，动力黏度的物理意义是：液体在单位速度梯度下流动时，液层间单位面积上的内摩擦力。

在国际单位制（SI）与我国的法定计量单位中，动力黏度的单位为Pa·s（帕·秒）；在CGS制中为dyn·s/cm²（达因·秒/平方厘米），又称P（泊）。

$1Pa·s=10P=10^3cP$（厘泊）。

b. 运动黏度ν：液体的动力黏度与其密度的比值，称为液体的运动黏度ν；即

$$\nu = \frac{\mu}{\rho} \qquad (1-5)$$

在国际单位（SI）制中，单位为m²/s，在CGS单位制中单位为St（斯）（cm²/s）。

$$1m^2/s = 10^4 St = 10^6 cSt（厘斯）$$

运动黏度本身没有什么特殊的物理意义，它之所以称为运动黏度，是因为在它的单位中只有长度与时间的量。国际化标准组织ISO规定统一采用运动黏度来表示油的黏度等级。我国液压油一般都采用运动黏度来表示。例如国际标准下黏度等级为ISOVG22，相当于我国国标下牌号为22号的液压油，即表示该液压油在40℃时的运动黏度平均值为22mm²/s。

c. 相对黏度又称条件黏度。由于动力黏度的测量很困难，所以工程上用测定方法比较简单的相对黏度来表示，它是采用特定的黏度计在规定的条件下测得的液体黏度。根据测量条件不同，各国采用的相对黏度的单位也不相同，我国、德国等采用恩氏黏度（$°E_t$），美国采用赛氏黏度（SSU），而英国采用雷氏黏度（R）。

恩氏黏度的测量方法如下：将200cm³温度为t℃的被测液体装入底部有直径为2.8mm的小孔的恩氏黏度计中，测定在自重作用下流出所需的时间t_1，然后测出同体积的蒸馏水在20℃时在同一黏度计中流出所需的时间t_2，t_1和t_2的比值称为被测液体在t℃的恩氏黏度值，表示为：

$$°E_t = \frac{t_1}{t_2} \qquad (1-6)$$

工业上一般以20℃、50℃和100℃作为测定恩氏黏度的标准温度，并相应地以符号$°E_{20}$、$°E_{50}$、$°E_{100}$来表示。

工程中，通常先测出液体的恩氏黏度，再查表或用换算公式，换算出运动黏度或动力黏度。恩氏黏度与运动黏度的换算公式为

$$\nu = \left(7.31°E_t - \frac{6.31}{°E_t}\right) \times 10^{-6} \quad (m^2/s) \qquad (1-7)$$

d. 调和油黏度。选择黏度适当的液压油，对液压系统的工作性能起着十分重要的作用，

有时为了使油具有所需的黏度，可把两种不同黏度的油混合起来，称为调和油，其黏度的计算可用下面的经验公式：

$$°E = \frac{a°E_1 + b°E_2 - c(°E_1 - °E_2)}{100} \tag{1-8}$$

式中 $°E_1$、$°E_2$——混合前两种油的黏度，$°E_1 > °E_2$；

$°E$——混合后调和油的黏度；

a、b——参与调和的两种油液各占的百分数；

c——实验系数，见表1-1。

表1-1 实验系数c的值

a	10	20	30	40	50	60	70	80	90
b	90	80	70	60	50	40	30	20	10
c	6.7	13.1	17.9	22.1	25.5	27.9	28.2	25	17

③ 影响黏度的因素——温度和压力。液体的黏度随液体的温度和压力的改变而改变。工作介质的黏度对温度的变化十分敏感，温度升高，黏度下降。这种油的黏度随温度变化的性质称为黏温特性。这个变化率的大小直接影响液压传动工作介质的使用，其重要性不亚于黏度本身。

对液压传动工作介质来说，压力增大时，黏度增大，但在一般液压系统使用的压力范围内，增大的数值很小，可以忽略不计。

(4) 其他性质

液压传动工作介质还有其他一些物理化学性质，如稳定性（热稳定性、氧化稳定性、水解稳定性、剪切稳定性等）、抗泡沫性、抗乳化性、防锈性、润滑性以及相容性（对所接触的金属、密封材料、涂料等作用程度）等，它们对工作介质的选择和使用有重要影响。对于不同的液压油，这些性质的指标也有所不同，具体应用时可查阅油类产品手册。

1.2.2 液压传动工作介质种类与选择

不同的工作机械、不同的使用情况对液压传动工作介质的要求有很大的不同；为了很好地传递运动和动力，液压传动工作介质应具备如下性能。

① 适宜的黏度，良好的黏温特性。在使用的温度范围内，油液黏度随温度的改变变化越小越好。

② 润滑性能好。即油液在金属表面产生的油膜强度高，以免产生干摩擦。

③ 质地纯净，杂质少。

④ 对金属和密封件有良好的相容性。

⑤ 良好的稳定性。即对热、氧化、水解和剪切都有良好的稳定性，使用寿命较长。

⑥ 抗泡沫好，抗乳化性好，腐蚀性小，防锈性好。

⑦ 凝固点低，流动性好，闪点、燃点高。

⑧ 对人体无害，成本低。

(1) 液压油的种类

液压油的品质取决于基础油及所用的添加剂。液压油可分为石油基液压油和难燃液压油，如表1-2所示。为了改善液压油的特性，石油基液压油的添加剂有抗氧化剂、防锈剂、增黏剂、降凝剂、消泡剂、抗磨剂等。

表1-2　国际标准化组织液压油分类

类别	代号	特性
矿油型液压油	L-HH	无添加剂的纯矿物油
	L-HL	HH+抗氧化剂、防锈剂
	L-HM	HL+抗磨剂，适用于10MPa以上液压系统
	L-HR	HL+增黏剂，适用于环境温度变化大的中低压液压系统中使用
	L-HV	HM+增黏剂，低温液压油，使用温度在-30℃以上
	L-HS	HM+防爬剂，低温液压油，使用温度在-30℃以上
	L-HG	HM+抗黏滑剂，适用于液压导轨系统
	L-HA	液力传动油，用于自动变速器
	L-HN	液力传动油，用于液力变矩器和液力耦合器
难燃液压油	含水液压油	L-HFAE	水包油乳化液，含水大于80%
		L-HFB	油包水乳化液，含水小于80%
		L-HFAS	水-乙二醇
		L-HFC	含聚合物水溶剂
	合成液压油	L-HFDR	磷酸无水合成液
		L-HFDS	氯化烃无水合成液
		L-HFDT	HFDR+HFDS混合液
		L-HDU	其他无水合成液

（2）液压油的选择

在一般情况下，在选用液压设备所使用的液压油时，应从工作压力、工作温度、工作环境、液压系统及元件结构和材质、经济性等几方面综合考虑和判断。

① 工作压力。主要对液压油的润滑性即抗磨性提出要求。高压系统的液压元件特别是液压泵中处于边界润滑状态的摩擦副，由于正压力加大、速度高而使用摩擦磨损条件较为苛刻，必须选择润滑性、抗压性优良的HM油。

② 工作温度。工作温度指液压系统液压油在工作时的温度，应主要对液压油的黏温性和热稳定性提出要求。

③ 工作环境。液压设备工作的工作环境需要考虑：是否是在室内、露天、地下、水上，气候处于冬夏温差大的寒区、内陆沙漠区等；若液压系靠近300℃以上高温的表面热源或有明火场所，就要选用难燃液压油。

④ 泵阀类型及液压系统特点。液压油的润滑性对三大泵类减摩效果的顺序是叶片泵、柱塞泵、齿轮泵。因此凡是叶片泵为主油泵的液压系统，不管其压力大小，选用HM油为好。

液压系统阀的精度越高，要求所用的液压油清洁度也越高，如对有电液伺服阀的闭环液压系统要用清洁度高的清净液压油，对有电液脉冲马达的开环系统要用数控机床液压油，此两种液压油可分别用高级HM和HV液压油代替。试验表明，三类泵对液压油清洁度要求的顺序是，柱塞泵高于齿轮泵与叶片泵。而在对抗压性能的要求的顺序是，柱塞泵高于齿轮泵与叶片泵。

⑤ 摩擦副的形式及其材料。叶片泵的叶片与定子面的接触和运动形式极易磨损，其钢

对钢的摩擦副材料，适用于以 ZDTP（二烷基二硫代磷酸锌）为抗磨添加剂的 L-HM 抗磨液压油；柱塞泵的缸体、配油盘、滑靴的摩擦形式与运动形式也适于使用 HM 抗磨液压油，但柱塞泵中有青铜部件，由于此材质部件与 ZDTP 作用产生腐蚀磨损，故青铜件的柱塞泵不能使用以 ZDTP 为添加剂的 HM 抗磨液压油。同样，含镀银滑靴件的柱塞泵也不能使用有 ZDTP 的 HM 油。同时，选用液压油还要考虑其与液压系统中密封材料的适应性。

⑥ 选择适合液压系统要求的黏度。在液压油品种选择好后，还必须确定其使用黏度等级。这个黏度等级一般由液压系统设计制造厂家依据设计和试验做出规定。

选用液压油除以上述六点为依据外，还要考虑选择适宜价格的油品。要从所选液压油是否可提高系统的工作效益、可靠性与延长元件的使用寿命，以及油本身使用寿命长短等诸方面的综合效益来考虑。

1.2.3 液压油污染及控制措施

（1）污染的危害

液压系统的故障 75% 以上是由工作介质污染物造成的。液压油污染严重时，直接影响液压系统的工作性能，使液压系统经常发生故障，使液压元件寿命缩短。造成这些危害的原因主要是污垢中的固体颗粒。对于液压元件来说，由于这些固体颗粒进入到元件里，会使元件的相对滑动部分磨损加剧，并可能堵塞元件里的节流孔、阻尼孔，或使阀芯卡死，从而造成液压系统的事故。进入液压油中的水分会腐蚀金属，使液压油变质、乳化等。

（2）液压油的污染控制

工作介质污染的原因很复杂，工作介质自身又在不断产生污染物，因此要彻底解决工作介质的污染问题是很困难的。为了延长液压元件的寿命，保证液压系统可靠地工作，将工作介质的污染度控制在某一限度内是较为切实可行办法。为了减少工作介质的污染，应采取如下措施：

① 严格清洗元件和系统。
② 防止污染物从外界侵入。
③ 在液压系统合适部位设置高性能的过滤器。
④ 控制工作介质的温度，工作介质温度过高会加速其氧化变质，产生各种生成物，缩短它的使用期限。
⑤ 定期检查和更换工作介质，定期对液压系统的工作介质进行抽样检查，分析其污染度，如已不合要求，必须立即更换。更换新的工作介质前，必须将整个液压系统彻底清洗一遍。

1.3 流体力学基础

预习本节内容，并撰写讲稿（预习作业），收获成果 4：能够说明流体静力学基本方程及帕斯卡原理的物理意义，并有效应用。

流体静力学研究静止液体的力学性质，这里所说的静止是指液体内部质点间没有相对运动，液体的黏性在液体静力学问题中不起作用。

(1) 液体静压力及其特性

作用在液体上的力有两种，即质量力（又称体积力）和表面力。质量力作用在液体的所有质点上，大小与质量成正比。例如：重力、惯性力等。表面力是由与流体相接触的其他物体（如容器或其他液体）作用在液体上的力，这是外力；液体间的作用力属于内力。必须知道，静止液体不能抵抗拉力或切向力，即使是微小的拉力或切向力都会使液体发生流动，所以静止液体只能承受压力。

① 液体静压力 p。静止液体单位面积上受到的法向力称为液体静压力，简称压力（在物理学中称为压强），用 p 表示。若在液体 ΔA 面积上作用有法向力 ΔF，则液体内某点处的压力可表示为：

$$p = \lim_{\Delta A \to 0} \frac{\Delta F}{\Delta A} \tag{1-9}$$

若在液体的面积 A 上，受到均匀分布的作用力 F 时，则静压力可表示为：

$$p = \frac{F}{A} \tag{1-10}$$

在 SI 单位制中，压力的单位为 Pa（帕），由于 Pa 单位太小，工程上使用不便，常采用 kPa（千帕）或 MPa（兆帕）。

$$1\text{MPa} = 10^3 \text{kPa} = 10^6 \text{Pa}$$

液体的静压力具有两个重要特性：液体静压力的方向总是沿作用面的内法线方向；静止液体内任一点处所受到的静压力在各个方向上都相等。

② 压力的表示方法及单位。压力的表示方法有两种：一种是以绝对真空为基准所表示的压力，称为绝对压力；另一种是以大气压力作为基准所表示的压力，称为相对压力。由于大多数测压仪表所测得的压力都是相对压力，故相对压力也称表压力。

由此可见，绝对压力与相对压力的关系为：

$$\text{绝对压力} = \text{相对压力} + \text{大气压力}$$

绝对压力小于大气压时，负相对压力数值部分叫作真空度。即

$$\text{真空度} = \text{大气压} - \text{绝对压力}$$

由此可知，当以大气压为基准计算压力时，基准以上的正值是表压力，基准以下的负值就是真空度。绝对压力、相对压力和真空度的相互关系如图 1-4 所示。

压力的单位除法定计量单位 Pa 外，还有标准大气压（atm）以及以前沿用的单位 bar（巴）、工程大气压 at（kgf/cm²）、水柱高或汞柱高等。各种压力单位的换算关系为。

1atm=0.101325×10⁶Pa
1bar=10⁵Pa
1at≈0.981×10⁵Pa
1mmH$_2$O(毫米水柱)=9.8Pa
1mmHg(毫米汞柱)≈1.332×10²Pa

(2) 液体静压力基本方程

在重力作用下的静止液体，其受力情况如图 1-5 (a) 所示，在液体中任取一点 A，若要求 A 点处的压力，可假想从液体中

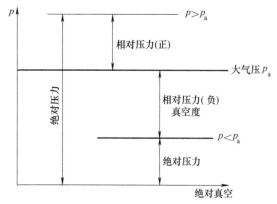

图1-4 绝对压力、相对压力和真空度

取出一个底部通过该点的垂直小液柱，如图1-5（b）所示。

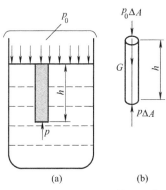
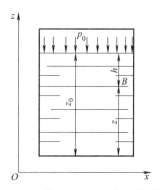

图1-5 重力作用下的静止液体　　　图1-6 静压力方程的物理本质

由于小液柱处于平衡状态，于是有
$$p\Delta A = p_0 \Delta A + \rho g h \Delta A$$
则A点所受的压力为
$$p = p_0 + \rho g h \tag{1-11}$$

式中　p_0——外界作用于液面上的压力，Pa；
　　　ρ——液体的密度，kg/m^3；
　　　g——重力加速度，m/s^2。

此表达式即为液体静压力的基本方程。由此式可知：

① 静止液体内任一点处的压力由两部分组成，一部分是液面上的压力p_0，另一部分是该点之上液体自重形成的压力，即ρg与该点离液面深度h的乘积。当液面上只受大气压力p_a作用时，则液体内任意一点处的压力为
$$p = p_a + \rho g h \tag{1-12}$$

② 同一容器中同一液体内的静压力随液体深度h的增加而线性地增加。

③ 离液面深度相同处各点压力都相等。压力相等的点组成的面称为等压面。重力作用下静止液体中的等压面是一个水平面。

如将图1-6中盛有液体的容器放在基准面上，则B点静压力基本方程可写成
$$p = p_0 + \rho g h = p_0 + \rho g (z_0 - z) \tag{1-13}$$

式中　z_0——液面与基准水平面之间的距离；
　　　z——离液面高为h的点与基准水平面之间的距离。

式（1-13）整理后可得
$$z + \frac{p}{\rho g} = z_0 + \frac{p_0}{\rho g} = 常数 \tag{1-14}$$

式（1-14）是液体静压力方程的另一种表示形式。式中，z表示单位质量液体的位能，常称为位置水头；$p/(\rho g)$表示单位重力液体的压力能，常称为压力水头。所以静压力基本方程的物理本质为：静止液体内任何一点具有位能和压力能两种能量形式，且其总和在任意位置保持不变，但两种能量形式之间可以互相转换。

[例1-1]　如图1-7所示，容器内盛有密度$\rho = 900kg/m^3$为油液，活塞上的作用力为$F = 1000N$，活塞面积$A = 1 \times 10^{-3} m^2$，假设活塞的重量忽略不计。问活塞下方深度为$h=0.5m$处的压力等于多少：

解：活塞与液体接触面上的压力均匀分布，有

$$p_0 = \frac{F}{A} = \frac{1000\text{N}}{1 \times 10^{-3}\text{m}^2} = 10^6 \text{N/m}^2$$

根据静力学基本方程（1-11），深度为h处的液体压力为

$$p = p_0 + \rho gh = 10^6 + 900 \times 9.8 \times 0.5 = 1.0044 \times 10^6 (\text{N/m}^2) \approx 10^6 (\text{Pa})$$

（3）帕斯卡原理

帕斯卡原理表明了静止液体中压力的传递规律。

密闭容器中的静止液体，当外加压力发生变化时，液体内任一点的压力将发生同样大小的变化。即施加于静止液体上的压力可以等值传递到液体内各点。这就是帕斯卡原理。

在图1-7中，F是外加负载，A是活塞面积。根据帕斯卡原理，缸筒内的压力将随外加负载的变化而变化，并且各点的压力变化值相等。如果不考虑活塞和液体重力引起的压力，则液体中的压力为

$$p = \frac{F}{A} \tag{1-15}$$

由此可见，缸筒内的液体压力是由外界负载决定的，这是液压传动中的一个基本概念。

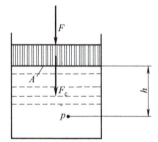

图1-7 静止液体内的压力

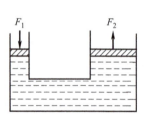

图1-8 液压机示意图

[例1-2] 如图1-8所示，一台液压机大、小活塞的直径$D_1:D_2$之比为10:1，若在小活塞上加1000N的力，则在大活塞上能产生多少N的力。

解：（1）先根据大小活塞直径之比计算出其面积之比

因为 $A = \pi r^2 = \pi \left(\frac{1}{2} \times D\right)^2$

所以大、小活塞的面积之比：

$$A_1 : A_2 = \pi \times \left(\frac{1}{2} \times D_1\right)^2 : \pi \times \left(\frac{1}{2} \times D_2\right)^2 = (D_1)^2 : (D_2)^2 = (10:1)^2 = 100:1$$

（2）计算大活塞上能产生多少力

因为 $p = \frac{F}{A}$ $p_1 = p_2$，所以 $\frac{F_1}{A_1} = \frac{F_2}{A_2}$

所以在大活塞上能产生的力：$F_2 = \frac{F_1 A_1}{A_2} = 1000\text{N} \times 100/1 = 1 \times 10^5 \text{N}$。

1.4 流体动力学

预习本节内容，并撰写讲稿（预习作业），收获成果5：能够说明连续方程的物理意义，

并有效应用；成果6：能够说明伯努利方程的物理意义，并有效应用。

流体动力学主要研究液体流动时流速和压力的变化规律。液流连续性方程、伯努利方程和动量方程是描述流动液体力学规律的三个基本方程。前两个方程反映压力、流速与流量之间的关系，动量方程用来解决流体与固体壁面间的作用力问题。这些内容不仅构成了流体动力学的基础，而且还是液压技术中分析问题和设计计算的理论依据。本书只介绍前两个方程。

1.4.1 基本概念

研究液体流动时，必须考虑黏性的影响，但由于该问题非常复杂，所以在开始分析时可先假设液体没有黏性，然后再考虑黏性的影响，并通过实验验证的方法对理想结论进行补充或修正。对于液体的可压缩问题，也可采用同样的方法来处理。

(1) 理想液体、稳定流动、通流截面

理想液体：既无黏性又不可压缩的液体。而把事实上既有黏性又有压缩性的液体称为实际液体。

稳定流动：液体流动时，若液体中任何一点处的压力、速度和密度都不随时间而变化，则这种流动就称为稳定流动（恒定流动或非时变流动）。

非稳定流动：只要压力、速度和密度中有一个随时间而变化，液体就是作非稳定流动（非恒定流动或时变流动）。

通流截面：液体在管道内流动时，通常将垂直于液体流动方向的截面称为通流截面或过流断面，常用A表示，单位为m^2。

(2) 流量q和流速v

流量：单位时间内通过某通流截面的液体的体积称为流量。在国际单位制中流量的单位为m^3/s（米^3/秒），常用单位还有L/min（升/分）或mL/s（毫升/秒）。

在工程实际中，通流截面上的流速分布规律很难真正明确，为了便于计算，引入平均流速的概念；假想在通流截面上流速是均匀分布的，则流量等于平均流速乘以通流截面面积，即

$$q = vA \tag{1-16}$$

故平均流速

$$v = \frac{q}{A} \tag{1-17}$$

(3) 层流和紊流

液体在管道内流动时，通过雷诺实验可以看到图1-9所示的几种流动状态，一般将其定义为层流和紊流。雷诺实验装置如图1-10所示，A为水箱，通过溢流保持水位不变；B为玻璃管，通过阀C调节流量。D为盛装染色水的容器，通过细管E将染色水（一般为蓝色或黑色）注入管B。实验时，先微微开启阀C，让清水在管B中缓缓流动，然后将染色水注入管B中，这时我们可以在玻璃管内看到一条细直而鲜明的颜色流束，而且不论染色水放在玻璃管内的任何位置，它都能呈直线状，这说明管中水流都是安定地沿轴向运动，液体质点没有垂直于主流方向的横向运动，所以染色水和周围的液体没有混杂，此种流动状态称为层流

状态，如图 1-10（a）所示；逐渐开大阀 C，以提高管 B 中水的流速，色线开始抖动而呈波纹状，表明层流开始破坏，如图 1-10（b）所示；继续把阀门 C 开大，液体质点的运动变得杂乱无章，除了平行于管道轴线的运动外，还存在着剧烈的横向运动，如图 1-10（c）所示，表明液体已完全处于紊流状态，图 1-10（b）表现液体流动已趋于紊流状态，一般也将其看成紊流。

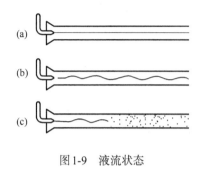

图 1-9 液流状态

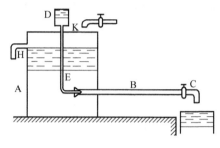

图 1-10 雷诺实验

层流和紊流是两种不同性质的流态。层流时，液体流速较低，质点受黏性制约，不能随意运动，黏性力起主导作用；但在紊流时，因液体流速较高，黏性的制约作用减弱，因而惯性力起主导作用。液体流动时究竟是层流还紊流，须用雷诺数来判别。

（4）雷诺数 Re

根据实验，液体的流动状态是层流还是紊流，不仅与管内平均速度 v 有关，而且与管子直径 d 及液体的运动黏度 ν 有关，可用雷诺数 Re 作为判别流动状态的依据。

雷诺数定义为：

$$Re = \frac{vd}{\nu} \tag{1-18}$$

式中　d——管路的内径；
　　　v——液体的平均流速；
　　　ν——液体的运动黏度。

雷诺数的物理意义是：液体流动时的惯性力和黏性力之比，如果液体的雷诺数相同，则液体流动状态也相同。

管路中液流的流态不同，雷诺数不同。液流由层流转变为紊流时和由紊流转变为层流时的雷诺数是不相同的，后者的数值小，所以一般将后者（液体由紊流变成层流时对应的雷诺数）称为临界雷诺数 Re_c。当液流的实际雷诺数小于临界雷诺数时，液流为层流；反之，为紊流。常见液流管道的临界雷诺数由实验求得，如表 1-3 所示。

表 1-3 常见液流管道的临界雷诺数

管道	Re_c	管道	Re_x
光滑金属管	2320	带环槽的同心环状缝隙	700
橡胶软管	1600~2000	带环槽的偏心环状缝隙	400
光滑的同心环状缝隙	1100	圆柱型滑阀阀口	260
光滑的偏心环状缝隙	1100	锥阀阀口	20~100

1.4.2 连续性方程与伯努利方程

(1) 连续性方程

流量连续性方程是质量守恒定律在流体力学中的一种表现形式。液体在任意形状的管道中作定常流动,任取 1、2 两个不同的通流截面,如图 1-11 所示。根据质量守恒定律,单位时间内流过这两个截面的液体质量是相等的。即

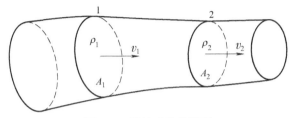

图 1-11 液流连续性原理

$$\rho_1 v_1 A_1 = \rho_2 v_2 A_2 \tag{1-19}$$

若忽略液体的可压缩性,即 $\rho_1 = \rho_2$,则

$$v_1 A_1 = v_2 A_2 \tag{1-20}$$

或 $q = vA =$ 常数

这就是不可压缩液体做定常流动时的流量连续性方程,它说明流过各截面的体积流量是相等的。因此当流量一定时,流速和通流截面面积成反比。

(2) 伯努利方程

伯努利方程是能量守恒定律在流体力学中的一种表达形式。

① 理想液体的伯努利方程。设流体为理想液体且作稳定流动,任取一段液流 ab 作为研究对象,如图 1-12 所示。设 a、b 两端面到中心基准面 o—o 的高度分别为 h_1 和 h_2,过流断面面积分别为 A_1 和 A_2,压力分别为 p_1 和 p_2;由于是理想液体,断面上的流速可以认为是均匀分布的,故设 a、b 断面的流速分别为 v_1 和 v_2。假设经过很短的时间 Δt 以后,ab 段液体移动到 a'b',在流体流动过程中没有能量损失,根据能量守恒定律,单位体积流体具有的压力能、位能、动能总和不变。

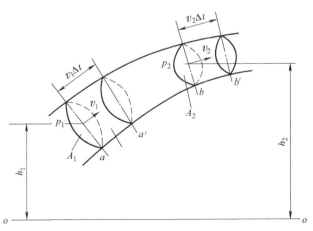

图 1-12 理想液体伯努利方程的推导

理想液体伯努利方程为 $p_1 + \rho g h_1 + \frac{1}{2}\rho v_1^2 = p_2 + \rho g h_2 + \frac{1}{2}\rho v_2^2$

或写成
$$p + \rho g h + \frac{1}{2}\rho v^2 = 常数 \tag{1-21}$$

式中，p 为压力，Pa；ρ 为密度，kg/m³；v 为流速（m/s）；g 为重力加速度，m/s²；h 为水位高度，m。

式（1-21）各项分别对应为单位体积液体的压力能、位能和动能。因此，理想伯努利方程的物理意义是：在密闭管道内作恒定流动的理想液体具有三种形式的能量，即压力能、位能和动能。在流动过程中，三种能量可以相互转化，但在各个过流断面上三种能量之和恒为定值。

② 实际液体伯努利方程。实际液体是有黏性的，因此流动中黏性摩擦力会消耗一部分能量。同时，管道形状的变化会使液体产生扰动，也要消耗能量。这些能量最终变成热量损失掉了。因此，实际液体有能量损失存在，设单位体积液体在两端面间流动的能量损失为 Δp_w。

另外由于实际液体在管道过流断面上的流速分布是不均匀的，在用平均流速代替实际流速计算动能时，必然产生误差，需引入动能修正系数 α。因此实际液体伯努利方程为

$$p_1 + \rho g h_1 + \frac{1}{2}\rho \alpha_1 v_1^2 = p_2 + \rho g h_2 + \frac{1}{2}\rho \alpha_2 v_2^2 + \Delta p_w \tag{1-22}$$

式中，动能修正系数 α_1、α_2 的值，当紊流时取 $\alpha = 1$，层流时取 $\alpha = 2$。

伯努利方程揭示了液体流动过程中的能量变化规律，因此它是流体力学中的一个特别重要的基本方程。伯努利方程不仅是液压系统分析的理论基础，而且还可以对多种液压问题进行研究和计算。

在应用伯努利方程时，应注意两点：
① 断面 1、2 需顺流向选取（否则 Δp_w 为负值），且应选在缓变的过流断面上。
② 断面中心在基准面以上时，h 为正，反之为负。通常选取特殊位置的水平面作为基准面。

[例 1-3] 液压泵如图 1-13 所示，油箱和大气相通。试分析泵的吸油高度 h 对泵工作性能的影响。

解：设以油箱液面为基准面，对此截面 1—1 和泵的进口处管道截面 2—2 之间列伯努利方程，

$$p_1 + \rho g h_1 + \frac{1}{2}\rho \alpha_1 v_1^2 = p_2 + \rho g h_2 + \frac{1}{2}\rho \alpha_2 v_2^2 + \Delta p_w$$

式中，$p_1 = 0$，$h_1 = 0$，$v_1 = 0$，$h_2 = h$，代入后可写成

$$p_2 = -\left(\rho g h + \frac{1}{2}\rho \alpha_2 v_2^2 + \Delta p_w\right)$$

当泵安装于液面之上时，$h > 0$，则有

$$\rho g h + \frac{1}{2}\rho \alpha_2 v_2^2 + \Delta p_w > 0$$

故 $p_2 < 0$。此时，泵进口处的绝对压力小于大气压力，形成真空，油靠大气压力压入泵内。当泵安

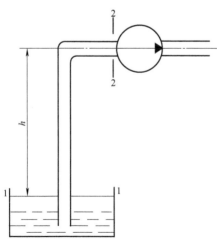

图 1-13 液压泵

装于液面以下时，$h<0$，而当$|\rho gH| > \frac{1}{2}\rho\alpha_2 v_2^2 + \Delta p_w$情况下，$p_2>0$，泵进口处不形成真空，油自行灌入泵内。由上述情况分析可知，泵内吸油高度h值越小，泵越易吸油。在一般情况下，为便于安装维修，泵应安装在油箱液面以上，依靠进口处形成的真空度来吸油。但工作时的真空度也不能太大，当p_2的绝对压力值小于油液的空气分离压时，油中的空气就要析出；当p_2小于油液的饱和蒸气压时，油还会汽化。油中有气体析出，或油液发生汽化，油液流动的连续性就受到破坏，并产生噪声和振动，影响泵和系统的正常工作。为使真空度不致过大，需要限制泵的安装高度。

[例1-4] 如图1-14所示，液体在管道内作连续流动，截面1—1和1—2处的通流面积分别为A_1和A_2，在1—1和1—2处接一水银测压计，其读数差为Δh，液体密度为ρ，水银的密度为ρ'，若不考虑管路内能量损失，试求：①截面1—1和1—2哪一处压力高？为什么？②通过管路的流量q为多少？

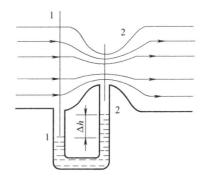

图1-14 液体在截面不等的管道内作连续流动

解：① 截面1—1处的压力比截面1-2处高。理由是：由伯努利方程的物理意义知道，在密闭管道中作稳定流动的理想液体的位能、动能和压力能之和是个常数，但互相之间可以转换，因管道水平放置，位置水头（位能）相等，所以各截面的动能与压力能互相转换。因截面1的面积大于截面2的面积，根据连续性方程可知，截面1的平均速度小于截面2的平均速度，所以截面2的动能大，压力能小，截面1的动能小，压力能大。

② 以1-1和1-2的中心为基准列伯努利方程。由于$z_1=z_2=0$，所以

$$\frac{p_1}{\rho g} + \frac{v_1^2}{2g} = \frac{p_2}{\rho g} + \frac{v_2^2}{2g}$$

根据连续性方程

$$A_1 v_1 = A_2 v_2 = q$$

U形管内的压力平衡方程为

$$p_1 + \rho g\Delta h = p_2 + \rho' g\Delta h$$

将上述三个方程联立求解，则得

$$q = A_2 v_2 = \frac{A_2}{\sqrt{1-\left(\frac{A_2}{A_1}\right)^2}}\sqrt{\frac{2}{\rho}(p_1-p_2)} = \frac{A_2}{\sqrt{1-\left(\frac{A_2}{A_1}\right)^2}}\sqrt{\frac{2g(\rho'-\rho)}{\rho}\Delta h} = k\sqrt{\Delta h}$$

式中，k为流量计系数。

1.5 液体在管路中流动时压力损失

预习本节内容，并撰写讲稿（预习作业），收获成果7：能够说明压力损失分类及计算方法。

实际液体由于具有黏性，在流动时要克服各种阻力，因此要损失一部分能量。这部分损失的能量就是实际液体伯努利方程中的 Δp_w 项，称为压力损失。在设计液压系统时要尽量减小压力损失，从而提高系统效率、减小由此带来的温升。

压力损失分为两类：沿程压力损失和局部压力损失。下面对它们进行适当的研究和分析。

液体在等径直管中流动时产生的压力损失称为沿程压力损失，该损失与液体的流动状态有关。

（1）层流时的沿程压力损失

液体在等径水平直管中的层流流动如图 1-15 所示。

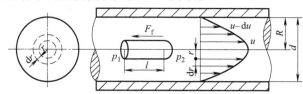

图 1-15　圆管层流运动分析

取一段与管轴重合的微小圆柱体作为研究对象。液体做匀速运动时该微元体处于受力平衡状态，即

$$(p_1 - p_2)\pi r^2 = \Delta p \pi r^2 = F_f = -2\pi r l \mu \frac{du}{dr}$$

式中，F_f 为液体内摩擦力。

这里用到了牛顿液体内摩擦定律。整理上式可得

$$du = -\frac{\Delta p}{2\mu l} r dr$$

对上式进行积分，并代入边界条件，得

$$u = \frac{\Delta p}{4\mu l}(R^2 - r^2)$$

可见，流速在半径方向上是按抛物线规律分布的，在管道轴线上流速取最大值。通过微元体的流量微元为

$$dq = udA = 2\pi u r dr = 2\pi \frac{\Delta p}{4\mu l}(R^2 - r^2) r dr$$

积分上式可得

$$q = \frac{\pi d^4}{128\mu l}\Delta p \tag{1-23}$$

可见，层流流动时流量和相应的压差是线性关系。平均流速为

$$v = \frac{q}{A} = \frac{d^2}{32\mu l}\Delta p \tag{1-24}$$

所以，沿程压力损失为

$$\Delta p_f = \Delta p = \frac{32\mu l v}{d^2} \tag{1-25}$$

上式也可以写成

$$\Delta p_f = \frac{64\nu}{dv}\frac{l}{d}\frac{\rho v^2}{2} = \frac{64}{Re}\frac{l}{d}\frac{\rho v^2}{2} = \lambda \frac{l}{d}\frac{\rho v^2}{2} \tag{1-26}$$

式中，λ 是沿程阻力系数。实际计算时，对金属管取 $\lambda=75/Re$，橡胶管取 $\lambda=80/Re$。

（2）紊流时的沿程压力损失

紊流流动现象是很复杂的，计算沿程压力损失的公式在形式上与式（1-26）相同。不同的是此时的 λ 不仅与雷诺数有关，还与管壁的粗糙度有关，即 $\lambda=f(Re,\Delta/d)$。绝对粗糙度 Δ 与管径 d 的比值 Δ/d 称为相对粗糙度。紊流时圆管的沿程阻力系数 λ 的值可根据相应的 Re 值和 Δ/d 值从表 1-4 中选择公式进行计算。常见管壁的绝对粗糙度可参考表 1-5。

表 1-4 紊流时的沿程阻力系数计算公式

Re 范围	计算公式	Re 范围	计算公式
$4000<Re<10^5$	$\lambda=0.3164Re^{-0.25}$	$Re>3\times10^6$	$\lambda=\left[1.74+2\lg\left(\dfrac{d}{D}\right)\right]^{-2}$
$10^5<Re<3\times10^6$	$\lambda=0.032+0.221Re^{-0.237}$		

表 1-5 常见管壁绝对粗糙度

管材	Δ/mm
无缝钢管	0.04~0.17
新钢管	0.12
普通钢管	0.2
旧钢管	0.5~1.0
橡胶软管	0.01~0.03
塑料管	0.001
铜管	0.0015~0.01
铝管	0.015~0.06
铸铁管	0.25

（3）局部压力损失

液体流经管道的弯头、接头、突变截面、阀口和滤网等局部阻力区时产生的压力损失称为局部压力损失。

由于液体在上述局部阻力区的流动情况很复杂，从理论上计算局部压力损失非常困难。一般通过实验得出局部阻力系数，然后按式（1-27）进行计算。

$$\Delta p_\zeta = \frac{1}{2}\zeta\rho v^2 \tag{1-27}$$

式中　v——液体的平均流速，一般情况下均指局部阻力区后部的流速。

ζ——局部阻力系数（通过实验确定，具体数值可参考有关手册）。

对于液流通过各种标准液压元件的局部损失，一般可从产品技术规格中查到，但所查到的数据是在额定流量 q_n 时的压力损失 Δp_n，若实际通过流量与其不一样时，可按式（1-28）计算，即

$$\Delta p_\zeta = \left(\frac{q}{q_n}\right)^2 \Delta p_n \tag{1-28}$$

（4）管路系统的总压力损失

管路系统中的总的压力损失等于所有直管中的沿程压力损失和局部压力损失之和，即

$$\sum \Delta p = \sum \Delta p_f + \sum \Delta p_\zeta$$
$$= \sum \lambda \frac{l}{d} \frac{\rho v^2}{2} + \sum \zeta \frac{\rho v^2}{2} \quad (1\text{-}29)$$

总的压力损失实际数值比上式计算出的压力损失大。在液压传动系统中，绝大多数压力损失转变为热能，造成系统温度过高，泄漏增大，以致影响系统的工作性能，因此，应尽可能减少系统的压力损失，一般可采取以下措施：

① 确定适当的液体流动速度。油液在管道中的流动速度对压力影响最大，因此，流速不应过高。但流速太低，会使管路和阀类元件的尺寸加大，造成成本增高。

② 管道内壁光滑。

③ 油液黏度适当。

④ 尽量缩短管道长度，减少管路界面突变。

[例1-5] 如图1-14所示，液压泵的流量为$q=32$L/min，吸油管通道$d=20$mm，液压泵吸油口距离液面高度$h=500$mm，液压油的运动黏度$\nu=20\times10^{-6}$m²/s，密度$\rho=900$kg/m³。计垂直方向沿程压力损失及弯头处局部压力损失，弯头处的局部阻力系数$\zeta=0.5$，求液压泵吸油口的绝对压力。

解：吸油管的平均速度为

$$v_2 = \frac{q}{A} = \frac{4q}{\pi d^2} = 1.7 \text{m/s}$$

油液运动黏度

$$\nu = 20 \times 10^{-6} \text{m}^2/\text{s}$$

油液在吸油管中的流动雷诺数

$$Re = \frac{vd}{\nu} = \frac{2 \times 170}{0.2} = 1700$$

查相关手册可知液体在吸油管中的运动为层流状态。选取自由截面1-1和靠近吸油口的截面2-2列伯努利方程，以1-1截面为基准面，因此$z_1=0$，$v_1\approx0$（截面大，油箱下降速度相对于管道流动速度要小得多，可忽略不计），$p_1=p_a$（液面受大气压力的作用），即得如下伯努利方程

笔记

$$p_a = p_2 + \rho g z_2 + \frac{1}{2}\alpha_2 \rho v_2^2 + \Delta p \quad ①$$

即
$$p_2 = p_a - \rho g z_2 - \frac{1}{2}\alpha_2 \rho v_2^2 - \Delta p \quad ②$$

管路总的压力损失为
$$\Delta p = \sum \lambda \frac{l}{d} \frac{\rho v^2}{2} + \sum \zeta \frac{\rho v^2}{2} \quad ③$$

式中，$z_2 = h$；$l = h$；$\zeta = 0.5$；$\lambda = \frac{64}{Re}$。

将所有已知参数代入式②、式③中，即可求得

$$P_2 = 93326 \text{Pa}$$

1.6 液体流经孔口及缝隙时压力-流量特性

预习本节内容，并撰写讲稿（预习作业），收获成果8：能够说明流体流经孔口及缝隙

时的压力-流量特性。

在液压系统的管路中，装有截面突然收缩的装置，称为节流装置（如节流阀）。突然收缩处的流动叫节流，一般均采用各种形式的孔口来实现节流，由前述内容可知，液体流经孔口时要产生局部压力损失，使系统发热，油液黏度下降，系统的泄漏增加，这是不利的一方面。在液压传动及控制中要人为地制造这种节流装置来实现对流量和压力的控制。研究液体在孔口和缝隙中的流动规律，了解影响它们的因素，对液压系统的分析和设计都很有意义。

液体流经孔口的情况可按小孔的长径比 l/d 的大小分为：$l/d \leq 0.5$ 时为薄壁小孔；$l/d > 4$ 时为细长小孔；$0.5 < l/d \leq 4$ 时为短孔。

1.6.1 小孔流量

（1）薄壁孔的流量计算

液体流经薄壁小孔时只有局部能量损失而不产生沿程损失。图 1-16 中液体在截面 1-1 时流速较低，流经小孔时产生很大加速度，在惯性力作用下向中心汇集，使流束收缩，然后开始扩散。这一收缩与扩散过程造成很大的能量损失，并以热的形式发散。对于薄壁圆孔，当孔前通道直径与小孔直径之比 $D/d \geq 7$ 时，流束的收缩作用不受孔前通道内壁的影响，这时的收缩称为完全收缩；反之，$D/d < 7$ 时，孔前通道对液流进入起导向作用，这时的收缩称为不完全收缩。

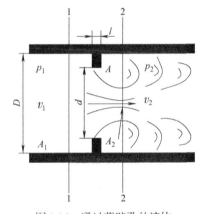

图 1-16 通过薄壁孔的液体

对 1—1 和 1—2 截面列伯努利方程为

$$p_1 + \frac{1}{2}\rho v_1^2 = p_2 + \frac{1}{2}\rho v_2^2 + \zeta \frac{1}{2}\rho v_2^2$$

因 $v_1 \ll v_2$，v_1 忽略不计，上式经整理后可得

$$v_2 = \frac{1}{\sqrt{1+\zeta}}\sqrt{\frac{2(p_1-p_2)}{\rho}} = C_v\sqrt{\frac{2\Delta p}{\rho}} \quad (1\text{-}30)$$

式中速度系数

$$C_v = \frac{1}{\sqrt{1+\zeta}} \quad (1\text{-}31)$$

由此求得液体流经薄壁小孔时的流量为

$$q = v_2 A_2 = C_v C_c A_T \sqrt{\frac{2\Delta p}{\rho}} = C_q A_T \sqrt{\frac{2\Delta p}{\rho}} \quad (1\text{-}32)$$

式中 C_q——小孔流量系数，$C_q = C_v C_c$；

C_c——收缩系数，$C_c = \dfrac{A_2}{A_T} = \dfrac{d_2^2}{d_1^2}$；

A_2——收缩断面的面积，$A_2 = \dfrac{\pi}{4}d_2^2$；

A_T——小孔过流断面面积，$A_T = \dfrac{\pi}{4}d_1^2$。

C_c、C_v、C_q 一般由实验确定。当完全收缩时，液流在小孔处呈紊流状态，雷诺数较大，薄壁小孔的收缩系数 C_c 取 0.61~0.63，速度系数 C_v 取 0.97~0.98，这时 C_q=0.61~0.62；不完全收缩时，C_q≈0.7~0.8。

薄壁孔由于流程很短，流量对油温的变化不敏感，因而流量稳定，宜作截流器用。但薄壁孔加工困难，实际应用较多的是短孔。短孔的流量公式依然是式（1-32），但流量系数 C_q 不同，一般为 $C_q = 0.82$。

（2）液体流经细长小孔的流量计算

液体流经细长孔时，一般都是层流状态，可直接应用前面已导出的直管流量公式来计算，当孔口的截面积为 $A = \pi d^2/4$ 时，可写成

$$q = \frac{d^2}{32\mu l} A \Delta p \tag{1-33}$$

比较上面两式可发现，通过孔口的流量与孔口的面积、孔口前后压力差以及孔口形式决定的特性系数有关。

纵观各小孔流量计算公式，可以归纳出一个通用公式

$$q = KA\Delta p^m \tag{1-34}$$

式中　A——流量截面面积，m²；

　　　Δp——孔口前后的压力差，Pa；

　　　m——由孔口形状决定的指数，0.5≤m≤1，当孔口为薄壁小孔时，$m = 0.5$，当孔口为细长孔时，$m = 1$；

　　　K——孔口的形状系数，当孔口为薄壁小孔和短孔时，$K = C_d\sqrt{2/\rho}$；当孔口为细长孔时，$K = d^2/32\mu l$。

注意：小孔流量公式有助于后期各种控制阀工作原理介绍依据。

1.6.2　缝隙流量

液压系统是由一些元件、管接头和管道组成的，每一部分都是由一些零件组成的，在这些零件之间，通常需要有一定的配合间隙，由此带来了泄漏现象，同时液压油也总是从压力较高处流向系统中压力较低处或大气中，前者称为内泄漏，后者称为外泄漏。

缝隙流动有两种状况：一种是由缝隙两端的压力差造成的流动，称为压差流动；另一种是形成缝隙的两壁面做相对运动所造成的流动，称为剪切流动。这两种流动经常会同时存在。

（1）平行平板缝隙的流量

平行平板缝隙可以有固定的两平行平板所形成，也可由相对运动的两平行平板所形成。

① 固定平行平板间缝隙流动（压差流动）。上、下两平板均固定不动，液体在间隙两端的压差作用下而在间隙中流动，称为压差流动，如图 1-17 所示。设缝隙厚度为 h，宽度为 b，长度为 l，两端

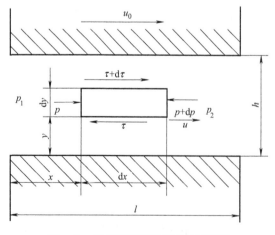

图 1-17　平行平板缝隙流量计算简图

的压力为 p_1 和 p_2，缝隙两端的压差 $\Delta p = p_1 - p_2$。

经理论推导可得出液体在固定平行平板间作压差流动的流量为

$$q = \frac{bh^3}{12\mu l}\Delta p \tag{1-35}$$

从上式可以看出，在压差作用下，流过平行平板缝隙的流量与缝隙厚度 h 的三次方成正比，这说明液压元件内缝隙的大小对其泄漏量的影响是很大的。

② 两平行平板有相对运动时的间隙流动。

a. 两平行平板有相对运动速度 u_0，但无压差。这种流动称为纯剪切流动。由图1-3知当一平板固定，另一平板一速度 u_0 做相对运动时，由于液体黏性的存在，紧贴于动平板的油液以速度 u_0 运动，紧贴于固定平板的油液则保持静止，中间各层液体的速度呈线性分布，即液体做剪切流动。因为液体的平均流速 $v = \dfrac{u_0}{2}$，故由于平板相对运动而使液体流过缝隙的流量为：

$$q = vA = \frac{u_0}{2}bh \tag{1-36}$$

此式为平行平板缝隙中作纯剪切流动时的流量。

b. 两平行平板既有相对运动，两端又存在压差时的流动是一种普遍情况，其速度和流量是以上两种情况的线性叠加，即

$$q = \frac{bh^3}{12\mu l}\Delta p \pm \frac{u_0}{2}bh \tag{1-37}$$

式中，u_0 为平行平板间的相对运动速度。"$\pm$"的确定方法如下：当两平板相对移动的方向和压差的方向相同时取"+"，反之取"-"。

(2) 圆柱环形间隙流动

液压元件中液压缸缸体与活塞之间的间隙，阀体与滑阀阀芯之间的间隙中的流动均属这种情况。环形缝隙有同心和偏心两种情况，它们的流量公式也有所不同。

① 同心环形间隙在压差作用下的流动。如图1-18所示，圆柱体直径为 d，缝隙厚度为 h，缝隙长度为 l。如果将圆环缝隙沿圆周方向展开，就相当于一个平行平板缝隙，则内外表面间有相对运动的同心圆环缝隙流量公式为

$$q = \frac{\pi dh^3}{12\mu l}\Delta p \pm \frac{\pi dhu_0}{2} \tag{1-38}$$

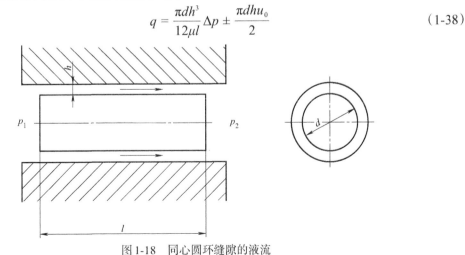

图1-18　同心圆环缝隙的液流

当相对运动速度 $u_0=0$ 时，即内外表面之间无相对运动的同心圆环缝隙流量公式为

$$q = \frac{\pi d h^3}{12\mu l}\Delta p \tag{1-39}$$

② 偏心环形间隙。如图 1-19 所示，若圆环的内外不同心，偏心距为 e，则形成偏心圆环缝隙。其流量公式为

$$q = \frac{\pi d h^3}{12\mu l}\Delta p (1 + 1.5\varepsilon^2) \pm \frac{\pi d h u_0}{2} \tag{1-40}$$

式中 h——内外圆环通心时的缝隙厚度；

ε——相对偏心率，$\varepsilon = e/h$。

如内外表面之间无相对运动，则流量公式为

$$q = \frac{\pi d h^3}{12\mu l}\Delta p (1 + 1.5\varepsilon^2) \tag{1-41}$$

当两圆环同心，即 $\varepsilon = 0$ 时，由式（1-41）可得到圆柱环形间隙的流量公式；当 $\varepsilon = 1$ 时，即在最大偏心情况下，可得到完全偏心时的流量公式，其压差流量为同心时的 2.5 倍。可见在液压元件中，为了减少圆环缝隙的泄漏，相互配合的零件应尽量处于同心状态。

[**例 1-6**] 如图 1-20 所示，有一同心圆环缝隙，直径 $d=1$cm，缝隙 $h=0.01$mm，缝隙长度 $L=2$mm，缝隙两端压力差 $\Delta p=21$MPa，油的运动黏度 $\nu=4\times 10^{-5}$m^2/s，油的密度 $\rho=900$kg/m^3，求其泄漏量。

解：只在压差作用下，流经环形缝隙流量公式为

$$q = \frac{\pi d \Delta p h^3}{12\mu l}$$

式中，$d=0.01$m；

$\Delta p = 21\times 10^6$Pa；

$h = 1\times 10^{-5}$m；

$\mu = \rho\nu = 900\times 40\times 10^{-6}$Pa·s $= 36\times 10^{-3}$Pa·s；

$L = 0.002$m。

代入已知参数可得：$q = \dfrac{\pi \times 0.01 \times 21\times 10^6 \times (1\times 10^{-5})^3}{12\times 36\times 10^{-3}\times 0.002}$ m^3/s $= 0.76$cm^3/s

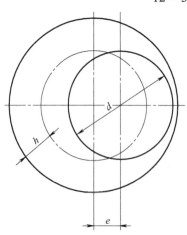

图 1-19 偏心环形缝隙

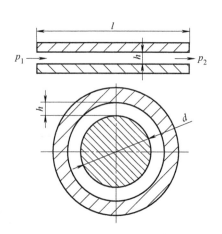

图 1-20 同心圆环缝隙漏量计算简图

1.7 液压冲击及气穴现象

预习本节内容，并撰写讲稿（预习作业），收获成果9：能够说明液压冲击及气穴产生的原因、危害，有哪些避免措施。

在液压系统中，空穴现象和液压冲击给系统带来诸多不利影响，因此需要了解这些现象产生的原因，并采取措施加以防治。

(1) 液压冲击

在液压系统中，当突然关闭或开启液流通道时，在通道内液体压力发生急剧升降的波动过程称为液压冲击。

① 液压冲击产生的原因和危害性。液压冲击的产生多发生在阀门突然关闭或运动部件快速制动的场合。这时液体的流动突然受阻，由于惯性，液体的动量发生了变化，从而产生了压力冲击波。这种冲击波迅速往复传播，最后由于液体受到摩擦力作用和管壁的弹性作用不断消耗能量，逐渐衰减而趋向稳定。发生液压冲击时，由于瞬间的压力峰值比正常的工作压力大好几倍，因此对密封元件、管道和液压元件都有损坏作用，引起设备振动，产生很大的噪声。有时液压冲击经常使压力继电器、顺序阀等元件产生误动作，影响系统正常工作。

② 减小液压冲击的措施

a. 尽量延长阀门关闭和运动部件制动换向的时间；

b. 在冲击区附近安装卸荷阀、蓄能器等缓冲装置；

c. 适当加大管道直径，尽量缩短管路长度。

d. 采用软管，以增加系统的弹性。

(2) 气穴现象

流动的液体，如果压力低于其空气分离压时，原先溶解在液体中的空气就会分离出来，从而导致液体中充满大量的气泡，这种现象称为气穴现象。如果液体的压力进一步降低到饱和蒸气压时，液体本身将汽化，产生更多的蒸气泡，气穴现象将更加严重。

① 气穴现象的产生原因和危害。气穴多发生在阀口和液压泵的入口处。因为阀口处液体的流速增大，压力将降低。如果液压泵吸油管太细，也会造成真空度过大，发生气穴现象。

当液压系统中出现气穴现象时，大量的气泡破坏了液流的连续性，气泡随液流进入高压区时又急剧破灭，以致引起局部压力冲击，发出噪声并引起振动，当附着在金属表面上的气泡破灭时，它所产生的局部高温和高压会使金属剥蚀，这种由气穴造成的腐蚀作用称为气蚀。气蚀会使液压元件的工作性能变坏，并使其寿命大大缩短。

② 避免措施。为减少气穴现象带来的危害，通常采取下列措施：

a. 减小孔口或缝隙前后的压力降。一般希望相应的压力 $p_1/p_2 < 3.5$；

b. 降低液压泵的吸油高度，适当加大吸油管直径。限制吸油管的流速，尽量减少吸油管路中的压力损失（如及时清洗过滤器或更换滤芯等）。对于自吸能力差的液压泵要安装辅助泵供油；

c. 管路要密封良好，防止空气进入。

练习题

1-1 液压系统由哪几部分组成？各起什么作用？

1-2 液压油的牌号与黏度有什么关系？如何选用液压油？

1-3 什么是压力？压力有哪几种表示方法？静止液体内的压力是如何传递的？如何理解压力取决于负载这一基本概念？

1-4 伯努利方程的物理意义是什么？该方程的理论式与实际式有什么区别？

1-5 管路中的压力损失有哪几种？各受哪些因素影响？

1-6 液压冲击和气穴现象是怎样产生的？有何危害？如何防止？

1-7 某液压油的运动黏度为$32\text{mm}^2/\text{s}$，密度为900kg/m^3，其动力黏度是多少？

1-8 如图所示：已知：$D=150\text{mm}$，$d=100\text{mm}$，活塞与缸体之间是间隙配合且保持密封，油缸内充满液体，若$F=5000\text{N}$时，不计液体自重产生的压力，求下列两种情况下缸中液体的压力。

1-9 如图所示容器A中的液体的密度$\rho_A=900\text{kg/m}^3$，B中液体的密度$\rho_B=1200\text{kg/m}^3$，$Z_1=200\text{mm}$，$Z_2=180\text{mm}$，$h=60\text{mm}$，U形管中的测压介质为汞，试求A、B之间的压力差。

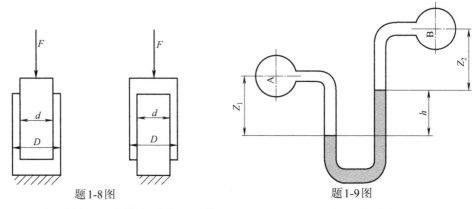

题1-8图　　　　　　　　题1-9图

1-10 如图所示，油管水平放置，截面1—1、2—2处的内径分别为$d_1=5\text{mm}$，$d_2=20\text{mm}$，在管内流动的油液密度$\rho=900\text{kg/m}^3$，运动黏度$\nu=20\text{mm}^2/\text{s}$。若不计油液流动的能量损失，试问：

（1）两截面哪一处压力高？为什么？

（2）若管内的流量$q=30\text{L/min}$，求两截面间的压力差Δp。

1-11 如图所示液压装置中，$d_1=20\text{mm}$，$d_2=40\text{mm}$，$D_1=75\text{mm}$，$D_2=125\text{mm}$，$q_1=25\text{L/min}$，求v_1、v_2和q_2各为多少？

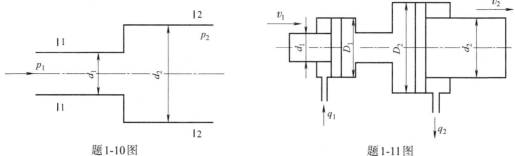

题1-10图　　　　　　　　题1-11图

1-12 油在钢管中流动。已知管道直径为50mm，油的运动黏度为$40\text{mm}^2/\text{s}$，如果油液处于层流状态，那么可以通过的最大流量是多少？

第 2 章 液压动力元件

【佳句欣赏】阐述这句话的意思,谈谈对自己的启发。
"欲成方面圆而随其规矩,则万事之功形矣,而万物莫不有规矩,议言之士,计会规矩也。" ——韩非 《韩非子》

【成果要求】基于本章内容的学习,要求收获如下成果。
成果1:能够结合容积式液压泵的工作原理,说明液压泵正常工作的条件;
成果2:能够计算泵的主要性能参数;
成果3:能够说明齿轮泵的工作原理、结构特点和应用;
成果4:能够说明叶片泵的工作原理、结构特点和应用;
成果5:能够说明限压式变量叶片泵的工作原理及流量压力特性曲线;
成果6:能够说明柱塞泵的工作原理、结构特点和应用;
成果7:能够说明液压泵选择的原则;
成果8:能够说明液压泵噪声产生的原因。

2.1 容积式液压泵工作原理

预习本节内容,并撰写讲稿(预习作业),收获成果1:结合容积式液压泵的工作原理,说明液压泵正常工作的条件。

(1) 液压泵的工作原理

图 2-1 所示为单柱塞液压泵的工作原理图。图中柱塞 2 装在泵体 3 中形成一个密封容积 a,柱塞在弹簧 4 的作用下始终压紧在偏心轮 1 上。原动机驱动偏心轮 1 旋转使柱塞 2 作往复运动,密封容积 a 的大小随之发生周期性的变化。当 a 由小变大时,腔内形成部分真空,油箱中的油液便在大气压强差的作用下,经油管顶开单向阀 6 进入 a 中实现吸油,此时单向阀 5 处于关闭状态;随着偏心轮的转动,密封容积由大变小,其内油液压力则由小变大。当压力达到一定值时,便顶开单向阀 5 进入系统而实现压油(此时单向阀 6 关闭),这样液压泵就将原动机输入的机械能转换为液体的压力能。随着原动机驱动偏心轮不断地旋转,液压泵就不断地吸油和压油。由此可知,液压泵是通过密封容积的变化来完成吸油和压油的,其排量的大小取决于密封容积变化的大小,而与偏心轮转动的次数及油液压力的大小无关,故称为容积式液压泵。

为了保证液压泵的正常工作,要满足以下三点条件:
① 具有周期性变化的密封腔。泵的输出流量与此空间的容积变化量和单位时间内的变

化次数成正比，与其他因素无关。

② 应具有相应的配流机构，将吸、压油腔分开，保证液压泵有规律地吸、压油。图2-1中单向阀5和6使吸、压油腔不相通，起配油的作用，因而称为阀式配油。

③ 油箱必须和大气相通，或采用密闭的充压油箱，以保证液压泵吸油充分。

（2）液压泵的分类

液压泵按结构形式可分为齿轮式液压泵、叶片式液压泵、柱塞式液压泵、螺杆式液压泵等，本书主要学习前三种液压泵；按压力的大小液压泵又可分为低压泵、中压泵和高压泵；若按输出流量能否变化则可分为定量泵和变量泵。

常见液压泵的符号见表2-1。

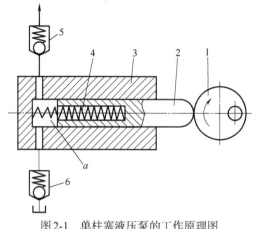

图 2-1 单柱塞液压泵的工作原理图
1—偏心轮；2—柱塞；3—泵体；4—弹簧；5,6—单向阀

单柱塞式液压泵工作原理

表 2-1 常见液压泵的符号

单向定量	双向定量	单向变量	双向变量
⊘	⊘	⊘	⊘

2.2 液压泵主要性能参数

预习本节内容，并撰写讲稿（预习作业），收获成果2：能够计算泵的主要性能参数。

笔记

液压泵的主要性能参数有压力、排量、流量、功率和效率。

（1）压力

① 工作压力 p。液压泵工作时实际输出油液的压力称为工作压力。其大小取决于外负载，与液压泵的流量无关，国际单位制中压力的单位为 Pa，常用的单位为 MPa。

② 额定压力 p_n。液压泵在正常工作时，按试验标准规定连续运转的最高压力称为液压泵的额定压力。其大小受液压泵本身的泄漏和结构强度等限制，主要受泄漏的限制。

③ 最高允许压力 p_m。在超过额定压力的情况下，根据试验标准规定，允许液压泵短时运行的最高压力值，称为液压泵的最高允许压力。泵在正常工作时，不允许长时间处于这种工作状态。

（2）排量和流量

① 液压泵的排量 V。泵每一转，其密封容积发生变化所排出液体的体积称为液压泵的排量。

国际单位制中排量的单位为 m^3/r；常用单位为 mL/r。排量的大小只与泵的密封腔几何尺寸变化量有关，与泵的转速 n 无关。排量不变的液压泵为定量泵；反之，为变量泵。

② 理论流量 q_t。常用单位为 L/min，指泵在不考虑泄漏的情况下，单位时间内所排出液

体的体积称为理论流量。当液压泵的排量为V,其主轴转速为$n(\text{r/min})$时,则液压泵的理论流量q_t为

$$q_t = Vn/1000 \tag{2-1}$$

③ 实际流量q。泵在某一工作压力下,单位时间内实际排出液体的体积称为实际流量。它等于理论流量q_t减去泄漏流量Δq,即

$$q = q_t - \Delta q \tag{2-2}$$

其中,泵的泄漏流量与压力有关,压力越高,泄漏流量就越大,故实际流量随压力的增大而减小。

④ 额定流量q_n。泵在正常工作条件下,按试验标准规定(在额定压力和额定转速下)必须保证的流量称为额定流量。

以上流量的关系为$q \leq q_n \leq q_t$。

(3) 功率和效率

① 液压泵的功率

a. 输入功率P_i。指作用在液压泵主轴上的机械功率,它是以机械能的形式表现的。当输入转矩为T_i,角速度为ω时,则有

$$P_i = T_i \omega \tag{2-3}$$

功率的常用单位为kW或W。

b. 输出功率P。指液压泵在实际工作中所建立起的压力和实际输出流量q的乘积,它是以液压能的形式表现的,即

$$P = pq \tag{2-4}$$

② 液压泵的效率。液压泵的功率损失包括容积损失和机械损失。

a. 容积损失。容积损失是指液压泵在流量上的损失。即液压泵的实际流量小于其理论流量。造成损失的主要原因有:液压泵内部油液的泄漏、油液的压缩、吸油过程中油阻太大和油液黏度大以及液压泵转速过高等现象。

液压泵的容积损失通常用容积效率表示。它等于液压泵的实际输出流量q与理论流量q_t之比,即

$$\eta_V = \frac{q}{q_t} = \frac{q}{Vn} \tag{2-5}$$

则液压泵的实际流量q为 $\qquad q = q_t \eta_V = V n \eta_V \tag{2-6}$

液压泵在流量上的损失与压力有关,随压力增高而增大,而容积效率随着液压泵工作压力的增大而减小,并随液压泵的结构类型不同而异,但恒小于1。

b. 机械损失。机械损失是指液压泵在转矩上的损失。即液压泵的实际输入转矩大于理论上所需要的转矩,主要是由于液压泵内相对运动部件之间的摩擦损失以及液体的黏性而引起的摩擦损失。液压泵的机械损失用机械效率η_n表示。

设液压泵的理论转矩为T_t,实际输入转矩为T_i,则液压泵的机械效率为

$$\eta_n = \frac{T_t}{T_i}$$

式中,理论转矩可根据能量守恒原理得出,即液压泵的理论输出功率pq_t等于液压泵的理论输入功率$T_t\omega$

$$T_t = \frac{pV}{2\pi}$$

则液压泵的机械效率为 $\qquad \eta_n = \frac{pV}{T_i 2\pi} \tag{2-7}$

式中　p——液压泵内的压力，Pa；

　　　V——液压泵的排量，m^3/r；

　　　T_i——液压泵的实际输入转矩，N·m。

c. 液压泵的总效率。液压泵的总效率是指液压泵的输出功率 P 与输入功率 P_i 的比值，即有

$$\eta = \frac{P}{P_i} = \frac{pq}{2\pi n T_i} = \frac{pV}{2\pi T_i} \cdot \frac{q}{Vn} = \eta_V \cdot \eta_n \tag{2-8}$$

由上式可知，液压泵的总效率等于泵的容积效率与机械效率的乘积，即提高泵的容积效率或机械效率就可提高泵的总效率。

[例 2-1]　某泵的转速为 950r/min，排量为 168mL/r，在额定压力 29.5MPa 和同样转速下，测得实际流量为 150L/min，额定工况下的总效率为 0.87，求：

（1）泵的理论流量；

（2）泵的容积效率和机械效率；

（3）泵在额定工况下，所需电机驱动功率；

解：（1）求泵的理论流量 q_t

$$q_t = V_P n = 168 \times 10^{-3} \text{L/r} \times 950 \text{r/min} = 159.6 \text{L/min}$$

（2）求泵的容积效率和机械效率分别为

$$\eta_V = \frac{q}{q_t} = \frac{150}{159.6} = 0.94$$

$$\eta_m = \frac{\eta}{\eta_V} = \frac{0.87}{0.94} = 0.93$$

（3）求泵所需的电机功率。

$$P_{电} = \frac{P_O}{\eta} = \frac{pq}{\eta} = \frac{25.9 \times 150}{0.87 \times 60} \text{kW} = 85 \text{kW}$$

2.3　齿轮泵

预习本节内容，并撰写讲稿（预习作业），收获成果 3：能够说明齿轮泵的工作原理、结构特点和应用。

齿轮泵是一种常用的液压泵，一般做成定量泵。按结构不同，齿轮泵分为外啮合齿轮泵和内啮合齿轮泵，如图 2-2 所示。外啮合齿轮泵结构简单，制造方便，价格低廉，体积小，重量轻，自吸性能好，对油的污染不敏感，工作可靠，便于维护修理，因此应用广泛。本节着重介绍外啮合齿轮泵的工作原理、结构特点和使用维护方面的知识。

(a) 外啮合齿轮泵

(b) 内啮合齿轮泵

图 2-2　齿轮泵内部结构

2.3.1 齿轮泵工作原理

（1）外啮合齿轮泵的工作原理

① 工作原理。如图2-3（a）所示，在泵体内有一对齿数相同的外啮合齿轮，齿轮的两端有端盖盖住（图中未画出）。泵体、端盖和齿轮之间形成了密封工作腔，并由两个齿轮的齿面啮合线将它们分隔成吸油腔和压油腔。当齿轮按图示方向旋转时，左侧吸油腔内的轮齿相继脱开啮合，使密封容积增大，形成局部真空，油箱中的油在大气压力作用下进入吸油腔，并被旋转的轮齿带入右侧。右侧压油腔的轮齿则不断进入啮合，使密封容积减小，油液被挤出，从压油口压到系统中去。齿轮泵没有单独的配流装置，齿轮的啮合线起配流作用。

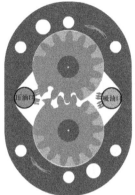

齿轮泵原理

(a) 外啮合齿轮泵　　(b) 齿轮泵符号

图2-3　外啮合齿轮泵的工作原理

② 排量和流量计算。外啮合齿轮泵的排量可认为等于两个齿轮的齿槽容积之和。假设齿槽容积等于轮齿体积，那么其排量就等于一个齿轮的齿槽容积和轮齿体积的总和。当齿轮的模数为m、齿数z、节圆直径d、有效齿高h、齿宽B时，排量为

$$V = \pi dhB = 2\pi zm^2 B \tag{2-9}$$

实际上，齿间槽容积比轮齿体积稍大一些，所以通常取3.33代替式中的π加以修正，则上式变为

$$V = 6.66zm^2 B \tag{2-10}$$

齿轮泵的实际输出流量为

$$q = 6.66zm^2 Bn\eta_v \tag{2-11}$$

上式中的流量q是齿轮泵的平均流量。实际上，由于齿轮啮合过程中压油腔的容积变化率是不均匀的，因此齿轮泵的瞬时流量是脉动的。齿数愈少，脉动愈大。流量脉动引起压力脉动，随之产生振动与噪声，所以精度要求高的场合不宜采用齿轮泵。

笔记

（2）内啮合齿轮泵的工作原理

内啮合齿轮泵有渐开线齿形和摆线齿形两种，其工作原理如图2-4所示。

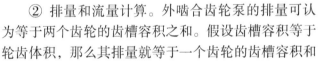

内啮合渐开
线齿轮泵

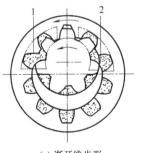
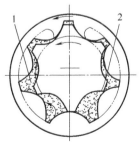

(a) 渐开线齿形　　　　　　(b) 摆线齿形

图2-4　内啮合齿轮泵的工作原理

1—吸油腔；2—压油腔

① 渐开线齿形内啮合齿轮泵。该泵由小齿轮、内齿轮、月牙形隔板等组成。当小齿轮带动内齿轮旋转时，左半部齿退出啮合，容积增大而吸油。进入齿槽的油被带到压油腔，右半部齿进入啮合，容积减小而压油。月牙板在内齿轮和小齿轮之间，将吸、压油腔隔开。

② 摆线齿形内啮合齿轮泵。这种泵又称摆线转子泵，主要由一对内啮合的齿轮（即内、外转子）组成。外转子齿数比内转子齿数多一个，两转子之间有一偏心距。内转子带动外转子异速同向旋转时，所有内转子的齿都进入啮合，形成六个独立的密封腔。左半部齿退出啮合，泵容积增大而吸油；右半部齿进入啮合，泵容积减小而压油。

与外啮合齿轮泵相比，内啮合齿轮泵结构更紧凑，体积小，流量脉动小，运转平稳，噪声小。但内啮合齿轮泵齿形复杂，加工困难，价格较贵。

2.3.2 外啮合齿轮泵结构特点和应用

（1）外啮合齿轮泵的结构及特点

图 2-5 为 CB-B 型外啮合齿轮泵结构图，泵体 4 内有一对齿数相等又相互啮合的齿轮 3，分别用键固定在主动轴 7 和从动轴 9 上，两根轴依靠滚针轴承 10 支承在前后端盖 1、5 中，前后端盖与泵体用两个定位销 8 定位后，靠六个螺钉 2 固紧。泵体的两端面开有封油槽 d，此槽与吸油口相通，用来防止泵内油液从泵体与泵盖接合面外泄。在前后端盖中的轴承处钻有油孔 a，使轴承处泄漏油液经短轴中心通孔 b 及通道 c 流回吸油腔。这种泵工作压力为 2.5MPa，属于低压齿轮泵，主要用于负载小、功率小的液压设备上。

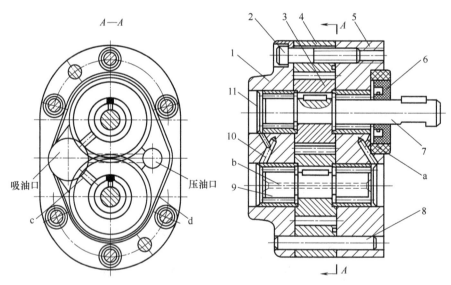

图 2-5 CB-B 型外啮合齿轮泵结构
1—前盖板；2—螺钉；3—齿轮；4—泵体；5—后端盖；6—密封圈；7—主动轴；
8—定位销；9—从动轴；10—滚针轴承；11—堵头

外啮合齿轮泵的结构有如下特点：

① 困油。齿轮泵要平稳地工作，齿轮啮合的重合度必须大于1，于是会有两对轮齿同时啮合。此时，就有一部分油液被围困在两对轮齿所形成的封闭腔之内，如图 2-6 所示。这

个封闭腔容积先随齿轮转动逐渐减小［见图2-6（a）、图2-6（b）］，以后又逐渐增大［见图2-6（b）、图2-6（c）］。封闭容积减小会使被困油液受挤而产生高压，并从缝隙中流出，导致油液发热，轴承等机件也受到附加的不平衡负载作用。封闭容积增大又会造成局部真空，使溶于油中的气体分离出来，产生气穴，引起噪声、振动和气蚀，这就是齿轮泵的困油现象。消除困油的方法，通常是在两侧端盖上开卸荷槽［见图2-6（d）中的虚线］，使封闭容积减小时通过右边的卸荷槽与压油腔相通，封闭容积增大时通过左边的卸荷槽与吸油腔相通。上述CB-B型泵的前后端盖内侧开有卸荷槽e（见图2-6中的虚线），用来解决困油问题，显然两槽并不对称于中心线分布，而是偏向吸油腔，实践证明这样的布局，能将困油问题解决得更好。

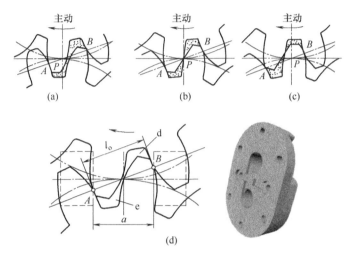

图2-6　齿轮泵的困油现象及其消除方法

② 径向作用力不平衡。在齿轮泵中，液体作用在齿轮外缘的压力是不均匀的，吸油腔的压力最低，一般低于大气压力，压油腔压力最高，也就是工作压力。由于齿顶与泵内表面有径向间隙，所以在齿轮外圆上从压油腔到吸油腔油液的压力是分级逐步降低的，这样，齿轮轴和轴承上都受到一个径向不平衡力的作用。工作压力越高，径向不平衡力也越大。径向不平衡力很大时能使齿轮轴弯曲，导致齿顶接触泵体，产生摩擦；同时也加速轴承的磨损，降低轴承使用寿命。为了减小径向不平衡力的影响，有的泵（如CB-B型齿轮泵）上采取缩小压油口的办法，使压油腔的压力油仅作用在一个齿到两个齿的范围内；同时适当增大径向间隙（CB-B型齿轮泵径向间隙增大为0.13~0.16mm），使齿顶不能和泵体接触。

③ 泄漏。齿轮泵压油腔的压力油可通过三条途径泄漏：一是通过齿轮啮合处的间隙；二是通过泵体内孔和齿顶圆间的径向间隙；三是通过齿轮两端面和端盖间的端面间隙。在三类间隙中，以端面间隙的泄漏量最大，约占总泄漏量的75%~80%。泵的压力愈高，间隙泄漏就愈大，容积效率亦愈低。CB-B齿轮泵的齿轮和端盖间轴向间隙为0.03~0.04mm，由于采用分离三片式结构，轴向间隙容易控制，所以在额定压力下有较高的容积效率。

齿轮泵由于泄漏大和存在径向不平衡力，因而限制了压力的提高。为使齿轮泵能在高压下工作，常采取的措施为：减小径向不平衡力，提高轴与轴承的刚度，同时对泄漏量最大的端面间隙采用自动补偿装置等。如采用浮动袖套的高压齿轮泵，其额定工作可达10~16MPa。

（2）齿轮泵的应用要点

① 泵的传动轴与原动机输出轴之间的连接采用弹性联轴器时,其不同轴度不得大于0.1mm,采用轴套式联轴器的不同轴度不得大于0.05mm。
② 泵的吸油高度不得大于0.5m。
③ 吸油口常用网式过滤器,可采用过滤精度100μm或更大尺寸的滤网。
④ 工作油液应严格按规定选用,一般常用运动黏度为25~54mm²/s,工作油温范围为5~80℃。
⑤ 泵的旋转方向应按标记所指方向,不得搞错。
⑥ 拧紧泵的进出油口管接头连接螺钉,以免吸空和漏油。
⑦ 应避免带载起动或停车。
⑧ 应严格按厂方使用说明书的要求进行泵的拆卸和装配。

2.4 叶片泵

预习本节内容,并撰写讲稿(预习作业),收获成果4:能够说明叶片泵的工作原理、结构特点和应用;成果5:能够说明限压式变量叶片泵的工作原理及流量压力特性曲线。

叶片泵具有结构紧凑、外形尺寸小、工作压力高、流量脉动小、工作平稳、噪声较小、寿命较长等优点。但也存在着结构复杂、自吸能力差、对油污敏感等缺点。在机床液压系统中和部分工程机械中应用很广。叶片泵按其工作时转子上所受的径向力可分为单作用叶片泵和双作用叶片泵。

2.4.1 单作用叶片泵

(1)结构与工作原理

单作用叶片泵

图2-7所示为单作用叶片泵。它由定子、转子、叶片、配油盘(图中未画出)等组成。定子固定不动且具有圆柱形内表面,而转子沿轴线可左、右移动,定子和转子间有偏心距e,且偏心距e的大小是可调的。叶片装在转子槽中,并可在槽内滑动,当转子旋转时,在离心力的作用下叶片紧压在定子内表面,这样在定子、转子、相邻两叶片间和两侧配油盘间形成一个个密封容积腔。如图2-7所示,当叶片转至上侧时,在离心力的作用下叶片逐渐伸出叶片槽,使密封容积逐渐增大,腔内压力减小,油液从吸油口被压入,此区为吸油腔。当叶片转至下侧时,叶片被定子内壁逐渐压进槽内,密封容积逐渐减小,腔内油液的压力逐渐增大,增大压力的油液从压油口压出,则此区为压油腔。吸油腔和压油腔之间有一段油区,当叶片转至此区时,既不吸油也不压油且此区将吸、压油腔分开,则称

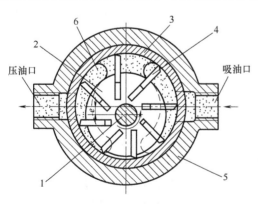

图2-7 单作用叶片泵工作原理
1—传动轴;2—转子;3—定子;4—矩形叶片;
5—壳体;6—配流盘

此区为封油区。叶片泵转子每转一周，每个密封容积将吸、压油各一次，故称为单作用叶片泵。又因这种泵的转子在工作时所受到的径向液压力不平衡，又称为非平衡式叶片泵。

（2）排量和流量

由叶片泵的工作原理可知，叶片泵每转一周所排出液体的体积即为排量。排量等于长短半径（R–r）所扫过的环形体体积为

$$V = \pi(R^2 - r^2)B \qquad (2\text{-}12)$$

若定子内径为D、宽度为B、定子与转子偏心距为e时，排量为

$$V = 2\pi DeB \qquad (2\text{-}13)$$

若泵的转速为n，容积效率为η_V，则泵的实际流量q为

$$q = 2\pi DeBn\eta_V \qquad (2\text{-}14)$$

上两式中　　V——叶片泵的排量，m^3/r；

q——叶片泵的流量，m^3/s；

D——定子内圆直径，m；

e——偏心距，m；

B——定子的宽度，m；

n——电动机的转速，r/s；

η_V——叶片泵的容积效率。

（3）单作用叶片泵的结构特点

① 叶片采用后倾24°安放，其目的是有利于叶片从槽中甩出。

② 只要改变偏心距e的大小就可改变泵输出的流量。由式（2-12）和式（2-13）可知，叶片泵的排量V和流量q均和偏心距e成正比。

③ 转子上所受的不平衡径向液压力，随泵内压力的增大而增大，此力使泵轴产生一定弯曲，加重了转子对定子内表面的摩擦，所以不宜用于高压。

④ 单作用叶片泵的流量具有脉动性。泵内叶片数越多，流量脉动率越小，奇数叶片泵的脉动率比偶数叶片泵的脉动率小，所以单作用泵的叶片数均为奇数，一般为13片或15片。

2.4.2　限压式变量叶片泵

限压式叶片泵

（1）工作原理

限压式变量叶片泵是单作用叶片泵，其流量的改变是利用压力的反馈来实现的。它有内反馈和外反馈两种形式，其中外反馈限压式变量叶片泵是研究的重点。外反馈限压式变量泵工作原理如下。

如图2-8所示，转子中心O_1固定不动，定子中心O_2沿轴线可左右移动。螺钉7调定后，定子在限压弹簧3的作用下，被推向最左端与柱塞6靠紧，使定子O_2与转子中心O_1之间有了初始的偏心距e_0，e_0的大小可决定泵的最大流量。通过螺钉7改变e_0的大小就可决定

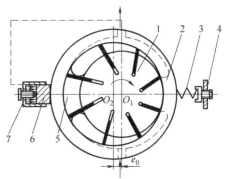

图2-8　限压式单作用叶片泵

1—转子；2—定子；3—限压弹簧；4—限压螺钉；
5—密封容积；6—柱塞；7—螺钉

泵的最大流量。当具有一定压力 p 的压力油，经一定的通道作用于柱塞 6 的定值面积 A 上时，柱塞对定子产生一个向右的作用力 pA，它与限压弹簧 3 的预紧力 kx（k 为弹簧的刚度系数，x 为弹簧的预压缩量）作用于一条直线上，且方向相反，具有压缩弹簧减小初始偏心距 e 的作用。即当泵的出口压力 p_b 小于或等于限定工作压力（$p_c = kx_0$）时，则有 $p_bA \leq kx_0$，定子不移动，初始偏心距 e 保持最大，泵的输出流量保持最大；随着外负载的增大，泵的出口压力逐渐增大，直到大于泵的限定压力 p_c 时，$p_bA > kx_0$，限压弹簧被压缩，定子右移，偏心距 e 减小，泵的流量随之减小。若泵建立的工作压力越高（p_bA 值越大）而 e 越小，则泵的流量就越小。当泵的压力大到某一极限压力 p_c 时，限定弹簧被压缩到最短，定子移动到最右端位置，e 减到最小，泵的流量也达到了最小，此时的流量仅用于补偿泵的泄漏量，如图 2-9 所示。

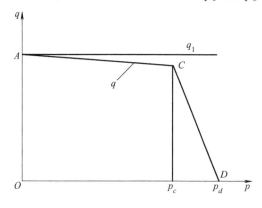

图 2-9 限压式变量叶片泵流量压力的特性曲线

限压式变量叶片泵的排量和流量采用式（2-13）和式（2-14）计算：

（2）限压式叶片泵应用与特点

由于限压式变量泵有上述压力流量特性，所以多应用于组合机床的进给系统，以实现快进→工进→快退等运动；限压式变量叶片泵也适用于定位、夹紧系统。当快进和快退，需要较大的流量和较低的压力时，泵在 AC 段工作；当工作进给，需要较小的流量和较高的压力时，则泵在 CD 段工作。在定位、夹紧系统中，当定位、夹紧部件的移动需要低压、大流量时，泵在 AC 段工作；夹紧结束后，仅需要维持较高的压力和较小的流量（补充泄漏量），则利用 D 点的特性。总之，限压式变量叶片泵的输出流量可根据系统的压力变化（即外负载的大小），自动地调节流量，也就是压力高时，输出流量小；压力低时，输出流量大。

优缺点：

① 限压式变量叶片泵根据负载大小，自动调节输出流量，因此功率损耗较小，可以减少油液发热。

② 液压系统中采用变量泵，可节省液压元件的数量，从而简化了油路系统。

③ 泵本身的结构复杂，泄漏量大，流量脉动较严重，致使执行元件的运动不够平稳。

④ 存在径向力不平衡问题，影响轴承的寿命，噪声也大。

2.4.3 双作用叶片泵

（1）结构和工作原理

双作用叶片泵的工作原理如图 2-10 所示，它由定子、转子、叶片、配油盘、转动轴和泵体组成。转子和定子中心重合，定子内表面由 2 段长半径圆弧、2 段短半径圆弧和 4 段过渡曲线组成，近似椭圆柱形。建压后，叶片在离心力和作用在根部压力油的作用下从槽中伸出紧压在定子内表面。这样在两叶片之间、定子的内表面、转子的外表面和两侧配油盘间形成了一个个密封容积腔。当转子按图 2-10 所示方向旋转时，密封容积腔的容积在经过渡曲

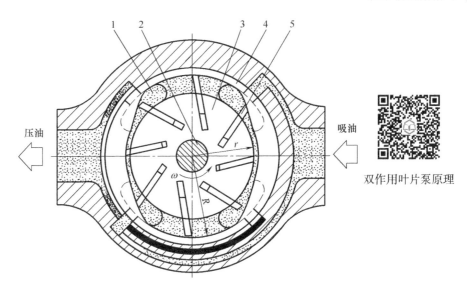

图 2-10 双作用叶片泵的工作原理
1—配流盘；2—轴；3—转子；4—定子；5—叶片

线运动到大圆弧的过程中，叶片外伸，密封容积腔的容积增大，形成部分真空而吸入油液；转子继续转动，密封容积腔的容积从大圆弧经过渡曲线运动到小圆弧时，叶片被定子内壁逐渐压入槽内，密封容积腔的容积减小，将压力油从压油口压出。在吸、压油区之间有一段封油区，将吸、压油腔分开。因此，转子每转一周，每个密封容积吸油和压油各两次，故称为双作用叶片泵。另外，这种叶片泵的两个吸油腔和两个压油腔是径向对称的，作用在转子上的径向液压力相互平衡，因此该泵又可称为平衡式叶片泵。

（2）排量和流量

在不计叶片所占容积时，设定子曲线长半径为 R（m），短半径为 r（m），叶片宽度为 b（m），转子转速为 n（r/s），则叶片泵的排量近似为

$$V = 2\pi b(R^2 - r^2) \tag{2-15}$$

叶片泵的实际流量为

$$q = 2\pi b(R^2 - r^2)n\eta_V \tag{2-16}$$

（3）双作用叶片泵的结构特点与应用

① 双作用叶片泵叶片前倾 10°~14°，其目的是减小压力角，减小叶片与槽之间的摩擦，以便叶片在槽内滑动。

② 双作用泵不能改变排量，只作定量泵用。

③ 为使径向力完全平衡，密封容积数（即叶片数）应当为双数。

④ 为保证叶片紧贴定子内表面，可靠密封，在配油盘对应于叶片根部处开有一环形槽，槽内有两通孔与压油孔道相通，从而引入压力油作用于叶片根部。

⑤ 定子内曲线利用综合性能较好的等加速等减速曲线作为过渡曲线，且过渡曲线与弧线交接处应圆滑过渡，为使叶片能紧压在定子内表面保证密封性，以减少冲击、噪声和磨损。

⑥ 双作用叶片泵具有径向力平衡、运转平稳、输油量均匀和噪声小的特点。但它的结构复杂，吸油特性差，对油液的污染也比较敏感，故一般用于中压液压系统中。

2.5 柱塞泵

预习本节内容，并撰写讲稿（预习作业），收获成果6：能够说明柱塞泵的工作原理、结构特点和应用。

柱塞泵是利用柱塞在缸体中作往复运动，使密封容积发生变化来实现吸油与压油的液压泵。两种有代表性的结构形式分别是轴向柱塞泵和径向柱塞泵，且使用中前者较多。轴向柱塞泵又可以分为斜盘式和斜轴式两种。

（1）工作原理

如图2-11所示为斜盘式轴向柱塞泵的工作原理图。它主要由柱塞5、缸体7、配油盘10和斜盘1等主要零件组成。轴向柱塞泵的柱塞平行于缸体轴心线。斜盘1和配油盘10固定不动，斜盘法线和缸体轴线间的交角为γ。缸体由轴9带动旋转，缸体上均匀分布着若干个轴向柱塞孔，孔内装有柱塞5，内套筒4在定心弹簧6的作用下，通过压盘3使柱塞头部的滑履2和斜盘靠牢，同时外套筒8使缸体7和配油盘10紧密接触，起密封作用。当缸体按图2-11所示方向转动时，由于斜盘和压盘的作用，迫使柱塞在缸体内作往复运动，柱塞在转角0~π范围内逐渐向外伸出，柱塞底部缸孔的密封工作容积增大，通过配油盘的吸油窗口吸油；在π~2π范围内，柱塞被斜盘逐渐推入缸体，使柱塞底部缸孔容积减小，通过配油盘的压油窗口压油。缸体每转一周，每个柱塞各完成一次吸、压油。

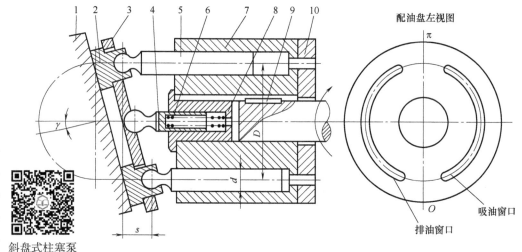

斜盘式柱塞泵

图2-11 斜盘式轴向柱塞泵的工作原理图

1—斜盘；2—滑履；3—压盘；4—内套筒；5—柱塞；6—定心弹簧；7—缸体；8—外套筒；9—轴；10—配油盘

（2）排量和流量计算

如图2-11所示，若柱塞个数为z，柱塞的直径为d，柱塞分布圆直径为D，斜盘倾角为γ时，每个柱塞的行程为$L = D\tan\gamma$。z个柱塞的排量为

$$V = \frac{\pi}{4}d^2 Dz\tan\gamma \tag{2-17}$$

若泵的转数为 n，容积效率为 η_V，则泵的实际输出流量为

$$q = \frac{\pi}{4} d^2 Dzn\eta_V \tan\gamma \tag{2-18}$$

(3) 柱塞泵的应用特点

与上述两种泵相比，柱塞泵具有以下优点：

① 组成密封容积的零件为圆柱形的柱塞和缸孔，加工方便，配合精度高，密封性能好，在高压情况下仍有较高的容积效率，因此常用于高压场合。

② 柱塞泵中的主要零件均处于受压状态，材料强度性能可得到充分发挥。

③ 柱塞泵结构紧凑，效率高，调节流量只需改变柱塞的工作行程就能实现。因此在需要高压、大流量、大功率的系统中和流量需要调节的场合（如在龙门刨床、拉床、液压机、工程机械、矿山冶金机械、船舶上）得到广泛的应用。

由于单向柱塞泵只能断续供油，因此作为实用的柱塞泵，常以多个柱塞泵组合而成。按柱塞的排列和运动方向不同，可分为径向柱塞泵和轴向柱塞泵两大类。径向柱塞泵由于径向尺寸大、结构复杂、噪声大等缺点，逐渐被轴向柱塞泵所替代。

④ 改变斜盘倾角 γ 的大小，就能改变柱塞行程的长度，从而改变柱塞泵的排量和流量；改变斜盘倾角方向，就能改变吸油和压油的方向，使其成为双向变量泵。

⑤ 柱塞泵柱塞数一般为奇数，且随着柱塞数的增多，流量的脉动性也相应减小，因而一般柱塞泵的柱塞数为单数7或9。

2.6 液压泵选用

预习本节内容，并撰写讲稿（预习作业），收获成果7：能够说明液压泵选择的原则。

液压泵是向液压系统提供一定流量和压力的油液的动力元件，它是每个液压系统不可缺少的核心元件，合理地选择液压泵对于降低液压系统的能耗、提高系统的效率、降低噪声、改善工作性能和保证系统的可靠工作都十分重要。

选择液压泵的原则是：根据主机工况、功率大小和系统对工作性能的要求，首先确定液压泵的类型，然后按系统所要求的压力、流量大小确定其规格型号。表2-2列出了液压系统中常用液压泵的主要性能。

表2-2　液压系统中常用液压泵的主要性能比较

性能	外啮合齿轮泵	双作用叶片泵	限压式变量叶片泵	径向柱塞泵	轴向柱塞泵	螺杆泵
输出压力	低压	中压	中压	高压	高压	低压
流量调节	不能	不能	能	能	能	不能
效率	低	较高	较高	高	高	较高
输出流量脉动	很大	很小	一般	一般	一般	最小
自吸特性	好	较差	较差	差	差	好
对油的污染敏感性	不敏感	较敏感	较敏感	很敏感	很敏感	不敏感
噪声	大	小	较大	大	大	最小

一般来说，由于各类液压泵各自突出的特点，其结构、功用和运转方式各不相同，因此应根据不同的使用场合选择合适的液压泵。一般在机床液压系统中，往往选用双作用叶片泵和限压式变量叶片泵；而在筑路机械、港口机械以及小型工程机械中，往往选择抗污染能力较强的齿轮泵；在负载大、功率大的场合往往选择柱塞泵。

2.7 液压泵噪声

预习本节内容，并撰写讲稿（预习作业），收获成果8：能够说明液压泵噪声产生的原因。

液压泵噪声对人们的健康十分有害，随着工业生产的发展，工业噪声对人们的影响越来越严重，已引起人们的关注。目前液压技术正向着高压、大流量和大功率的方向发展，产生的噪声也随之增加，而在液压系统中的噪声，液压泵的噪声占有很大的比重。因此，研究减小液压系统的噪声，特别是液压泵的噪声，已引起液压界广大工程技术人员、专家学者的重视。

液压泵的噪声大小和液压泵的种类、结构、大小、转速以及工作压力等很多因素有关。

（1）产生噪声的原因

① 泵的流量脉动和压力脉动，造成泵构件的振动。这种振动有时还可产生谐振。谐振频率可以是流量脉动频率的2倍、3倍或更大，泵的基本频率及其谐振频率若和机械的或液压的自然频率相一致，则噪声便大大增加，研究结果表明，转速增加对噪声的影响一般比压力增加还要大。

② 泵的工作腔从吸油腔突然与压油腔相通，或从压油腔突然和吸油腔相通时，产生的油液流量和压力突变，产生噪声。

③ 空穴现象。当泵吸油腔中的压力小于油液所在温度下的空气分离压时，溶解在油液中的空气要析出而变成气泡，这种带有气泡的油液进入高压腔时，气泡被击破，形成局部的高频压力冲击，从而引起噪声。

④ 泵内流道具有截面突然扩大和收缩、急拐弯，通道截面过小而导致液体湍流、漩涡及喷流，使噪声加大。

⑤ 由于机械原因，如转动部分不平衡、轴承不良、泵轴的弯曲等机械振动引起的机械噪声。

（2）降低噪声的措施

① 减少和消除液压泵内部油液压力的急剧变化。

② 可在液压泵的出口装置消声器，吸收液压泵流量及压力脉动。

③ 当液压泵安装在油箱上时，使用橡胶垫减振。

④ 压油管的一段用高压软管，对液压泵和管路的连接进行隔振。

⑤ 采用直径较大的吸油管，减小管道局部阻力，防止液压泵产生空穴现象；采用大容量的吸油过滤器，防止油液中混入空气；合理设计液压泵，提高零件刚度。

练习题

2-1 液压泵按结构形式可分为哪几种？按压力的大小可分为哪几种？

2-2　液压泵正常工作应具备哪些条件？

2-3　液压泵的排量和流量取决于哪些参数？理论流量和实际流量之间有什么关系？

2-4　简述齿轮泵的困油现象。这一现象有什么危害？可采取什么措施解决？

2-5　齿轮泵、双作用叶片泵、单作用叶片泵在结构上各有哪些特点？在工作原理上各有哪些特点？如何正确判断转子的转向？如何正确判断吸、压油腔？

2-6　简述齿轮泵、叶片泵、轴向柱塞泵的齿轮吸、压油时的特点。齿轮泵、叶片泵的压力提高受哪些因素的影响？采取哪些措施来提高齿轮泵和叶片泵的压力？

2-7　为什么轴向柱塞泵适用于高压？

2-8　某一齿轮泵，测得其参数如下：齿轮模数 $m_m=4\text{mm}$，齿数 $z=7$，齿宽 $b=32\text{mm}$，若齿轮泵的容积效率 $\eta_V=0.80$，机械效率 $\eta=0.90$，转速 $n=1450\text{r/min}$，工作压力 $p=2.5\text{MPa}$。试计算：齿轮泵的理论流量、实际流量、泵的输出功率和电动机驱动功率。

2-9　某液压泵的实际工作压力为 $p=10\text{MPa}$，排量 $V=100\text{cm}^3/\text{r}$，转速 $n=1450\text{r/min}$，容积效率 $\eta_V=0.95$，总效率 $\eta=0.9$。试求：（1）液压泵的输出功率。（2）电动机的驱动功率。

2-10　变量叶片泵的转子外径 $d=83\text{mm}$，定子内径 $D=89\text{mm}$，定子宽 $b=30\text{mm}$。试求：（1）当泵的排量 $V=16\text{mL/r}$ 时，定子与转子间的偏心量 e 为多大？（2）泵的最大排量是多少？

2-11　某一柱塞泵，柱塞直径 $d=32\text{mm}$，分布圆直径 $D=68\text{mm}$，柱塞数 $z=7$，斜盘倾角 $\gamma=22°30'$，转速 $n=960\text{r/min}$，输出压力 $p=10\text{MPa}$，容积效率 $\eta_V=0.95$，机械效率 $\eta=0.90$。试求：柱塞泵的理论流量、实际流量；驱动泵所需电动机的功率。

第3章 液压执行元件

【佳句欣赏】阐述这句话的意思,谈谈对自己的启发。
"学校没有纪律便如磨坊里没有水。"——夸美纽斯

【成果要求】基于本章内容的学习,要求收获如下成果。
基于本章内容的学习,要求收获如下成果。
成果1:能够说明液压缸组成结构及密封方式;
成果2:能够计算液压缸活塞的速度与功率;
成果3:能够说明双杆式和单杆式液压缸(差动缸)的工作原理;
成果4:能够计算液压缸的主要结构参数;
成果5:能够说明柱塞式液压马达的结构及工作原理。

液压系统的执行元件是液压缸和液压马达。液压缸是将液压能转变为机械能的、做直线往复运动(或摆动运动)的液压执行元件。它结构简单、工作可靠。用它来实现往复运动时,可免去减速装置,并且没有传动间隙,运动平稳,因此在各种机械的液压系统中得到广泛应用。液压缸输出的力和活塞有效面积及其两边的压差成正比;液压缸基本上由缸筒和缸盖、活塞和活塞杆、密封装置、缓冲装置与排气装置组成。缓冲装置与排气装置视具体应用场合而定,其他装置则必不可少。本节主要介绍液压缸的结构、工作原理及性能参数计算。

3.1 液压缸典型结构和组成

预习本节内容,并撰写讲稿(预习作业),收获成果1:能够说明液压缸结构组成及密封方式。

3.1.1 单缸活塞式液压缸结构

单活塞杆液压缸只有一端有活塞杆,活塞仅能单向运动,其反方向运动需由外力来完成。图3-1是一种工程用的单杆活塞式液压缸的结构图。

单缸式液压缸工作原理

它由缸底1、缸筒10、活塞5、活塞杆16、导向套12和缸盖13等主要零件组成。缸底与缸筒焊接成一体,缸盖与缸筒采用螺纹连接。为防止油液由高压腔向低压腔泄漏或向外泄漏,在活塞与活塞杆、活塞与缸筒、导向套与缸筒、导向套与活塞杆之间均设置有密封圈。为防止活塞快速退回到行程终端时撞击缸底,活塞杆后端设置了缓冲柱塞。为了防止脏物进入液压缸内部,在缸盖外侧还装有防尘圈。

由图3-1可知，液压缸主要由缸体组件（缸筒、端盖等）、活塞组件（活塞、活塞杆等）、密封件等基本部分组成。此外，一般液压缸还设有缓冲装置和排气装置。

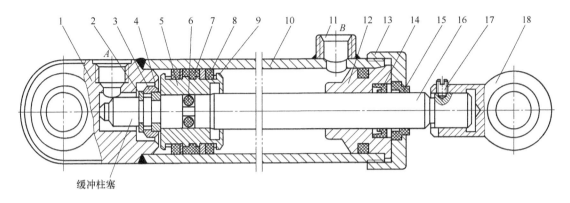

图3-1　单杆活塞式液压缸的结构

1—缸底；2—弹簧挡圈；3—卡环帽；4—轴用卡环；5—活塞；6—O形密封圈；7—支承环；8—挡圈；
9,14—Y形密封圈；10—缸筒；11—管接头；12—导向套；13—缸盖；
15—防尘圈；16—活塞杆；17—紧定螺钉；18—耳环

（1）缸筒与端盖的连接方式

缸筒是液压缸主体，端盖装在缸筒的两端，在工作时都要承受很大的液压力，因此，它们应有足够的强度和刚度，同时必须连接可靠。液压缸与端盖的连接方式很多，常见的连接形式如图3-2所示。

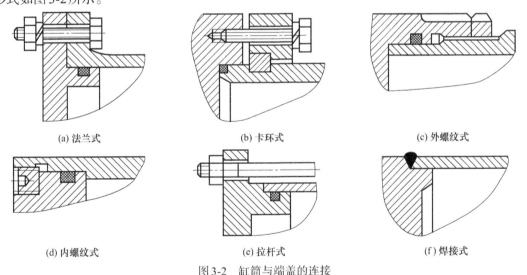

图3-2　缸筒与端盖的连接

如图3-2（a）所示，法兰式连接结构较简单，加工和装拆都很方便，连接可靠，但径向尺寸和重量都较大。如图3-2（b）所示，卡环式连接结构紧凑，连接可靠，装拆较方便，但卡环槽对缸筒强度有所削弱，需加厚缸筒壁厚。卡环式连接有外卡环连接和内卡环连接。如图3-2（c）、图3-2（d）所示，螺纹式连接分外螺纹连接和内螺纹连接两种。其特点是重量轻，外形尺寸小，但缸筒端部结构复杂，装卸需专用工具。旋端盖时易损坏密封圈。如图3-2（e）所示，拉杆式连接结构通用性好，缸筒加工容易，装拆方便，但外形尺寸较大，重量也较大，拉杆受力后会拉伸变形，影响端部密封效果。如图3-2（f）所示，焊接式连接外形尺寸较小，结构简单，但焊接时易引起缸筒变形。

选用何种连接方式主要取决于液压缸的工作压力、缸筒材料和具体的工作条件等。一般铸钢、锻钢制造的大中型液压缸多采用法兰式连接，用无缝钢管制作的缸筒常采用卡环式连接，小型液压缸可用螺纹式连接或焊接式连接，较短的中低压液压缸常采用拉杆式连接。

（2）活塞的结构

① 活塞的结构形式。活塞的结构形式是根据密封装置的形式来选定的，通常分为整体活塞和组合活塞两类。如图3-3（a）所示，整体活塞结构简单，加工方便，用于安装O形密封圈、唇形密封圈和活塞环等。如图3-3（b）所示，组合活塞可采用组合密封圈，但结构复杂，加工量较大。

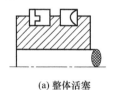

(a) 整体活塞　　　　　　　　(b) 组合活塞

图3-3　活塞结构形式

② 活塞与活塞杆的连接形式。活塞与活塞杆的内端有多种连接形式，所有连接形式均有可靠的锁紧措施，以防止工作时由于活塞往复运动而松开。在活塞与活塞杆之间应设置静密封。活塞与活塞杆的连接形式如图3-4所示。

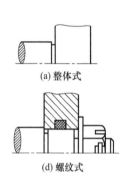
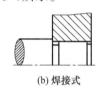
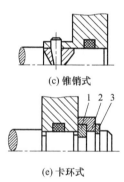

(a) 整体式　　　(b) 焊接式　　　(c) 锥销式

(d) 螺纹式　　　(e) 卡环式

图3-4　活塞与活塞杆的连接形式
1—卡环；2—轴套；3—弹簧圈

如图3-4（a）、图3-4（b）所示，整体式连接和焊接式连接结构简单，轴向尺寸小，但损坏后需整体更换。如图3-4（c）所示，锥销式连接加工方便，装配简单，但承载能力小。如图3-4（d）所示，螺纹式连接结构简单，装拆方便。如图3-4（e）所示，卡环式连接装拆方便，连接可靠，但结构较复杂。

一般情况下使用螺纹式连接；轻载时可采用锥销式连接；高压和振动较大时多用卡环式连接；当活塞行程较短，且活塞与活塞杆相差不多时，可采用整体式连接。焊接式使用较少。

（3）液压缸的安装定位

液压缸在机体上的安装有法兰式、耳环式、耳轴式和底脚式等多种方式。当缸筒与机体间没有相对运动时，可采用底脚或法兰来安装定位。如果液压缸两端都有底脚时，一般固定一端，使另一端浮动，以适应热胀冷缩的需要。如果缸筒与机体间需要有相对摆动，则可采用耳轴和耳环等连接方式。具体选用时可参考有关手册。

(4) 缓冲与排气

① 缓冲装置。当液压缸驱动质量较大、移动速度较快的工作部件时，一般应在液压缸内设置缓冲装置，以免产生液压冲击、噪声，甚至造成液压缸的损坏。尽管液压缸中缓冲装置结构形式很多，但它的工作原理都是相同的，即当活塞快速运动到接近缸盖时，增大排油阻力，使液压缸的排油腔产生足够的缓冲压力，使活塞减速，从而避免与缸盖快速相撞。常见的缓冲装置如图3-5所示。

图3-5 (a) 为间隙式缓冲装置，当缓冲柱塞A进入缸盖上的内孔时，被封闭的油液只能经环形间隙排出，缓冲油腔B产生缓冲压力，使活塞速度降低。这种装置在缓冲开始时产生的缓冲制动力大，但很快便降下来，最后不起什么作用，故缓冲效果很差，并且缓冲压力不可调节。但由于结构简单，所以在一般系列化的成品液压缸中多采用这种缓冲装置。

图3-5 (b) 为可调节流式缓冲装置，当缓冲柱塞进入到缸盖内孔时，回油口被柱塞堵住，只能通过节流阀回油，B腔缓冲压力升高，使活塞减速，其缓冲特性类同于间隙式，缓冲效果较差。当活塞反向运动时，压力油通过单向阀D很快进入到液压缸内，故活塞不会因推力不足而产生启动缓慢现象。这种缓冲装置可以根据负载情况调整节流阀C开度的大小，改变缓冲压力的大小，因此适用范围较广。

图3-5 (c) 为可变节流式缓冲装置，它在缓冲柱塞A上开有三角节流沟槽，节流面积随着缓冲行程的增大而逐渐减小，由于这种缓冲装置在缓冲过程中能自动改变节流口的大小，因而使缓冲作用均匀，冲击压力小，但结构较复杂。

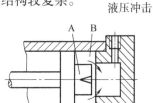

液压冲击

图3-5 液压缸的缓冲装置
A—缓冲柱塞；B—缓冲油腔；C—节流阀；D—单向阀

(a) 间隙式缓冲装置　　(b) 可调节流式缓冲装置　　(c) 可变节流式缓冲装置

② 排气装置。在安装过程中或在停止工作一段时间后，液压系统中往往会有空气渗入。液压系统，特别是液压缸中存有空气时，会使液压缸产生爬行或振动。因此液压缸上应考虑排气装置，如图3-6所示。

对于要求不高的液压缸往往不设专门的排气装置，而是将油口布置在缸筒两端的最高处，这样也能使空气随油液排往油箱，再从油面逸出；对于速度稳定性要求较高的液压缸或大型液压缸，常在液压缸两侧的最高部位设置专门的排气装置，如排气塞、排气阀等。图3-6 (a) 为排气塞。当松开排气塞螺钉后，让液压缸全行程空载往复运动若干次，缸中的空气即可排出。然后再拧紧排气塞螺钉，液压缸便可正常工作。

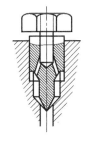
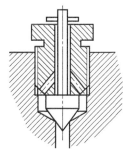

(a) 排气塞排气　　(b) 排气阀排气

图3-6 排气装置

3.1.2 液压缸密封

液压缸中的压力油能够从固定部件的连接处和相对运动部件的配合处泄漏，即外泄漏和内泄漏。通过密封，利用密封件阻止泄漏，以保证液压缸的正常工作性能。常用密封件的形式、特点与使用如下所述。

（1）O形密封圈

如图3-7所示，O形密封圈是一种截面为圆形的橡胶圈。它的主要优点是形状简单、成本低。O形密封圈单圈即可对两个方向起密封作用，密封性能好，动摩擦阻力小。对油液温度、压力的适应性好，其工作压力可达70MPa甚至更高，使用温度范围为 $-30 \sim 120℃$。使用速度范围为 $0.005 \sim 0.3 m/s$。O形密封圈应用广泛，既可作为静密封，又可作为动密封；既可用于外径密封，又可用于内径密封和端面密封。密封部位结构简单，占用空间小，装拆方便。其缺点是密封圈安装槽的精度要求高，在作动密封时启动摩擦阻力较大，寿命较短。

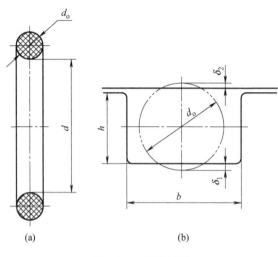

图3-7 O形密封圈

使用O形圈时应注意以下几点：

① O形圈在安装时必须保证适当的预压缩量，压缩量的大小直接影响O形圈的使用性能和寿命，过小不能密封，过大则摩擦力增大，且易损坏。为了保证密封圈有一定的预压缩量，安装槽的宽度b大于O形圈直径d_o，而深度h则比d_o小，其尺寸和表面精度应按有关手册给出的数据严格保证。

② 在静密封中，当压力大于32MPa时，或在动密封中，当压力大于10MPa时，O形圈就会被挤入间隙中而损坏，以致密封效果降低或失去密封作用。为此需在O形圈低压侧安放1.2~2.5mm厚的聚四氟乙烯或尼龙制成的挡圈。双向受高压时，两侧都要加挡圈。如图3-8所示。

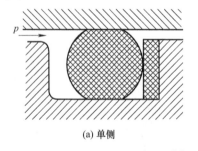 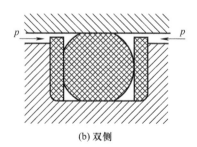

(a) 单侧　　　　　　　　　　　　　　(b) 双侧

图3-8 挡圈的设置

③ O形圈一般用丁腈橡胶制成，它与石油基液压油有良好的相容性。当采用磷酸酯基液压油时，应选用其他材料制作的O形圈。

④ 在安装过程中，不能划伤O形圈，所通过的轴端、轴肩必须倒角或修圆。通过外螺纹时应用金属导套。

(2) Y形密封圈

Y形密封圈的截面呈Y形（如图3-9所示），属唇形密封圈。一般用丁腈橡胶制成。它依靠略为张开的唇边贴于耦合面，在油压作用下，接触压力增大，使唇边贴得更紧而保持密封，且在唇边磨损后有一定的自动补偿能力。因此，Y形圈从低压到高压的压力范围内都有良好的密封性，稳定性和耐压性好，滑动摩擦阻力和启动摩擦阻力小，运动平稳，使用寿命长。但在工作压力波动大、滑动速度较高时，该圈易翻转。Y形密封圈主要用于往复运动的密封，适用工作温度为-30~100℃，工作压力小于20MPa，使用速度小于0.5m/s。

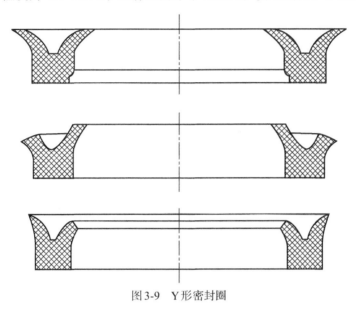

图3-9　Y形密封圈

另一种小Y形密封圈（又称Yx形密封圈）是Y形密封圈的改型产品，与Y形相比宽度较大，其宽度为长度的2倍以上，因而在沟槽中不易翻转（见图3-10）。它有等高唇和不等高唇两种，后者又有孔用和轴用之分。其低唇与密封面接触，滑动摩擦阻力小，耐磨性好，寿命长；高唇与非运动表面有较大的预压缩量，摩擦阻力大，工作时不易窜动。小Y形圈常用聚氨酯橡胶制成，低速和快速运动时均有良好的密封性能，一般适用于工作压力小于32MPa，使用温度为-30~80℃的场合。

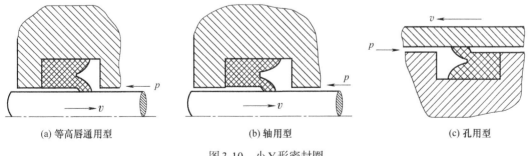

(a) 等高唇通用型　　(b) 轴用型　　(c) 孔用型

图3-10　小Y形密封圈

使用注意事项：

① Y形圈安装时，唇口端应对着液压力高的一侧。若活塞两侧都有高压油一般应成对

使用。

② 当压力变化较大、滑动速度较高时，为避免翻转，要使用支承环，以固定Y形密封圈。如图3-11所示。

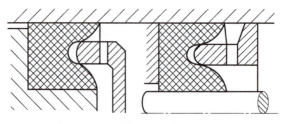

图3-11 Y形密封圈带支承环安装

③ 安装密封圈所通过的各部位，应有15°~13°的倒角，并在装配通过部位涂上润滑脂或工作油。通过外螺纹或退力槽等时，应套上专用套筒。

（3）V形密封圈

V形密封圈的截面为V形，如图3-12所示。V形密封圈是由压环、V形圈和支承环三部分组合而成。

V形密封圈的主要优点是密封性能良好，耐高压，使用寿命长。可根据不同的工作压力，选用相应数量的V形圈重叠使用，并通过调节压紧力，获得最佳的密封效果。当活塞在偏载下运动时仍能获得很好的密封。缺点是摩擦阻力及轴向结构尺寸较大，拆换不方便。它主要用于活塞杆的往复运动密封，适宜在工作压力小于50MPa、温度在-40~80℃条件下工作。

使用时的注意事项：

① V形密封圈是由支承环、V形圈和压环三个圈叠在一起使用的（如图3-12所示）。压环与滑动面之间的间隙应尽可能小，支承环与孔和轴的间隙一般为0.25~0.4mm，安装时支承环应放在承受油液压力的一侧。V形圈常用纯橡胶和夹织橡胶制成，使用时应交替组装，其数量可根据使用压力选定。

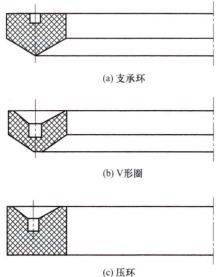

图3-12 V形密封圈

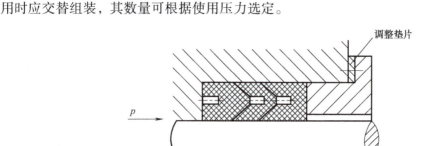

图3-13 V形圈的调整

② 由于V形圈在使用中，会逐渐变形磨损，必须经常调节其压紧力，如图3-13所示，

一般采用加调整垫片或用螺母进行调节。

③ 密封圈安装槽的入口处应加工倒角或圆角,以便安装。

(4) 组合式密封圈

组合式密封圈有滑环组合O形密封圈、组合U形密封圈、复合唇形密封圈和双向组合唇形密封圈等多种形式。图3-14为滑环组合O形密封圈,它由截面为矩形的聚四氟乙烯塑料滑环2和O形密封圈1组合而成。滑环与金属摩擦系数小,因而耐磨;O形圈弹性好,能从滑环内表面施加一向外的涨力,使滑环产生微小变形而紧贴密封面。故它的使用寿命比单独使用O形密封圈提高很多倍,摩擦阻力小且稳定。缺点是抗侧倾能力稍差,安装不够方便。这种组合密封圈可用于要求滑动阻力小、动作循环频率很高的场合,如伺服液压缸等。

(5) 防尘圈

防尘圈设置在活塞杆或柱塞密封圈的外部,防止外界灰尘、砂粒等异物进入液压缸内,以避免影响液压系统的工作和液压系统元件的使用寿命。目前常用的防尘圈一般为唇形,按其有无骨架分为骨架式和无骨架式两种。其中以无骨架式防尘圈应用最普遍,其工作状态如图3-15所示。其特点是:支承部分的尺寸较大,强度好,没有必要增设骨架,因此结构简单,装卸方便,除尘效果好。安装时防尘圈的唇部对活塞杆应有一定的过盈量,以便当活塞杆往复运动时,唇口刃部能将黏附在杆上的灰尘、砂粒等清除掉。

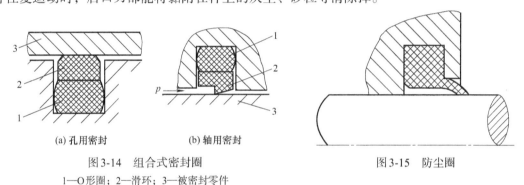

图3-14 组合式密封圈
1—O形圈;2—滑环;3—被密封零件

图3-15 防尘圈

3.2 液压缸的设计

预习本节内容,并撰写讲稿(预习作业),收获成果2:能够计算液压缸活塞的速度与功率;成果3:能够说明双杆式和单杆式液压缸(差动缸)的工作原理;成果4:能够计算液压缸的主要结构参数。

3.2.1 液压缸主要参数

(1) 液压缸的压力

① 工作压力p。油液作用在活塞单位面积上的法向力(见图3-16)。单位为Pa,其值为

$$p = \frac{F_L}{A} \tag{3-1}$$

式中,F_L为活塞杆承受的总负载,N;A为活塞的有效工作面积,m²。

上式表明,液压缸的工作压力是由于负载的存在而产生的,负载越大,液压缸的压力

也越大。

② 额定压力 p_n。也称为公称压力，是液压缸能用以长期工作的最高压力。

③ 最高允许压力 p_{max}。也称试验压力，是液压缸在瞬间能承受的极限压力。通常为

$$p_{max} \leq 1.5 p_n \tag{3-2}$$

(2) 液压缸的输出力

液压缸的理论输出力 F 等于油液的压力和工作腔有效面积的乘积，即

$$F = pA \tag{3-3}$$

图3-16 单杆缸

由于图3-16的液压缸为单活塞杆形式，因此两腔的有效面积不同，所以在相同压力条件下液压缸往复运动的输出力也不同。由于液压缸内部存在密封圈阻力、回油阻力等，故液压缸的实际输出力小于理论作用力。

(3) 液压缸的输出速度

① 液压缸的输出速度。

$$v = \frac{q}{A} \tag{3-4}$$

式中，v 为液压缸的输出速度，m/s；A 为液压缸工作腔的有效面积，m²；q 为输入液压缸工作腔的流量，m³/s。

② 速比 λ_v。同样对图3-16所示的单活塞杆液压缸，由于两腔有效面积不同，液压缸在活塞前进时的输出速度 v_1 与活塞后退时的输出速度 v_2 也不相同，通常将液压缸往复运动输出速度之比称为 λ_v，所以

$$\lambda_v = \frac{v_2}{v_1} = \frac{A_1}{A_2} \tag{3-5}$$

式中，v_1 为活塞前进速度，m/s；v_2 为活塞退回速度，m/s；A_1 为活塞无杆腔有效面积，m²；A_2 为活塞有杆腔有效面积，m²。

速比不宜过小，以免造成活塞杆过细、稳定性不好。其值如表3-1所示。

表3-1 液压缸往复速度比推荐值

工作压力 p/MPa	≤10	1.25~20	>20
往复速度比 λ_v	1.33	1.46；2	2

(4) 液压缸的功率

① 输出功率 P_o。液压缸的输出为机械能。单位为 W，其值为

$$P_o = Fv \tag{3-6}$$

式中，F 为作用在活塞杆上的外负载，N；v 为活塞的平均运动速度，m/s。

② 输入功率 P_i。液压缸的输入为液压能。单位为 W，它等于压力和流量的乘积，即

$$P_i = pq \tag{3-7}$$

式中，p 为液压缸的工作压力，Pa；q 为液压缸的输入流量，m³/s。

由于液压缸内存在能量损失（摩擦和泄漏），因此，输出功率小于输入功率。

3.2.2 液压缸主要形式

液压缸的类型较多，按用途可分为两大类，即普通液压缸和特殊液压缸。其中普通液压

缸按结构的不同可分为单作用式液压缸和双作用式液压缸。单作用式液压缸在液压力的作用下只能向一个方向运动，其反向运动需要靠重力或弹簧力等外力来实现；双作用式液压缸靠液压力可实现正、反两个方向的运动。单作用式液压缸包括活塞式和柱塞式两大类，其中活塞式液压缸应用最广；双作用液压缸包括单活塞杆液压缸和双活塞杆液压缸两大类。而特殊液压缸包括伸缩套筒式、串联液压缸、增压缸、回转液压缸和齿条液压缸等几大类。

活塞式液压缸可分为双杆式和单杆式两种结构。

（1）双杆活塞式液压缸

① 工作原理。图3-17为双杆活塞式液压缸的原理图。活塞两侧均装有活塞杆。图3-17（a）为缸体固定式结构，缸的左腔进油，右腔回油，则活塞向右移动；反之，活塞向左移动。图3-17（b）为活塞杆固定式结构，缸的左腔进油，右腔回油，油液推动缸体向左移动；反之，缸体向右移动。当两活塞杆直径相同（即有效工作面积相等）、供油压力和流量不变时，活塞（或缸体）在两个方向的推力 F 和运动速度 v 也都相等，即

$$F = (p_1 - p_2)A = \frac{\pi}{4}(D^2 - d^2)(p_1 - p_2) \tag{3-8}$$

$$v = \frac{q}{A} = \frac{4q}{\pi(D^2 - d^2)} \tag{3-9}$$

式中，A 为活塞的有效作用面积；p_1 为液压缸的进油压力；p_2 为液压缸的回油压力；q 为液压缸的输入流量；D 为缸体内径；d 为活塞杆直径。

② 特点和应用。当两活塞杆直径相同、缸两腔的供油压力和流量都相等时，活塞（或缸体）两个方向的推力和运动速度也都相等，适用于要求往复运动速度和输出力相同的工况，如磨床液压系统。图3-17（a）为缸体固定式结构，其工作台的运动范围约等于活塞有效行程的3倍，一般用于中小型设备。图3-17（b）为活塞杆固定式结构，其工作台的运动范围约等于缸体有效行程的两倍，常用于大中型设备中。

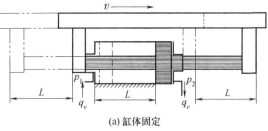

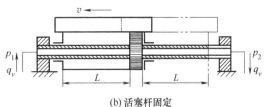

图3-17 双杆活塞式液压缸

（2）单杆活塞式液压缸

① 工作原理。图3-18为双作用单杆活塞式液压缸。它只在活塞的一侧装有活塞杆，因而两腔有效工作面积不同。当向缸的两腔分别供油，且供油压力和流量不变时，活塞在两个方向的运动速度和输出推力皆不相等。

活塞单杆缸

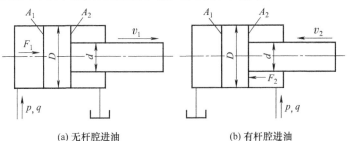

图3-18 单杆活塞式液压缸

如图3-18（a）所示，无杆腔进油时，活塞的推力 F_1 和运动速度 v_1 分别为

$$F_1 = p_1 A_1 - p_2 A_2 = \frac{\pi}{4} D^2 (p_1 - p_2) + \frac{\pi}{4} d^2 p_2 \tag{3-10}$$

$$v_1 = \frac{q}{A_1} = \frac{4q}{\pi D^2} \tag{3-11}$$

如图3-18（b）所示，有杆腔进油时，活塞的推力 F_2 和运动速度 v_2 处分别为

$$F_2 = p_1 A_2 - p_2 A_1 = \frac{\pi}{4} D^2 (p_1 - p_2) - \frac{\pi}{4} d^2 p_1 \tag{3-12}$$

$$v_2 = \frac{q}{A_2} = \frac{4q}{\pi (D^2 - d^2)} \tag{3-13}$$

式中，q 为液压缸的输入流量；p_1 为液压缸的进油压力；p_2 为液压缸的回油压力；D 为活塞直径（即缸体内径）；d 为活塞杆直径；A_1 为无杆腔活塞有效工作面积；A_2 为有杆腔的活塞有效工作面积。

由式（3-12）和式（3-13）得，液压缸往复运动时的速度比为

$$\lambda_v = \frac{v_2}{v_1} = \frac{D^2}{D^2 - d^2} \tag{3-14}$$

上式表明，当活塞杆直径愈小时，速度比 λ_v 愈接近于1，两个方向的速度差值愈小。

② 特点和应用。比较式（3-10）至式（3-13），由于 $A_1 > A_2$，故 $F_1 > F_2$，$v_1 < v_2$。即活塞杆伸出时，推力较大，速度较小；活塞杆缩回时，推力较小，速度较大。因而它适用于伸出时承受工作载荷，缩回时为空载或轻载的场合。如，各种金属切削机床、压力机等的液压系统。

单杆活塞缸可以缸筒固定，活塞移动；也可以活塞杆固定，缸筒运动。但其工作台往复运动范围都约为活塞（或缸筒）有效行程的两倍，结构比较紧凑。

③ 液压缸的差动连接。单杆活塞缸的两腔同时通入压力油的油路连接方式称为差动连接，作差动连接的单杆活塞缸称为差动液压缸，如图3-19所示。在忽略两腔连通油路压力损失的情况下，两腔的油液压力相等。但由于无杆腔受力面积大于有杆腔，活塞向右的作用力大于向左的作用力，活塞杆作伸出运动，并将有杆腔的油液挤出，流进无杆腔，加快活塞的运动速度。

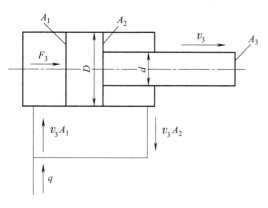

图3-19 差动连接的液压缸

若活塞的速度为 v_3，则无杆腔进油量为 $v_3 A_1$，有杆腔的排油量为 $v_3 A_2$，因而有 $v_3 A_1 = q + v_3 A_2$，故活塞杆的伸出速度 v_3 为

$$v_3 = \frac{q}{A_1 - A_2} = \frac{4q}{\pi d^2} \tag{3-15}$$

差动连接时，$p_2 \approx p_1$，活塞的推力 F_3 为

$$F_3 = p_1 A_1 - p_2 A_2 \approx \frac{\pi}{4} D^2 p_1 - \frac{\pi}{4} (D^2 - d^2) p_1 = \frac{\pi}{4} d^2 p_1 \tag{3-16}$$

由式（3-15）和式（3-16）可知，差动连接时实际起有效作用的面积是活塞杆的横截面积。由于活塞杆的截面积总是小于活塞的面积，因而与非差动连接无杆腔进油工况相比，在输入油液压力和流量相同的条件下，活塞运动速度较大而推力较小。因此，这种方式广泛用

于组合机床的液压动力滑台和其他机械设备的快速运动中。

如果要使活塞往返运动速度相等，即 $v_2 = v_3$，则经推导可得 D 与 d 必存在 $D = \sqrt{2}\,d$ 的比例关系。

3.2.3 液压缸主要尺寸计算

（1）液压缸内径计算

工程上计算液压缸内径 D 通常采用两种方法：

① 负载大小和选定的系统压力，通过式（3-17）计算确定。

$$D = \sqrt{\frac{4F}{\pi p}} \times 10^{-3} = 3.57 \times 10^{-2} \sqrt{\frac{F}{p}} \tag{3-17}$$

式中，D 为液压缸内径，m；F 为液压缸输出力，kN；p 为系统工作压力，MPa。

② 根据液压缸的输出速度和所选定的系统流量，由式（3-4）确定计算。

$$D = \sqrt{\frac{4q}{\pi v}} = 1.128 \sqrt{\frac{q}{v}} \tag{3-18}$$

式中，D 为液压缸内径，m；q 为输入液压缸的流量，m³/s；v 为液压缸的输出速度，m/s。

设计时，在计算求得 D 后还应按国标 GB/T 2348—2018 将计算结果圆整为最接近的标准。

（2）活塞杆直径计算

活塞杆直径 d 也有按速比和按强度要求计算两种方法。按速比 λ_v 计算时由公式（3-5）可得

$$d = D\sqrt{\frac{\lambda_v - 1}{\lambda_v}} \tag{3-19}$$

式中，λ_v 为速比；D 为液压缸内径，m；d 为活塞杆直径，m。

计算求得的 d 值也应按国标圆整为标准值。λ_v 值可以根据工作压力的范围选取合适值（见表3-2），避免不合理速比导致活塞杆强度无法保证。

表 3-2 p 与 λ_v 的关系

工作压力 p/MPa	≤10	12.5~20	>20
速比 λ_v	1.33	1.46~2	2

而表 3-3 则列出了不同速比时 D 和 d 的关系。

表 3-3 不同 λ_v 下 d 与 D 的关系

速比 λ_v	1.15	1.25	1.33	1.46	2
活塞杆直径 d	0.36D	0.45D	0.5D	0.56D	0.71D

活塞杆直径也可根据机械类型参考表 3-4 选定。

表 3-4 机械类型参考表

机械类型	磨、珩磨、研磨	插、拉、刨	钻、镗、车、铣
活塞杆直径 d	(0.2~0.3)D	0.5D	0.7D

（3）液压缸长度

液压缸长度主要由最大行程决定，行程有国家标准系列，此外还要考虑活塞宽度、活塞

杆导向长度等因素。通常活塞宽度 $B=(0.6\sim1.0)D$，而导向长度 C 则在 $D<80\text{mm}$ 时为 $C=(0.6\sim1.0)D$；而在 $D \geqslant 80\text{mm}$ 时，$C=(0.6\sim1.0)d$。从制造角度考虑，一般液压缸长度不应超过直径 D 的 20~30 倍。

（4）液压缸的壁厚

液压缸壁厚 δ 可根据结构设计确定。但在工作压力较高或缸径较大时必须进行强度验算。一般在 $\dfrac{D}{\delta} \geqslant 16$ 时要按薄壁简化公式校核，而在 $\dfrac{D}{\delta} < 16$ 时用厚壁简化公式校核。薄壁简化公式为

$$\delta \geqslant \frac{p_y D}{2[\sigma]} \tag{3-20}$$

厚壁简化公式为

$$\delta = \frac{D}{2}\left(\sqrt{\frac{[\sigma]+0.4p_y}{[\sigma]-1.3p_y}}-1\right) \tag{3-21}$$

式中，δ 为液压缸壁厚；D 为液压缸内径；p_y 为实验压力（液压缸额定工作压力 $p_R \leqslant 16\text{MPa}$ 时，$p_y = 1.5 p_R$，$p_R > 16\text{MPa}$ 时，$p_y = 1.2 p_R$）；$[\sigma]$ 为液压缸材料许用应力。

除此之外，往往还需要进行活塞杆强度与稳定性、螺纹连接强度等方面的校核。

3.3 液压马达

预习本节内容，并撰写讲稿（预习作业），收获成果 5：能够说明柱塞式液压马达的结构及工作原理。

液压马达是将液压能转化为机械能，并能输出旋转运动的液压执行元件。与液压泵类似，液压马达在结构形式上可以分为齿轮式、叶片式和柱塞式等形式。本节只对柱塞式液压马达的工作原理做一简要介绍。

（1）轴向柱塞式液压马达

如图 3-20 所示，当压力油经配油盘的窗口进入缸体的柱塞孔时，柱塞在压力油的作用下被顶出柱塞孔压在斜盘上，设斜盘作用在某一柱塞上的反作用力为 F，F 可分解为 F_r 和 F_t 两个分力。其中轴向分力 F_r 和作用在柱塞后端的液压力相平衡，其值为 $F_r = \dfrac{\pi d^2 p}{4}$，而垂直于轴向的分力 $F_t = F_r \tan\gamma$，使缸体产生一定的转矩。其大小为

$$T_i = F_t a = F_r R\sin\varphi = F_r \tan\gamma R\sin\varphi = \frac{\pi d^2}{4} pR\tan\gamma \sin\varphi \tag{3-22}$$

液压马达输出的转矩应该是处于高压腔柱塞产生转矩的总和，即

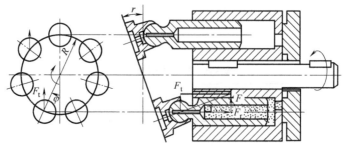

图 3-20 轴向柱塞式液压马达

$$T = \sum \frac{\pi d^2}{4} pR\tan\gamma\sin\varphi \tag{3-23}$$

由于柱塞的瞬时方位角 φ 是变化的，柱塞产生的转矩也随之变化，故液压马达产生的总转矩是脉动的。若互换液压马达的进、回油路时，液压马达将反向转动；若改变斜盘倾角，液压马达的排量便随之发生改变，从而可以调节输出转矩或转速。

（2）液压马达的主要性能参数

从液压马达的功用来看，其主要性能转速 n、转矩 T 和效率 η。

① 转速 n

$$n = \frac{q}{V}\eta_V \tag{3-24}$$

式中　V——液压马达的排量；

　　　q——实际供给液压马达的流量；

　　　η_V——容积效率。

② 转矩 T。液压马达的输出转矩

$$T = T_t\eta_m = \frac{pV}{2\pi}\eta_m \tag{3-25}$$

式中　T_t——马达的理论输出转矩，即 $T_t = \frac{pV}{2\pi}$；

　　　p——油液压力；

　　　V——液压马达的排量；

　　　η_m——机械效率。

③ 液压马达的总效率。液压马达的总效率为马达的输出效率 $2\pi nT$ 和输入效率 pq 之比，即

$$\eta = \frac{2\pi nT}{pq} = \eta_V\eta_m \tag{3-26}$$

式中　p——油液压力；

　　　q——实际供给液压马达的流量；

　　　η_V，η_m——分别为液压马达的容积效率和机械效率。

从式（3-26）可知，液压马达的总效率等于液压马达的机械效率与容积效率的乘积。

练习题

3-1　液压系统的执行元件有哪几种？实现什么功能？

3-2　液压马达按其结构类型分为哪几种形式？按额定转速可分为哪几种形式？

3-3　液压缸的主要参数有哪几种？如何计算？

3-4　活塞式液压缸可分为哪两种结构？有何特点？

3-5　密封装置有哪些结构形式？如何选用？

3-6　如何实现液压缸的排气和缓冲？

3-7　设计一单杆活塞式液压缸，已知外载 $F=3\times10^4$N。活塞和活塞处密封圈摩擦阻力为 $F_f = 10\times10^2$N，液压缸的工作压力为 5MPa，试计算液压缸内径 D。若活塞最大移动速度为 0.05m/s，液压缸的容积效率为 0.9，应选用多大流量的液压泵？若泵的总效率为 0.8，电动机的驱动功率应为多少？

3-8 某液压马达，要求输出25.5N·m的转矩，转速为30r/min，马达的排量为105mL/r，马达的机械效率和容积效率均为0.90，马达的出口压力为2×10^5Pa，试求液压马达所需的流量和压力各为多少？

3-9 柱塞式液压缸，柱塞的直径d=10cm，输入的流量q=20L/min，求柱塞运动的速度V为多少？

3-10 已知某液压马达的排量为260mL/r，液压马达的入口压力为10MPa，出口压力为1.0MPa，其总效率为0.8，容积效率均为0.9。当输入流量为22L/min时，求液压马达实际转速和输出转矩。

3-11 某一差动液压缸，求在$V_{快进}=V_{快退}$和$V_{快进}=2V_{快退}$两种条件下活塞面积A_1活塞面积A_2之比。

3-12 如图所示，两个结构相同相互串联的液压缸，无杆腔的面积$A_1=100\times10^{-4}$m^2，有杆腔的面积$A_2=80\times10^{-4}$m^2，缸1的输入压力p_1=0.9MPa，输入流量q=12L/min，不计摩擦损失表泄漏，求：

（1）两缸承受相同负载（$F_1=F_2$）时，该负载的数值及两缸的运动速度；

（2）缸2的输入压力是缸1的一半（$p_1=2p_2$）时，两缸各能承受多少负载？

（3）缸1不承受负载（$F_1=0$）时，缸2能承受多少负载？

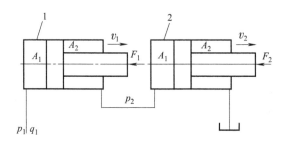

题3-12图

第 4 章 液压控制元件

【佳句欣赏】阐述这句话的意思,谈谈对自己的启发。
孟子曰:"梓匠轮舆能与人规矩,不能使人巧。"——孟子 《孟子·尽心下》

【成果要求】基于本章内容的学习,要求收获如下成果。
成果1:能够说明换向阀的工作原理、三位换向阀的中位机能,正确绘制换向阀的图形符号;
成果2:能够说明溢流阀的工作原理、应用和流量压力特性;
成果3:能够说明减压阀的工作原理及应用;
成果4:能够说明顺序阀的工作原理及应用;
成果5:能够说明压力继电器的工作原理及应用;
成果6:能够说明流量控制阀节流口的流量特性和形式;
成果7:能够说明调速阀的结构及工作原理;
成果8:能够说明插装阀、叠加阀、比例阀的工作原理和应用。

液压控制元件(简称液压阀)是控制液流方向、压力和流量的元件。其性能好坏直接影响液压系统的工作过程和工作特性,它是液压系统中的重要元件。

尽管各类液压阀的形式不同,功能各异,但都具有共性。在结构上,所有阀都是由阀体、阀芯和驱动阀芯运动的元、部件(如弹簧)等组成;在工作原理上,所有阀的阀口大小、进出口的压差以及通过阀的流量之间的关系都符合孔口流量公式,仅是各种阀控制的参数不同而已。

液压阀按用途可分为方向控制阀、压力控制阀和流量控制阀;按控制原理又可分为定值或开关控制阀、电液比例阀、伺服控制阀和数字控制阀;按照安装连接方式也可分为管式阀、板式阀、叠加阀和插装阀;按结构还可分为滑阀、转阀、座阀和射流管阀等。

液压阀的基本要求:
① 动作灵敏、使用可靠,工作时冲击和振动要小。
② 油液通过时,压力损失要小。
③ 密封性能好。
④ 结构紧凑,安装、调节、使用及维护方便,且通用性和互换性要好,使用寿命长。

4.1 方向控制阀

预习本节内容,并撰写讲稿(预习作业),收获成果1:能够说明换向阀的工作原理、三位换向阀的中位机能，正确绘制换向阀的图形符号。

方向控制阀通过控制液压系统中液流的通断或流动方向，从而控制执行元件的启动、停止及运动方向。它可分为单向阀和换向阀两种。

4.1.1 单向阀

控制阀-单向阀

单向阀是控制油液单方向流动的方向控制阀。常用的单向阀有普通单向阀和液控单向阀两种。

（1）普通单向阀

普通单向阀只允许液流沿着一个方向流动，反向被截止，故又称为止回阀。按流道不同，普通单向阀有直通式和直角式两种，如图4-1（a）、图4-1（b）所示。当液流从进油口P_1流入时，克服作用在阀芯2上的弹簧3的作用力以及阀芯2与阀体1之间的摩擦力而顶开阀芯，并通过阀芯上的径向孔a、轴向孔b从出油口P_2流出；当液流反向从P_2口流入时，在液压力和弹簧力共同作用下，使阀芯压紧在阀座上，使阀口关闭，实现反向截止。图形符号如图4-1（c）所示。

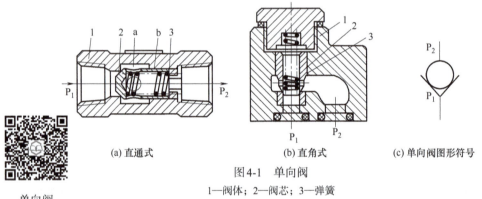

(a) 直通式　　　　(b) 直角式　　　　(c) 单向阀图形符号

图4-1 单向阀

1—阀体；2—阀芯；3—弹簧

单向阀

单向阀中的弹簧仅用于克服阀芯的摩擦阻力和惯性力，所以其刚度较小，开启压力很小，一般在0.035~0.05MPa之间。若将单向阀中的弹簧换成刚度较大的弹簧时，可用作背压阀，开启压力在0.2~0.6MPa之间。

（2）液控单向阀

液控单向阀与普通单向阀相比，在结构上增加了一个控制活塞1和控制油口K。如图4-2（a）所示。除了可以实现普通单向阀的功能外，还可以根据需要由外部油压来控制，以实现逆向流动。当控制油口K没有通入压力油时，它的工作原理与普通单向阀完全相同，当压力油从P_1流向P_2，反向被截止；当控制油口K通入控制压力油P_k时，控制活塞1向上移动，顶开阀芯2，使油口P_1和P_2相通，使油液反向通过。为了减小控制活塞移动时的阻力，设一外泄油口L，控制压力P_k最小应为主油路压力的30%~50%。

图4-2（b）为带卸荷阀芯的液控单向阀。当控制油口通入压力油P_k时，控制活塞先顶起卸荷阀芯3，使主油路的压力降低，然后控制活塞以较小的力将阀芯2顶起，使P_1和P_2相通。可用于压力较高的场合。其图形符号如图4-2（c）所示。

液控单向阀在机床液压系统中应用十分普遍，常用于保压、锁紧和平衡回路。

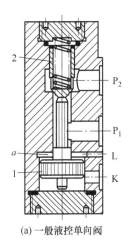 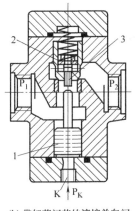 

(a) 一般液控单向阀　　(b) 带卸荷阀芯的液控单向阀　　(c) 液控单向阀图形符号

图 4-2　液控单向阀

1—控制活塞；2—阀芯；3—卸荷阀芯

4.1.2　换向阀

换向阀是利用阀芯相对阀体位置的改变，使油路接通、断开或改变液流方向，从而控制执行元件的启动、停止或改变其运动方向的液压阀。

（1）分类

换向阀的种类很多，具体类型见表4-1。

表4-1　换向阀的类型

分类方式	类型
按阀芯结构分	滑阀式、转阀式、球阀式
按工作位置数量分	二位、三位、四位
按通路数量分	二通、三通、四通、五通
按操纵方式分	手动、机动、电磁、液动、电液动

（2）换向阀的工作原理、结构和图形符号

图4-3为滑阀式换向阀的结构原理图。当阀芯向右移动一定距离时，液压泵的压力油从阀的P口经A口进入液压缸左腔，推动活塞向右移动，液压缸右腔的油液经B口流回油箱；反之，活塞向左运动。换向阀的结构原理和图形符号详见表4-2。

表4-2中图形符号的含义如下：

① 用方框表示阀的工作位置，有几个方框就表示有几个工作位置。

② 一个方框与外部相连接的主油口数有几个，就表示几"通"。

③ 方框内的箭头表示该位置上油路接

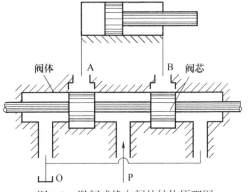

图4-3　滑阀式换向阀的结构原理图

通，但不表示液流的流向；方框内的符号"⊥"或"⊤"表示此通路被阀芯封闭。

④ P和T分别表示阀的进油口和回油口，而与执行元件连接的油口用字母A、B表示。

⑤ 三位阀的中间方框和二位阀侧面画弹簧的方框为常态位。绘制液压系统图时，油路应连接在换向阀的常态位上。

⑥ 控制方式和复位弹簧应画在方框的两端。

表4-2 常用滑阀式换向阀的结构原理图和图形符号

名称	结构原理图	图形符号	备注
二位二通阀			控制油路的接通与切断（相当于一个开关）
二位三通阀	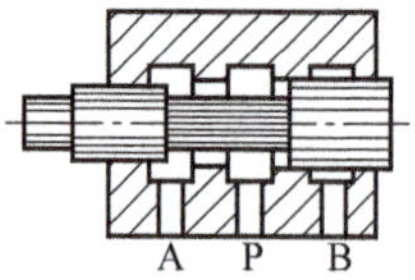	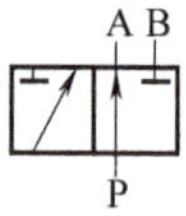	控制液流方向（从一个方向变换成另一个方向）
二位四通阀			不能使执行元件在任一位置处停止运动
三位四通阀			能使执行元件在任一位置处停止运动
二位五通阀	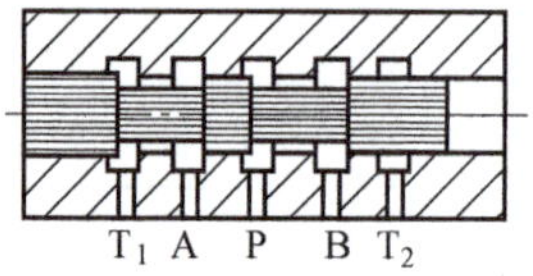		不能使执行元件在任一位置处停止运动
三位五通阀			能使执行元件在任一位置处停止运动

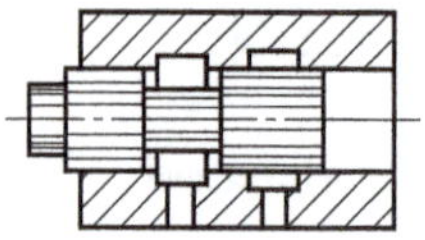

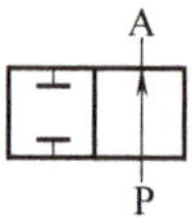

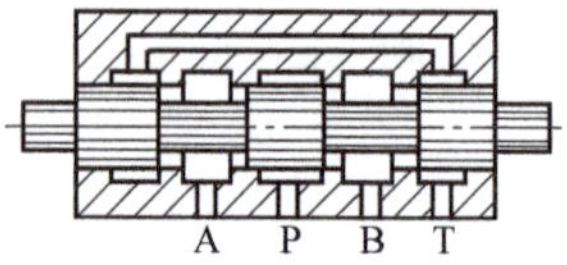

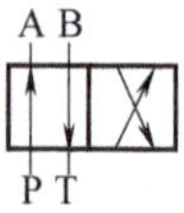

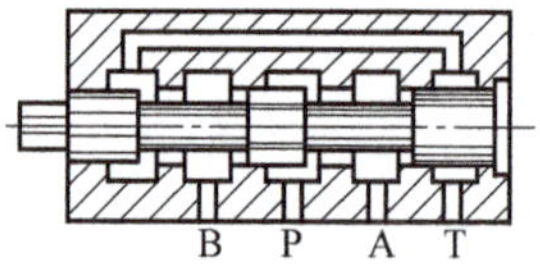

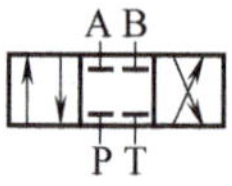

备注栏右侧合并说明：控制执行元件换向；二位四通、三位四通——执行元件正反向运动时回油方式相同；二位五通、三位五通——执行元件正反向运动时可以得到不同的回油方式

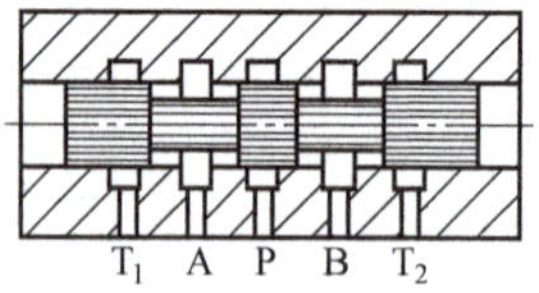

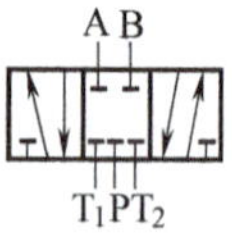

（3）换向阀的中位机能

换向阀各阀口的连通方式称为阀的机能，不同的机能可满足系统的不同要求，对于三位阀，阀芯处于中间位置时（即常态位）各油口的连通形式称为中位机能。表4-3为常见的三位四通、五通换向阀中位机能的形式、结构简图和中位符号。由表4-3可以看出，不同的中位机能是通过改变阀芯的形状和尺寸得到的。

在分析和选择阀的中位机能时，通常考虑以下几点：

① 系统保压与卸荷。当P口被堵塞时，如O型、Y型，系统保压，液压泵能用于多缸液压系统。当P口和T口相通时，如H型、M型，这时整个系统卸荷。

② 换向精度和换向平稳性。当工作油口A和B都堵塞时，如O型、M型，换向精度高，但换向过程中易产生液压冲击，换向平稳性差。当油口A和B都通T口时，如H型、Y型，换向时液压冲击小，平稳性好，但换向精度低。

③ 启动平稳性。阀处于中位时，A口和B口都不通油箱，如O型、P型、M型启动时，油液能起缓冲作用，易于保证启动的平稳性。

④ 液压缸"浮动"和在任意位置处锁住。当A口和B口接通时，如H型、Y型，卧式液压缸处于"浮动"状态，可以通过其他机构使工作台移动，调整其位置。当A口和B口都

表4-3 三位换向阀的中位机能

类型	结构简图	中间位置符号 三位四通	中间位置符号 五位五通	作用、特点
O型				换向精度高，但有冲击，缸被锁紧，泵不卸荷，并联缸可运动
H型				换向平稳，但冲击量大，缸浮动。泵卸荷，其他缸不能并联使用
Y型				换向较平稳，冲击量较大，缸浮动，泵不卸荷，并联缸可运动
P型				换向最平稳，冲击量较小，缸浮动，泵不卸荷，并联缸可运动
M型				换向精度，但有冲击，缸被锁紧，泵卸荷，其他缸不能并联使用

被堵塞时，如O型、M型，则可使液压缸在任意位置处停止并被锁住。

（4）几种常用的换向阀

① 机动换向阀。机动换向常用于控制机械设备的行程，又称为行程阀。它是利用安装在运动部件上的凸轮或铁块使阀芯移动而实现换向的。机动换向阀通常是二位阀，有二通、三通、四通和五通几种，分为常开和常闭两种形式。

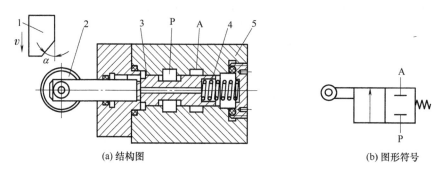

(a) 结构图　　　　　　　　　　(b) 图形符号

图4-4　二位二通机动换向阀
1—挡铁；2—滚轮；3—阀芯；4—弹簧；5—阀体

图4-4（a）为二位二通机动换向阀的结构图。图示位置在弹簧4的作用下，阀芯3处于左端位置，油口P和A不连通；当挡铁压住滚轮2使阀芯3移到右端位置时，油口P和A接通。图4-4（b）为其图形符号。

机动换向阀具有结构简单、工作可靠、位置精度高等优点。若改变挡铁的斜角α就可改变换向时阀芯的移动速度，即可调节换向过程的时间。机动换向阀必须安装在运动部件附近，故连接管路较长。

② 电磁换向阀。电磁换向阀是利用电磁铁的吸力来推动阀芯移动，从而改变阀芯位置的换向阀。一般有二位和三位，通道数有二通、三通、四通和五通。

电磁换向阀按使用的电源不同，有交流型和直流型两种。交流电磁铁的使用电压多为220V，换向时间短（约为0.01~0.03s），启动力大，电气控制线路简单。但工作时冲击和噪声大，阀芯吸不到位容易烧毁线圈，所以寿命短，其允许切换频率一般为10次/min。直流电磁铁的电压多为24V，换向时间长（约为0.05~0.08s），启动力小，冲击小，噪声小，对过载或低电压反应不敏感，工作可靠，寿命长，切换频率可达120次/min，故需配备专门的直流电源，因此费用较高。

图4-5（a）为二位三通电磁换向阀的结构。图示位置电磁铁下通电，油口P和A连通，油口B断开；当电磁铁通电时，衔铁1吸合，推杆2将阀芯3推向右端，使油口P和A断开，与B接通。图4-5（b）为其图形符号。

图4-6（a）为三位四通电磁换向阀。当两边电磁铁都不通电时，阀芯3在两边对中弹簧4的作用下处于中位，P、T、A、B油口互不相通；当左边电磁铁通电时，左边衔铁吸合，推杆2将阀芯3推向右端，油口P和B接通，A与T接通；当右边电磁铁通电时，则油口P和A接通，B与T接通。其图形符号如图4-6（b）所示。

电磁换向阀因具有换向灵敏、操作方便、布置灵活、易于实现设备的自动化等特点，因而应用最为广泛。但由于电磁铁吸力有限，因而要求切换的流量不能太大，一般在63L/min

以下，且回油口背压不宜过高，否则易烧毁电磁铁线圈。

③ 液动换向阀。液动换向阀是利用控制油路的压力油来推动阀芯移动，从而改变阀芯位置的换向阀。图4-7（a）为三位四通液动换向阀的结构原理图。阀上设有两个控制油口K_1和K_2；当两个控制油口都未通压力油时，阀芯2在两端对中弹簧4、7的作用下处于中位，油口P、T、A、B互不相通；当K_1接压力油、K_2接油箱时，阀芯在压力油的作用下右移，油

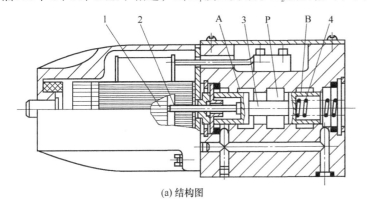

(a) 结构图　　　　　　　　　(b) 图形符号

图4-5　二位三通电磁阀

1—衔铁；2—推杆；3—阀芯；4—弹簧

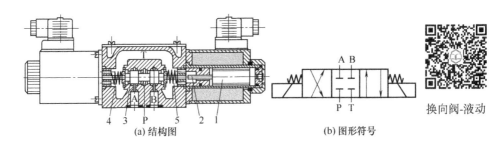

(a) 结构图　　　　　　　　　(b) 图形符号

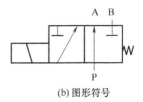

换向阀-液动

图4-6　三位四通电磁阀

1—衔铁；2—推杆；3—阀芯；4,5—弹簧

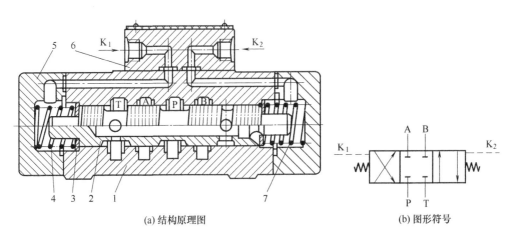

(a) 结构原理图　　　　　　　　(b) 图形符号

图4-7　三位四通液动换向阀

1—阀体；2—阀芯；3—挡圈；4,7—弹簧；5—端盖；6—盖板

口P与B接通，A与T接通；反之，当K_2通压力油、K_1接油箱时，阀芯左移，油口P与A接通，B与T接通。其图形符号如图4-7（b）所示。

液动换向阀常用于切换流量大、压力高的场合。液动换向阀常与电磁换向阀组合成电液换向阀，以实现自动换向。

④ 电液换向阀。电液换向阀是由电磁换向阀和液动换向阀组合而成的复合阀。电磁换向阀起先导阀的作用，用来改变液动换向阀的控制油路的方向，从而控制液动换向阀的阀芯位置；液动换向阀为主阀，实现主油路的换向。由于推动主阀芯的液压力可以很大，故主阀芯的尺寸可以做大，允许大流量液流通过。这样就可以实现小规格的电磁铁方便地控制着大流量的液动换向阀。

图4-8（a）为电液换向阀的结构原理图。当先导阀的电磁铁都不通电时，先导阀的阀芯在对中弹簧作用下处于中位，主阀芯左、右两腔的控制油液通过先导阀中间位置与油箱连通，主阀芯在对中弹簧作用下也处于中位，主阀的P、A、B、T油口均不通。当先导阀左边电磁铁通电时，先导阀芯右移，控制油液经先导阀再经左单向阀进入主阀左腔，推动主阀芯向右移动，这时主阀右腔的油液经右边的节流阀及先导阀回油箱，使主阀P与A接通，B与T接通；反之，先导阀右边电磁铁通电，可使油口P与B接通，A与T接通（主阀芯移动速度可由节流阀的开口大小调节）。图4-8（b）为电液换向阀的图形符号和简化符号。

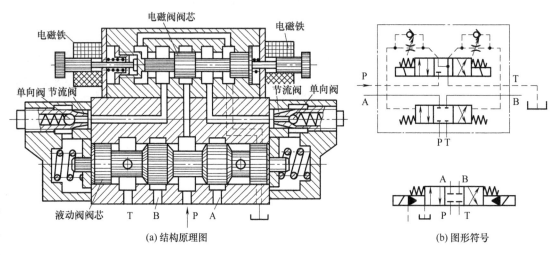

图4-8 电液换向阀

⑤ 手动换向阀。手动换向阀是利用手动杠杆操纵阀芯运动，以实现换向的换向阀。它有弹簧自动复位和钢球定位两种。图4-9（a）为自动复位式手动换向阀。向右推动手柄4时，阀芯2向左移动，使油口P、A接通，B、T接通。若向左推动手柄，阀芯向右运动，则P与B相通，A与T相通。松开手柄后，阀芯依靠复位弹簧的作用自动弹回到中位，油口P、T、A、B互不相通。图4-9（c）为其图形符号。

自动复位式手动换向阀适用于动作频繁、持续工作时间较短的场合，操作比较安全，常用于工程机械的液压系统中。

若将该阀右端弹簧的部位改为图4-9（b）的形式，即可成为在左、中、右3个位置定位的手动换向阀。当阀芯向左或向右移动后，就可借助钢球使阀芯保持在左端或右端的工作位置上。图4-9（d）为其图形符号。该阀适用于机床、液压机、船舶等需保持工作状态时间较长的场合。

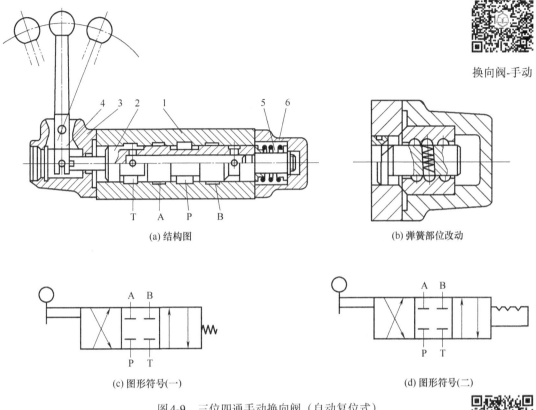

图4-9 三位四通手动换向阀（自动复位式）
1—阀体；2—阀芯；3—前盖；4—手柄；5—弹簧；6—后盖

压力控制阀

4.2 压力控制阀

预习本节内容，并撰写讲稿（预习作业），收获成果2：能够说明溢流阀的工作原理、应用和流量压力特性；成果3：能够说明减压阀的工作原理及应用；成果4：能够说明顺序阀的工作原理及应用；成果5：能够说明压力继电器的工作原理及应用。

在液压系统中，控制油液压力高低的阀和通过压力信号实现动作控制的阀统称为压力控制阀。它们是利用作用在阀芯上的液压力和弹簧力相平衡的原理来工作的。压力控制阀主要有溢流阀、减压阀、顺序阀和压力继电器等。

4.2.1 溢流阀

溢流阀在液压系统中的作用是通过阀口的溢流量来实现调压、稳压或限压，按其结构不同可分为直动式和先导式两种。

（1）直动式溢流阀

直动式溢流阀具有结构简单、制造容易、成本低等优点。但缺点是油液压力直接和弹簧力平衡，所以压力稳定性差。当系统压力较高时，要求弹簧刚度大，使阀的开启性能差，故一般只用于低压小流量场合。直动式溢流阀是靠系统中的压力油直接作用于阀芯上和弹簧力相平衡的原理来工作的。图4-10（a）为直动式溢流阀的结构图。图4-10（b）为直动式溢流阀的图形符号。

直动式溢流阀

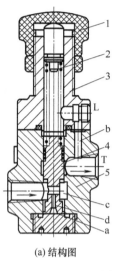

(a) 结构图　　　　　　　　(b) 图形符号

图4-10　直动式溢流阀
1—调压螺母；2—调压弹簧；3—上盖；4—主阀芯；5—阀体；
a—锥孔；b—内泄孔道；c—径向小孔；d—轴向阻尼小孔

工作原理：如图4-10所示，P是进油口，T是回油口，压力油从P口进入，经阀芯4上的径向小孔c和轴向阻尼小孔d作用在阀芯底部a上，当进油压力升高，阀芯所受的液压力pA超过弹簧力F_s时，阀芯4上移，阀口被打开，油口P和T相通实现溢流。阀口的开度经过一个过渡过程后，便稳定在某一位置上，进油口压力p也稳定在某一调定值上。调整螺母1，可以改变弹簧2的预紧力，这样就可调节进油口的压力p。阀芯上的阻尼小孔d的作用是对阀芯的动作产生阻尼，提高阀的工作平稳性。图4-10中L为泄油口，溢流阀工作时，油液通过间隙泄漏到阀芯上端的弹簧腔，通过阀体上的b孔与回油口T相通，此时L口堵塞，这种连接方式称为内泄；若将b孔堵塞，打开L口，泄漏油直接引回油箱，这种连接方式称为外泄。当溢流阀稳定工作时，作用在阀芯上的液压力和弹簧力相平衡（阀芯的自重、摩擦力等都忽略不计），则有

$$pA = F_s$$
$$p = \frac{F_s}{A} \tag{4-1}$$

式中　p——溢流阀调节压力；

F_s——调压弹簧力；

A——阀芯底部有效作用面积。

对于特定的阀，A值是恒定的，调节F_s就可调节进口压力p。当系统压力变化时，阀芯

会做相应的波动，然后在新的位置上平衡；与之相应的弹簧力也要发生变化，但相对于调定的弹簧力来说变化很小，所以认为 p 值基本保持恒定。

（2）先导式溢流阀

先导式溢流阀由先导阀和主阀两部分组成。它是利用主阀芯上、下两端的压力差所形成的作用力和弹簧力相平衡的原理来进行工作的。其结构如图4-11（a）所示，图4-11（b）为其图形符号。

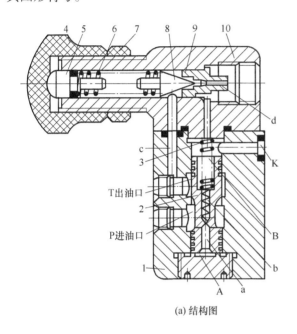

先导溢流阀
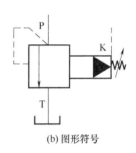

图 4-11　先导式溢流阀

1—主阀体；2—主阀芯；3—复位弹簧；4—调节螺母；5—调节杆；6—调压弹簧；7—螺母；
8—锥阀芯；9—锥阀座；10—阀盖；a,b—轴向小孔；c—流道；d—小孔

其工作原理如下。如图4-11所示，P是进油口，T是回油口，压力油从P口进入，通过阀芯轴向小孔口a进入A腔，同时经b孔进入B腔，又经d孔作用在先导阀的锥阀芯8上。当进油压力 p 较低，不足以克服调压弹簧6的弹簧力 F_s' 时，锥阀芯8关闭，主阀芯2上、下两端压力相等，主阀芯2在复位弹簧3的作用下处于最下端位置，阀口P和T不通，溢流口关闭。当进油压力升高，作用在锥阀芯上的液压力大于 F_s' 时，锥阀芯8被打开，压力油便经c孔、回油口T流回油箱。由于阻尼孔b的作用，使主阀芯2上端的压力 p_1 小于下端压力 p，当这个压力差超过复位弹簧3的作用力 F_s 时，主阀芯上移，进油口 p 和回油口T相通，实现溢流。所调节的进口压力 p 也要经过一个过渡过程才能达到平衡状态。当溢流阀稳定工作时，作用在主阀芯上的液压力和弹簧力相平衡（阀芯的自重、摩擦力等忽略不计），则有

$$pA = p_1 A + F_s \tag{4-2}$$

式中　p——进口压力；

p_1——主阀芯上腔压力；

F_s——主阀芯弹簧力；

A——主阀芯有效作用面积。

由式（4-2）可知，由于p_1是由先导阀弹簧调定，基本为定值；主阀芯上腔的复位弹簧3的刚度可以较小，且F_s的变化也较小。所以当溢流量发生变化时，溢流阀进口压力p的变化较小。因此先导式溢流阀相对直动式溢流阀具有较好的稳压性能。但它的反应不如直动式溢流阀灵敏，一般适用于压力较高的场合。

先导式溢流阀有一个远程控制口K，如果将此口连接另一个远程调压阀（其结构和先导阀部分相同），调节远程调压阀的弹簧力，即可调节主阀芯上腔的液压力，从而对溢流阀的进口压力实现远程调压。但远程调压阀调定的压力不能超过溢流阀先导阀调定的压力，否则不起作用。当远程控制口K通过二位二通阀接通油箱时，主阀芯上腔的油液压力接近于零，复位弹簧很软，溢流阀进油口处的油液以很低的压力将阀口打开，流回油箱，实现卸荷。

（3）溢流阀的性能

溢流阀的性能包括静态性能和动态性能两类，下面只对其静态性能作简单介绍。

① 调压范围。溢流阀的调压范围是指阀所允许使用的最小和最大压力值。在此范围内所调压力能平稳上升或下降，且压力无突跳和迟滞现象。

② 流量-压力特性（启闭特性）。启闭特性是溢流阀最重要的静态特性，是评价溢流阀定压精度的重要指标。它是指溢流阀从关闭状态到开启，然后又从全开状态到关闭的过程中，压力与溢流量之间的关系。如图4-12所示为直动式溢流阀与先导式溢流阀启闭特性曲线图。由于开启和闭合时，阀芯摩擦力方向不同，故阀的开启特性曲线和闭合特性曲线不重合。一般认为通过1%额定溢流量时的压力为溢流阀的开启压力和闭合压力。开启压力与额定压力的比值称为开启比，闭合压力与额定压力的比值称为闭合比。比值越大，它的调压偏差$p_S - p_B$、$p_S - p_K$的值越小，阀的定压精度越高。

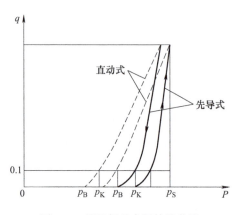

图4-12 溢流阀的启闭特性曲线

笔记

③ 卸荷压力。卸荷压力是指溢流阀的远程控制口与油箱接通，系统卸荷，溢流阀的进、出油口的压力差。卸荷压力越小，流经阀时压力损失就越小。

（4）溢流阀的应用场合

① 定压溢流。在定量泵供油的节流调速系统中，在泵的出口处并联溢流阀，和流量控制阀配合使用，将液压泵多余的油液溢流回油箱，保证泵的工作压力基本不变。图4-13（a）所示为溢流阀作定压溢流用。

② 防止系统过载。在变量泵调速的系统中，系统正常工作时，溢流阀常闭，当系统过载时，阀口打开，使油液排入油箱而起到安全保护作用，如图4-13（b）所示。

③ 作背压阀用。在液压系统的回油路上串接一个溢流阀，可以形成一定的回油阻力，这种压力称为背压。它可以改善执行元件的运动平稳性，如图4-13（c）所示。

④ 实现远程调压。将先导式溢流阀的远程控制口与直动式溢流阀连接，可实现远程调压，如图4-13（d）所示。

⑤ 使泵卸荷。将二位二通电磁阀接先导式溢流阀的远程控制口，可使液压泵卸荷，降低功率消耗，减少系统发热，如图4-13（e）所示。

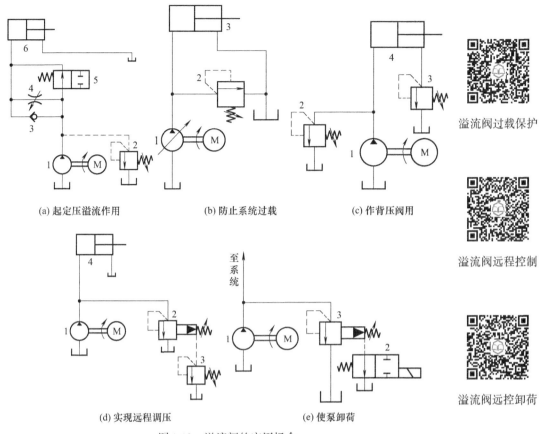

图 4-13 溢流阀的应用场合

4.2.2 减压阀

减压阀是利用压力油流经缝隙时产生的压力损失,使其出口压力低于进口压力,并保持压力恒定的一种压力控制阀(又称为定值减压阀)。它和溢流阀类似,也有直动式和先导式两种,直动式减压阀较少单独使用,而先导式减压阀性能良好,使用广泛。

(1)先导式减压阀的工作原理

图 4-14(a)为先导式减压阀的结构原理图,图 4-14(b)为其图形符号。

工作原理:如图 4-14 所示,该阀由先导阀和主阀两部分组成,P_1、P_2 分别为进、出油口,当压力为 p_1 的油液从 P_1 口进入,经减压口并从出油口流出,其压力为 p_2,出口的压力油经阀体 6 和端盖 8 的流道作用于主阀芯 7 的底部,经阻尼孔 9 进入主阀弹簧腔,并经流道 a 作用在先导阀的阀芯 3 上,当出口压力低于调压弹簧 2 的调定值时,先导阀口关闭,通过阻尼孔 9 的油液不流动,主阀芯 7 上、下两腔压力相等,主阀芯 7 在复位弹簧 10 的作用下处于最下端位置,减压口全部打开,不起减压作用,出口压力 p_2 等于进口压力 p_1;当出口压力超过调压弹簧 2 的调定值时,先导阀芯 3 被打开,油液经泄油口 L 流回油箱。

由于油液流经阻尼孔 9 时,会产生压力降,使主阀芯下腔压力大于上腔压力,当此压力差所产生的作用力大于复位弹簧力时,主阀芯上移,作用力使减压口关小,减压增强,出口压力 p_2 减小。经过一个过渡过程,出口压力 p_2 便稳定在先导阀所调定的压力值上。调节调压手轮 1 即可调节减压阀的出口压力 p_2。

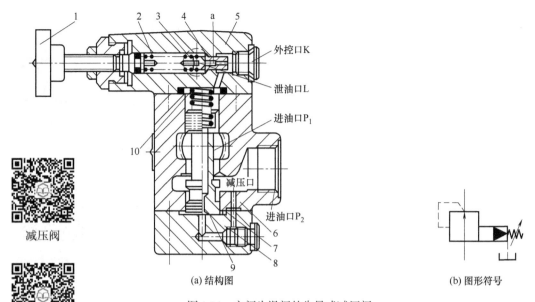

(a) 结构图　　　　　　　　　　　　(b) 图形符号

图 4-14　主阀为滑阀的先导式减压阀

1—调压手轮；2—调压弹簧；3—先导阀芯；4—先导阀座；5—阀盖；6—阀体；7—主阀芯；
8—端盖；9—阻尼孔；10—复位弹簧；a—流道

由于外界干扰，如果使进口压力 p_1 升高，出口压力 p_2 也升高，主阀芯受力不平衡，向上移动，阀口减小，压力降增大，出口压力 p_2 降低至调定值，反之亦然。

先导式减压阀有远程控制口 K，可实现远程调压，原理与溢流阀的远程控制原理相同。

(2) 减压阀的应用

① 减压稳压。在液压系统中，当几个执行元件采用一个油泵供油时，而且各执行元件所需的工作压力不尽相同时，可在支路中串接一个减压阀，就可获得较低而稳定的工作压力。图 4-15 (a) 为减压阀用于夹紧油路的工作原理图。

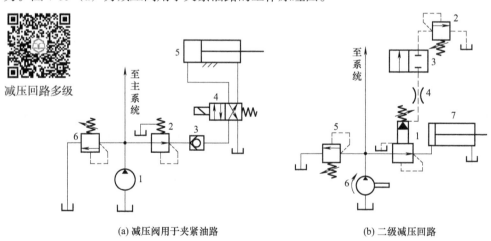

(a) 减压阀用于夹紧油路　　　　　　(b) 二级减压回路

图 4-15　减压阀的应用

② 多级减压。利用先导式减压阀的远程控制口 K 外接远程调压阀，可实现二级、三级等减压回路。图 4-15 (b) 为二级减压回路，泵的出口压力由溢流阀调定，远程调压阀 2 通过二位二通换向阀 3 控制，才能获得二级压力，但必须满足阀 2 的调定压力小于先导阀 1 的

调定压力的要求，否则不起作用。

除此之外，减压阀还可限制工作部件的作用力引起的压力波动，从而改善系统的控制特性。

4.2.3 顺序阀

顺序阀利用系统中油液压力的变化来控制油路的通断，从而控制多个执行元件的顺序动作。按照工作原理和结构的不同，顺序阀可分为直动式和先导式两类；按照控制方式的不同，又可分内控式和外控式两种。

(1) 工作原理

图4-16（a）为直动式顺序阀的结构原理图。P_1为进油口，P_2为出油口，当压力油P_1流入，经阀体4、底盖7的通道，作用到控制活塞6的底部，使阀芯5受到一个向上的作用力。当进油压力p_1低于调压弹簧2的调定压力时，阀芯5在弹簧2的作用下处于下端位置，进油口P_1和出油口P_2不通；当进口油压增大到大于弹簧2的调定压力时，阀芯5上移，进油口P_1和出油口P_2连通，油液从顺序阀流过。顺序阀的开启压力可由调压弹簧2调节。在阀中设置控制活塞，活塞面积小，可减小调压弹簧的刚度。

图4-16（a）中控制油液直接来自进油口，这种控制方式称为内控式；若将底盖旋转90°安装，并将外控口K打开，可得到外控式。外泄油口L单独接回油箱，这种形式称为外泄；当阀出油口P_2接油箱，还可经内部通道接油箱，这种泄油方式称为内泄。图4-16（b）、（c）为其图形符号。

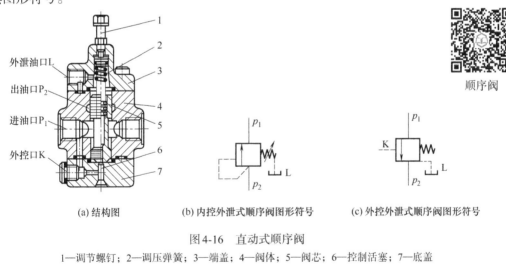

图4-16 直动式顺序阀
1—调节螺钉；2—调压弹簧；3—端盖；4—阀体；5—阀芯；6—控制活塞；7—底盖

(2) 顺序阀的应用

① 多缸顺序动作的控制。图4-17中，当换向阀5电磁铁通电时，单向顺序阀3的调定压力大于缸2的最高工作压力，液压泵7的油液先进入缸2的无杆腔，实现动作①，动作①结束后，系统压力升高，达到单向顺序阀3的调定压力，打开阀3进入缸1的无杆腔，实现动作②。同理，当阀5的电磁铁失电后，且阀4的调定压力大于缸1返回最大工作压力时，先实现动作③后实现动作④。

② 立式液压缸的平衡。图4-18中，调节顺序阀2的压力，可使液压缸下腔产生背压，

平衡活塞及重物的自重，防止重物因自重产生超速下降。

③ 双泵供油的卸荷。图4-19为双泵供油的液压系统，泵1为低压大流量泵，泵2为高压小流量泵，当执行元件快速运动时，两泵同时供油。当执行元件慢速运动时，油路压力升高，外控顺序阀3被打开，泵1卸荷，泵2供油，满足系统需求。

顺序阀动作回路

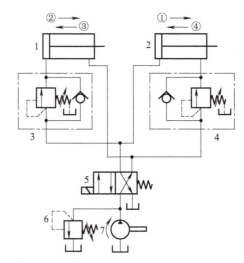

图4-17 用单向顺序阀的双缸顺序动作回路

1,2—液压缸；3,4—单向顺序阀；5—二位四通换向阀；6—溢流阀；7—定量液压泵

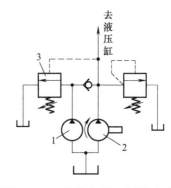

图4-18 用内控式单向顺序阀的平衡回路

1—三位四通电磁换向阀；2—单向顺序阀；3—液压缸

图4-19 双泵供油液压系统的卸荷

1—低压大流量泵；2—高压小流量泵；3—外控顺序阀

4.2.4 压力继电器

压力继电器是利用油液的压力来启闭电气微动开关触点的液-电转换元件。当油液的压力达到压力继电器的调定压力时，发出电信号，控制电气元件（如电动机、电磁铁等）动作，实现泵的加载或卸荷、执行元件的顺序动作或系统的安全保护和互锁等。

（1）压力继电器工作原理

压力继电器有柱塞式、薄膜式、弹簧管式和波纹管式4种结构。图4-20（a）为柱塞式压力继电器的结构。当从压力继电器下端进油口P进入的油液压力达到弹簧的调定值时，作用在柱塞1上的液压力推动柱塞上移，使微动开关4切换，发出电信号。图4-20（a）中L为泄油口，调节螺钉3即可调节弹簧的大小。图4-20（b）为其图形符号。

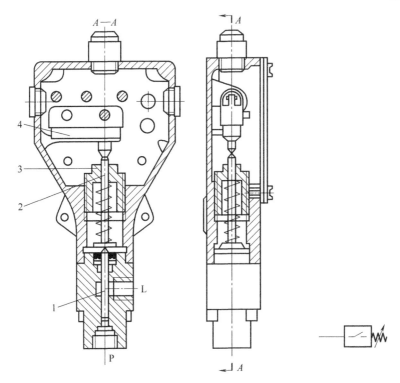

压力继电器

(a) 结构图　　　　　　　(b) 图形符号

图 4-20　压力继电器
1—柱塞；2—顶杆；3—螺钉；4—微动开关

（2）压力继电器的应用

蓄能器保压回路

① 液压泵的卸荷与保压。图 4-21 为压力继电器使泵卸荷与保压的回路。当电磁换向阀 7 左位工作时，泵向蓄能器 6 和缸 8 无杆腔供油，推动活塞向右运动并夹紧工件；当供油压力升高，并达到继电器 3 的调整压力时，发出电信号，指令二位二通电磁阀 5 通电，使泵卸荷，单向阀 2 关闭，液压缸 8 由可由蓄能器 6 保压。当液压缸 8 的压力下降时，压力继电器复位，二位二通电磁阀 5 断电，泵重新向系统供油。

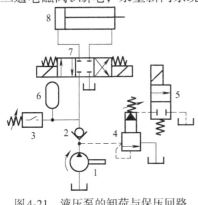

图 4-21　液压泵的卸荷与保压回路
1—定量液压泵；2—单向阀；3—压力继电器；
4—先导式溢流阀；5—二位二通电磁换向阀；6—蓄能器；
7—三位四通电磁换向阀；8—液压缸

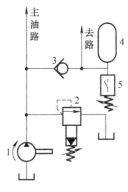

图 4-22　用压力继电器实现顺序动作的回路
1—定量液压泵；2—先导式溢流阀；
3—单向阀；4—蓄能器；5—压力继电器

② 用压力继电器实现顺序动作。图4-22为用压力继电器实现顺序动作的回路。当支路工作中，油液压力达到压力继电器的调定值时，压力继电器发出电信号，使主油路工作；当主油路压力低于支路压力时，单向阀3关闭，支路由蓄能器保压并补偿泄漏。

4.3 流量控制阀

预习本节内容，并撰写讲稿（预习作业），收获成果6：能够说明流量控制阀节流口的流量特性和形式；成果7：能够说明调速阀的结构及工作原理。

流量控制阀通过改变阀口通流面积的大小或通流通道的长短来调节液阻，从而实现流量的控制和调节，以达到调节执行元件的运动速度。常用的流量控制阀有普通节流阀、调速阀、溢流节流阀和分流集流阀。

4.3.1 节流口流量特性和形式

（1）节流口流量特性

由流体力学可知，液体流经孔口的流量可用特性公式表示如下

$$q = KA\Delta p^m \tag{4-3}$$

式中　K——由节流口形状、流动状态、油液性质等因素决定的系数；

　　　A——节流口的通流面积；

　　　Δp——节流口的前后压力差；

　　　m——压差指数，$0.5 \leq m \leq 1$。对于薄壁小孔，$m=0.5$；对于细长小孔，$m=1$。

由式（4-3）可知：在压差Δp一定时，改变节流口面积A，可改变通过节流口的流量。而节流口的流量稳定性则与节流口前后压差、油温和节流口形状等因素有关：

① 压差Δp变化，造成流量不稳定，且m越大，Δp的变化对流量的影响越大，故节流口宜制成薄壁小孔。

② 油温会引起黏度的变化，从而对流量产生影响。对于薄壁小孔，油温的变化对流量的影响不明显，故节流口应采用薄壁孔口。

③ 在压差Δp一定时，通流面积很小时，节流阀会出现阻塞现象。为减小阻塞现象，可采用水力直径大的节流口。另外应选择化学稳定性和抗氧化性好的油液，以及保持油液的清洁度，这样能提高流量稳定性。

（2）节流口的形式

节流阀的结构主要取决于节流口的形式，图4-23所示为几种常用的节流口形式。

图4-23（a）为针阀式节流口。当阀芯轴向移动时，就可调节环形通道的大小，即可改变流量。这种结构加工简单，但通道长，易堵塞，流量受油温影响较大。一般用于对性能要求不高的场合。

图4-23（b）为偏心式节流口。阀芯上开有一个偏心槽，当转动阀芯时，就可改变通道的大小，即可调节流量。这种节流口容易制造，但阀芯上的径向力不平衡，旋转费力，一般用于压力较低、流量较大及流量稳定性要求不高的场合。

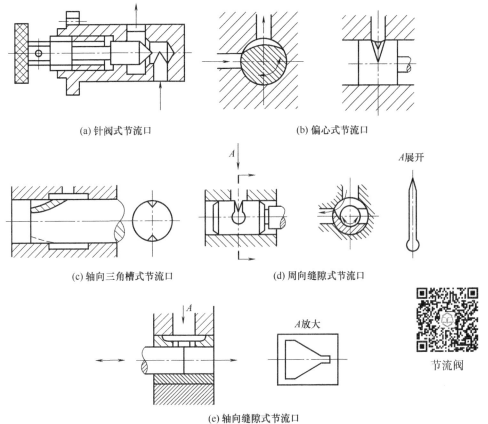

图 4-23 典型节流口的形式

图 4-23 (c) 为轴向三角槽式节流口。阀芯的端部开有一个或两个斜的三角槽,轴向移动阀芯就可改变通流面积,即可调节流量。这种节流口可以得到较小的稳定流量,目前被广泛使用。

图 4-23 (d) 为轴向缝隙式节流口。阀芯上开有狭缝,转动阀芯就可改变通流面积大小,从而调节流量。这种节流口可以做成薄刃结构,适用于低压小流量场合。

图 4-23 (e) 为轴向缝隙式节流口。在套筒上开有轴向缝隙,阀芯轴向移动即可改变通流面积的大小,从而调节流量。这种节流口小流量时稳定性好,可用于性能要求较高的场合。但在高压下易变形,使用时应改善结构刚度。

4.3.2 调速阀

(1) 节流阀的结构与工作原理

图 4-24 (a) 所示为节流阀的结构图。压力油从进油口 P_1 流入,经阀芯 2 左端的轴向三角槽 6,由出油口 P_2 流出。阀芯 2 在弹簧 1 的作用下始终紧贴在推杆 3 上,旋转调节手柄 4,可通过推杆 3 使阀芯 2 沿轴向移动,即可改变节流口的通流面积,从而调节通过阀的流量。这种节流阀结构简单,价格低廉,调节方便。节流阀的图形符号如图 4-24 (b) 所示。

节流阀常与溢流阀配合组成定量泵供油的各种节流调速回路。但节流阀流量稳定性较差,常用于负载变化不大或对速度稳定性要求不高的液压系统中。

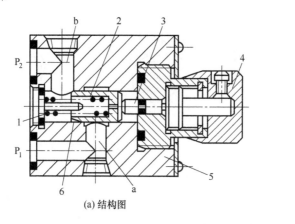

(a) 结构图 (b) 图形符号

图 4-24 普通节流阀

1—弹簧；2—阀芯；3—推杆；4—调节手柄；5—阀体；6—轴向三角槽；a,b—通道

(2) 调速阀的结构与工作原理

图 4-25（a）所示为调速阀的原理图，其图形符号如图 4-25（b）所示。

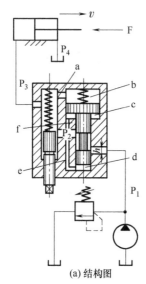

调速阀

(a) 结构图 (b) 图形符号

图 4-25 调速阀

如图 4-25 所示，调速阀是由定差减压阀和节流阀串联而成的，由减压阀来进行压力补偿，使节流口前后压差基本保持恒定，从而稳定流量。压力为 p_1 的油液经减压口后，压力降为 p_2，并分成两路。一路经节流口压力降为 p_3，其中一部分到执行元件，另一部分经孔道 a 进入减压阀芯上端 b 腔；另一路分别经孔道 e、f 进入减压阀芯下端 d 腔和 c 腔。这样节流口前后的压力油分别引到定差减压阀阀芯的上端和下端。定差减压阀阀芯两端的作用面积相等，减压阀的阀芯在弹簧力 F_s 和油液压力 p_2 与 p_3 的共同作用下处于平衡位置时，其阀芯的力平衡方程为（忽略摩擦力等）

$$p_3 A + F_s = p_2 A_1 + p_2 A_2$$

式中 A、A_1、A_2——分别为 b 腔、c 腔和 d 腔的压力油作用于阀芯的有效面积，且 $A = A_1 + A_2$，所以有

$$p_2 - p_3 = \frac{F_s}{A} \tag{4-4}$$

式(4-4)说明节流口前后压差始终与减压阀芯的弹簧力相平衡而保持不变,通过节流阀的流量稳定。若负载增加,调速阀出口压力 p_3 也增加,作用在减压阀芯上端的液压力增大,阀芯失去平衡向下移动,于是减压口 h 增大,通过减压口的压力损失减小,p_2 也增大,其差值 p_2-p_3 基本保持不变;反之亦然。若 p_1 增大,减压阀芯来不及运动,p_2 在瞬间也增大,阀芯失去平衡向上移动,使减压口 h 减小,液阻增加,促使 p_2 又减小,即 p_2-p_3 仍保持不变。总之,由于定差减压阀的自动调节作用,节流阀前、后压力差总保持不变,从而保证流量稳定。

调速阀正常工作时,至少要求有 0.5MPa 以上的工作压差。当压差小时,减压阀阀芯在弹簧力作用下处于最下端位置,阀口全开,不能起到稳定节流阀前、后压差的作用。图 4-26 所示为调速阀与节流阀流量特性比较。由于调速阀能使流量不受负载变化的影响,所以适用于负载变化较大或对速度稳定性要求较高的场合。

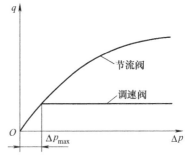

图 4-26 调速阀与节流阀的流量特性比较

(3)溢流调速阀的结构与工作原理

图 4-27(a)所示为溢流节流阀的结构原理图,图 4-27(b)为其图形符号。

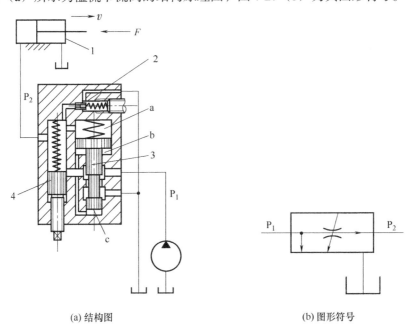

(a)结构图   (b)图形符号

图 4-27 溢流节流阀

1—液压缸;2—安全阀;3—溢流阀;4—节流阀

它是由节流阀和定差溢流阀并联而成的,定差溢流阀可使节流阀两端压力差保持恒定,从而保证通过节流阀的流量恒定。从泵输出的压力为 p_1 的油液,一部分通过节流阀4压力降为 p_2,进入液压缸1的左腔;另一部分则通过溢流阀3的溢流口溢回油箱。溢流阀3的阀芯上端 a 腔与节流阀口后的压力油 p_2 相通,而溢流阀芯下端 b 腔和 c 腔则与节流口前的压力油

p_1相通。这样溢流阀阀芯在弹簧力和油液压力p_1和p_2的共同作用下处于平衡。当负载发生变化时，p_2变化，定差溢流阀使供油压力p_1也相应变化，保持节流口前后压力差p_1-p_2基本不变，使通过节流口的流量恒定。图4-27中2为安全阀，用以避免系统过载。

4.4 新型阀

预习本节内容，并撰写讲稿（预习作业），收获成果8：能够说明插装阀、叠加阀、比例阀的工作原理和应用。

叠加阀、插装阀是近年来发展起来的新型液压元件。与普通液压阀相比较，它有许多优点，被广泛应用于各类设备的液压系统中。

4.4.1 插装阀

插装阀又称为逻辑阀，它的基本核心元件是插装元件。插装元件是将液控型、单控制口装于油路主级中的液阻单元。若将一个或若干个插装元件进行不同组合，并配以相应的先导控制级，就可以组成各种控制阀，插装阀（如方向控制阀、压力控制阀和流量控制阀等）在高压大流量的液压系统中应用很广。

（1）插装阀的工作原理

图4-28所示为插装阀。它由插装元件、先导元件、控制盖板和插装块体4部分组成。插装元件3插装在插装块体4中，通过它的开启、关闭动作和开启量的大小来控制液流的通断或压力的高低、流量的大小，以实现对执行元件的方向、压力和速度的控制。

插装单元的工作状态由各种先导元件控制，先导元件是盖板式二通插装阀的控制级。常用的控制元件有电磁球阀和滑阀式电磁换向阀等。先导元件除了以板式连接或叠加式连接安装在控制盖板以外，还经常以插入式的连接方式安装在控制盖板内部，有时也安装在阀体上。控制盖板不仅起盖住和固牢插装件的作用，还起着连接插装件与先导元件的作用；此外，它还具有各种控制机能，与先导元件一起共同构成插装阀的先导部分。插装阀体上加工有插装单元和控制盖板等的安装连接孔口和各种流道。由于插装阀主要采用集成式连接形式，所以有时也称插装阀体为集成块体。

图4-28中A、B为主油路接口和控制油腔，三者的油压分别为p_A、p_B和p_X，各油腔的有效作用面积分别为A_A、A_B和A_X，其中

$$A_X = A_A + A_B$$

面积比为

$$\alpha_{AX} = \frac{A_A}{A_X} \tag{4-5}$$

根据阀的用途不同，有$\alpha_{AX} < 1$和$\alpha_{AX} = 1$两种情况。

设F_s为弹簧力，F_Y为阀芯所受的稳态液动力，不计阀芯的重量和摩擦阻力。

当$F_s + F_Y + p_X A_X > p_A A_A + p_B A_B$时，插装阀关闭，A、B油口不通。

当$F_s + F_Y + p_X A_X < p_A A_A + p_B A_B$时，插装阀开启，A、B油口连通。图4-28（c）为其图形符号。

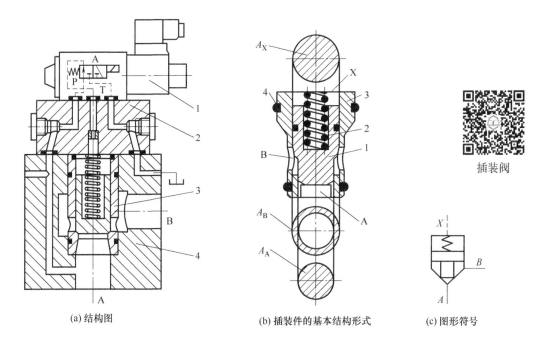

(a) 结构图　　(b) 插装件的基本结构形式　　(c) 图形符号

图 4-28　插装阀
1—先导元件；2—控制盖板；3—插装元件；4—插装块体

（2）插装阀作方向控制阀

图 4-29 所示为几个插装阀作方向控制阀的实例。图 4-29（a）为插装阀用作单向阀。设 A、B 两腔的压力分别为 p_A 和 p_B。当 $p_A > p_B$ 时，阀口关闭，A 和 B 不通；当 $p_A < p_B$ 时，且 p_B 达到一定开启压力时，阀口打开，油液从 B 流向 A。

图 4-29（b）为插装阀用作二位三通阀。图中用一个二位四通阀来转换两个插装阀控制腔中的压力，当电磁阀断电时，A 和 T 接通，A 和 P 断开；当电磁阀通电时，A 和 P 接通，A 和 T 断开。

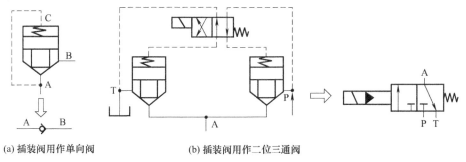

(a) 插装阀用作单向阀　　(b) 插装阀用作二位三通阀

图 4-29　插装阀作方向控制阀

（3）插装阀作压力控制阀

图 4-30（a）所示为先导式溢流阀，A 腔压力油经阻尼小孔进入控制腔 C，并与先导阀的进口相通，当 A 腔的油压升高到先导阀的调定值时，先导阀打开，油液流过阻尼孔时造成主阀芯两端压力差，主阀芯克服弹簧力开启，A 腔的油液通过打开的阀口经 B 腔流回油箱，实现溢流稳压。当 B 腔不接油箱而接负载时，就成为一个顺序阀。在 C 腔再接一个二位二通

电磁阀,如图4-30(b)所示,成为一个电磁溢流阀,当二位二通阀通电时,可作为卸荷阀使用。

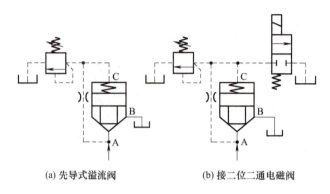

(a) 先导式溢流阀　　　　(b) 接二位二通电磁阀

图4-30　插装阀用作压力控制阀

(4) 插装阀用作流量控制阀

图4-31 (a) 表示插装阀用作流量控制的节流阀。用行程调节器调节阀芯的行程,可以改变阀口通流面积的大小,插装阀可起流量控制阀的作用。如图4-31 (b) 所示,在节流阀前串接一个减压阀,减压阀阀芯两端分别与节流阀进出油口相通,利用减压阀的压力补偿功能来保证节流阀两端的压差不随负载的变化而变化,这样就成为一个流量控制阀。

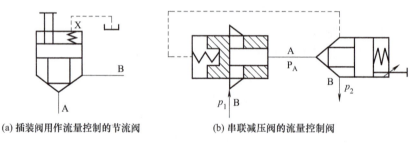

(a) 插装阀用作流量控制的节流阀　　　(b) 串联减压阀的流量控制阀

图4-31　插装阀用作流量控制阀

4.4.2　叠加阀

叠加式液压阀简称叠加阀,其阀体既是元件又是具有油路通道的连接体,阀体的上、下面做成连接面。由叠加阀组成的液压系统,阀与阀之间不需要另外的连接体,而是以叠加阀阀体自身作为连接体,直接叠合再用螺栓结合而成。一般来说,同一通径的各种叠加阀的油口和螺钉孔的大小、位置、数量都与相匹配的板式换向阀相同。因此,同一通径的叠加阀只要按一定次序叠加起来,加上电磁控制换向阀,即可组成各种典型液压系统。

叠加阀的分类与一般液压阀相同,可分为压力控制阀、流量控制阀和方向控制阀3类。其中方向控制阀仅有单向阀类,换向阀不属于叠加阀。

(1) 叠加式溢流阀

图4-32 (a) 所示为叠加式溢流阀,它由主阀和先导阀两部分组成。主阀芯为二级同心式结构,先导阀为锥阀式结构。其工作原理与一般的先导式溢流阀相同。图4-32中P为进油口,T为出油口,A、B、T油口是为了沟通上、下元件相对应的油口而设置的。图4-32 (b) 为其图形符号。

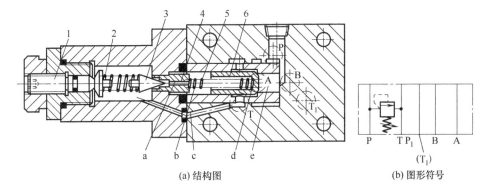

(a) 结构图　　　　　　　　　　(b) 图形符号

图 4-32　叠加式溢流阀
1—推杆；2—弹簧；3—锥阀；4—阀座；5—弹簧；6—主阀芯

（2）叠加式调速阀

图 4-33（a）所示为叠加式调速阀。单向阀 1 插装在叠加阀阀体中。叠加阀右端安装了一个板式连接的调速阀。其工作原理与一般单向调速阀工作原理基本相同。图 4-33（b）为其图形符号。

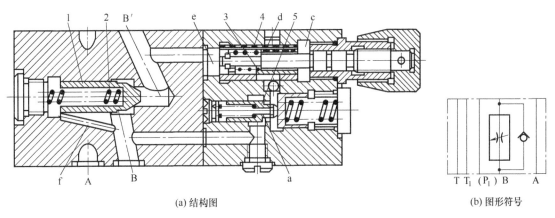

(a) 结构图　　　　　　　　　　(b) 图形符号

图 4-33　叠加式调速阀
1—单向阀；2—弹簧；3—节流阀；4—弹簧；5—减压口

4.4.3　比例阀

电液比例阀简称比例阀，它是根据输入电气信号的指令，连续成比例地控制系统的压力、流量等参数，使之与输入电气信号成比例地变化。

比例阀多用于开环液压控制系统中，实现对液压参数的遥控，也可以作为信号转换与放大元件，用于闭环控制系统。与普通的液压阀相比，比例阀明显简化液压系统，能实现复杂程序和运动规律的控制，通过电信号实现远距离控制，大大提高液压系统的控制水平。

比例阀由电-机械比例转换装置和液压阀本体两部分组成，分为压力阀、流量阀和方向阀 3 类。

（1）电液比例压力阀

如图 4-34（a）所示为直动式电液比例压力阀。当比例电磁铁输入电流时，推杆 2 通过弹簧3把电磁推力传给锥阀,与作用在锥阀芯上的液压力相平衡,决定了锥芯与阀座之间的开口量。当通过阀口的流量变化时,弹簧变形量的变化很小,可认为被控制油液压力与输入的控制电流近似成正比。这种直动式压力阀可以直接使用,也可作为先导阀组成先导式比例溢流阀和先导式比例减压阀等。图4-34(b)为其图形符号。

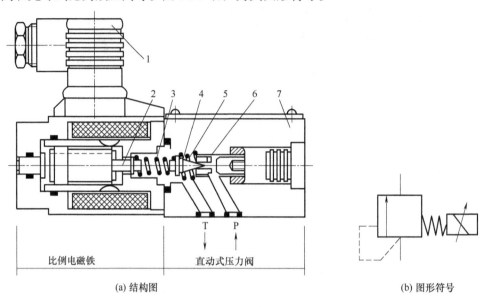

图4-34 不带电反馈的直动式电液比例压力阀
1—插头;2—衔铁推杆;3—传力弹簧;4—锥阀芯;5—防振弹簧;6—阀座;7—方向阀式阀体

(2)电液比例调速阀

图4-35(a)所示为电液比例调速阀,图4-35(b)为其图形符号。当比例电磁铁1通电

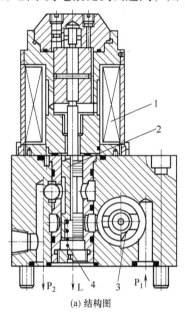
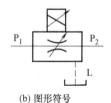

(a)结构图 (b)图形符号

图4-35 电液比例调速阀
1—比例电磁铁;2—节流阀芯;3—定差减压阀;4—弹簧

后，产生的电磁推力作用在节流阀芯 2 上，与弹簧力相平衡，一定的控制电流对应一定的节流口开度。只要改变输入电流的大小，就可调节通过调速阀的流量。定差减压阀 3 用来保持节流口前后压差基本不变。

（3）电液比例换向阀

图 4-36（a）为电液比例换向阀，图 4-36（b）为其图形符号。电液比例换向阀由比例电磁铁操纵的减压阀和液动换向阀组成。利用先导阀能够与输入电流成比例地改变出口压力，从而控制液动换向阀的正反向开口量的大小，从而控制系统液流的方向和流量。

当比例电磁铁 2 通电时，先导阀芯 3 右移，压力油从油口 P 经减压口后，并经孔道 a、b 反馈至阀芯 3 的右端，形成反馈压力与电磁铁 2 的电磁力相平衡，同时，减压后的油液经孔道 a、c 进入换向阀阀芯 5 的右端，推动阀芯 5 左移，使油口 P 与 B 接通。阀芯 5 的移动量与输入电流成正比。若比例电磁铁 4 通电，则可以使油口 P 与 A 接通。先导式比例方向阀主要用于大流量（50L/min 以上）的场合。

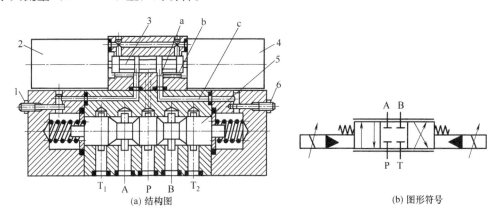

图 4-36　电液比例换向阀
1,6—螺钉；2,4—电磁铁；3,5—阀芯

练习题

4-1　何谓换向阀的"通"和"位"？并举例说明。

4-2　试说明三位四通阀 O 型、M 型、H 型中位机能的特点和应用场合。

4-3　从结构原理和图形符号上，说明溢流阀、减压阀和顺序阀的异同点。

4-4　如图所示，溢流阀 1 的调节压力 p_1=4MPa，溢流阀 2 的调节压力为 p_2=2MPa。问：

（1）当在图所示位置时，泵的出口压力为多少？

（2）当 1YA 通电时，p 等于多少？

（3）当 1YA 与 2YA 均通电时，p 等于多少？

4-5　如图所示回路中，溢流阀的调定压力为 5.0MPa，减压阀的调定压力为 2.5MPa，试分析下列各情况，并说明减压阀阀口处于什么状态。

（1）当泵压力等于溢流阀调定压力时，夹紧缸使工件夹紧后，A、C 点的压力各为多少？

（2）当泵压力由于工作缸快进、压力降到 1.5MPa 时（工件原先处于夹紧状态），A、C 点的压力为多少？

（3）夹紧缸在夹紧工件前作空载运动时，A、B、C 三点的压力各为多少？

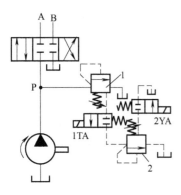

题 4-4 图

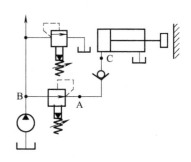

题 4-5 图

4-6 在图中，指出元件 1、元件 2、元件 3 的名称，调速阀 A 的节流口较大，调速阀 2 的节流口较小，试编制液压缸活塞完成试编制液压缸活塞完成"快速进给→中速进给→慢速进给→快速退回→停止"工作循环的电磁铁循环表。

4-7 调速阀与节流阀在结构和性能上有何异同？各适用于什么场合？

4-8 什么是叠加阀？它在结构和安装形式上有何特点？

4-9 如图所示，压力分级调压回路中有关阀的压力值已调好，试问：

（1）该回路能够实现多少压力级？

（2）每个压力级的压力值是多少？是如何实现的？

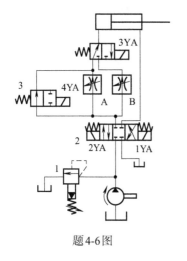

题 4-6 图

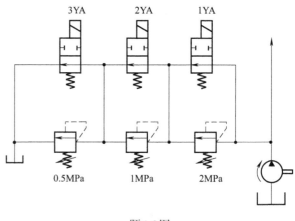

题 4-9 图

第 5 章 液压辅助元件

【佳文赏阅】阅读下面文章，分析我国液压工业发展现状。

孙宽，张柳原．以振兴民族液压工业为己任，太重榆液携高端产品亮相 PTC ASIA 2017［J］．工程机械，2017（12）：87-88.

【成果要求】基于本章内容的学习，要求收获如下成果。
成果 1：能够说明油箱结构组成及设计要点；
成果 2：能够说明过滤器的类型及安装要求；
成果 3：能够说明热交换设备的作用与安装要求；
成果 4：能够说明蓄能器的功能及安装要求；
成果 5：能够说明管组件的类型与使用条件。

液压辅助装置是液压系统不可缺少的组成部分，在液压系统中起辅助作用，它把组成液压系统的各种液压元件连接起来，并保证液压系统正常工作。它包括油箱、过滤器、蓄能器、密封件、压力开关、热交换器、油管组件等液压辅助元件。

实践证明，辅助元件虽起辅助作用，但由于设计、安装和使用时，对辅助装置的疏忽大意，往往造成液压系统不能正常工作。因此对辅助装置的正确设计、选择和使用应给予足够的重视。

除油箱和蓄能器需根据机械装置和工作条件来进行必要的设计外，常用辅助元件已标准化、系列化，选用时可按系统的最大压力和最大流量注意合理选用。

5.1 油箱

预习本节内容，并撰写讲稿（预习作业），收获成果 1：能够说明油箱结构组成及设计要点。

（1）油箱的功用与分类

油箱的基本功能是储存工作介质，散发系统工作中产生的热量，分离油液中混入的空气，沉淀污染物及杂质。油箱中安装有很多辅件，如冷却器、加热器、空气过滤器及液位计等。

按油面是否与大气相通可分为开式油箱与闭式油箱。开式油箱如图 5-1 所示，广泛用于一般的液压系统，闭式油箱则用于水下和高空无稳定气压的场合，这里仅介绍开式油箱。开式油箱，箱中液面与大气相通，在油箱盖上装有空气过滤器。开式油箱结构简单，安装维护方便，液压系统普遍采用这种形式。闭式油箱一般用于压力油箱，内充一定压力的惰性气体，充气压力可达0.05MPa。如果按油箱的形状来分，还可分为矩形油箱和圆罐形油箱。矩形油箱制造容易，箱上易于安放液压器件，所以被广泛采用。圆罐形油箱强度高，质量轻，易于清扫，但制造较难，占地空间较大，在大型冶金设备中经常采用。

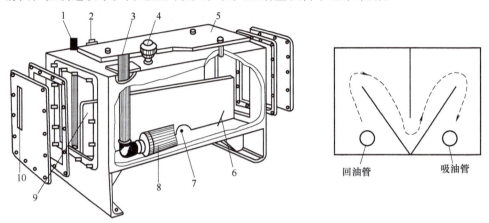

图5-1 开式油箱结构示意图

1—回油管；2—泄油管；3—吸油管；4—空气过滤器；5—安装板；6—隔板；7—放油口；
8—吸油过滤器；9—清洗窗；10—液位计

（2）油箱的设计要点

在初步设计时，油箱的有效容量可按下述经验公式确定

$$V = mq_p \tag{5-1}$$

式中　V——油箱的有效容量；

　　　q_p——液压泵的流量，L/min；

　　　m——系数，min。低压系统为2~4min，中压系统为5~7min，中高压或高压系统为6~12min。

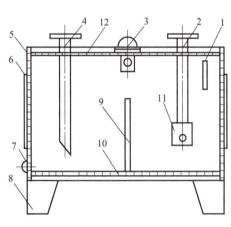

图5-2 油箱简图

1—液位计；2—吸油管；3—空气过滤器；4—回油管；
5—侧板；6—入孔盖；7—放油塞；8—地脚；9—隔板；
10—底板；11—吸油过滤器；12—盖板

对功率较大且连续工作的液压系统，必要时还要进行热平衡计算，以最后确定油箱容量。

图5-2为油箱简图。

设计油箱时应考虑如下几点：

① 油箱必须有足够大的容积。一方面尽可能地满足散热的要求，另一方面在液压系统停止工作时应能容纳系统中的所有工作介质，而工作时又能保持适当的液位。

② 吸油管及回油管应插入最低液面以下，以防止吸空和回油飞溅产生气泡。管口与箱底、箱壁距离一般不小于管径的3倍。吸油管可安装100μm左右的网式或线隙式过滤器，安装位置要便于装卸和清洗过滤器。回油管口要斜切45°角并面向箱壁，以防止回油冲击油箱底部的沉

积物，同时也有利于散热。

③ 吸油管和回油管之间的距离要尽可能地远些，它们之间应设置隔板，以加大液流循环的途径，这样能提高散热、分离空气及沉淀杂质的效果。隔板高度为液面高度的2/3~3/4。

④ 为了保持油液清洁，油箱应有周边密封的盖板，盖板上装有空气过滤器，注油及通气一般都由一个空气过滤器来完成。为便于放油和清理，箱底要有一定的斜度，并在最低处设置放油阀。对于不易开盖的油箱，要设置清洗孔，以便于油箱内部的清理。

⑤ 油箱底部应距地面150mm以上，以便于搬运、放油和散热。在油箱的适当位置要设吊耳，以便吊运，还要设置液位计，以监视液位。

⑥ 对油箱内表面的防腐处理要给予充分的注意。常用的方法有：

a. 酸洗后磷化。适用于所有介质，但受酸洗磷化槽限制，油箱不能太大。

b. 喷丸后直接涂防锈油。适用于一般矿物油和合成液压油，不适合含水液压液。因不受处理条件限制，大型油箱较多采用此方法。

c. 喷砂后热喷涂氧化铝。适用于除水-乙二醇外的所有介质。

d. 喷砂后进行喷塑。适用于所有介质。但受烘干设备限制，油箱不能过大。

考虑油箱内表面的防腐处理时，不但要顾及与介质的相容性，还要考虑处理后的可加工性、制造到投入使用之间的时间间隔以及经济性，条件允许时采用不锈钢制油箱无疑是最理想的选择。

5.2 过滤器

预习本节内容，并撰写讲稿（预习作业），收获成果2：能够说明过滤器的类型及安装要求。

过滤器的功能主要是清除油液中的固体杂质，使油液保持清洁，延长液压元件使用寿命，保证系统工作可靠。过滤器主要分为网式过滤器、线隙式过滤器、纸芯式过滤器、烧结式过滤器、磁性过滤器。图5-3为过滤器图形符号。

（1）过滤器的主要性能指标

① 过滤精度。表示过滤器对各种不同尺寸污染颗粒的滤除能力。常用的评定指标为：绝对过滤精度、过滤比。绝对过滤精度，指能通过滤芯元件的坚硬球状颗粒的最大尺寸，它反映滤芯的最大通孔尺寸。它是选过滤器最重要的性能指标。

过滤比β_x，指过滤器上游油液中大于某尺寸x的颗粒数与下游油液中大于x的颗粒数之比。β_x越大，过滤精度越高。

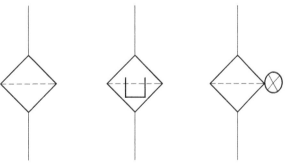

(a) 过滤器一般符号　　(b) 磁性过滤器　　(c) 污染指示过滤器

图5-3　过滤器的图形符号

② 压降特性和纳垢容量。压降特性指油液通过过滤器滤芯时所产生的压力损失。过滤

精度越高,压降越大。纳垢容量指过滤器的压降达到规定值前,可以滤除或容纳的污染物数量。

(2)过滤器的主要类型

① 网式过滤器。图5-4所示为网式过滤器,它的结构是在周围开有很多窗孔的塑料或金属筒性骨架上包着一层钢丝网。过滤精度由网孔大小和层数决定。网式过滤器结构简单,通流能力大,清洗方便,压降小(一般为0.025MPa),但过滤精度低,常用于泵入口处,用来滤去混入油液中较大颗粒的杂质,保护液压泵免遭损坏。因为需要经常清洗,安装时需要注意便于拆装。

② 线隙式过滤器。图5-5所示为线隙式过滤器,它用铜线或铝线2密绕在筒形芯架的外部组成滤芯,并装在壳体3内(用于吸油管路上的过滤器则无壳体)。线隙式过滤器依靠铜(铝)丝间的微小间隙来滤除固体颗粒,油液经线间缝隙和芯架槽孔流入过滤器内,再从上部孔道流出。这种过滤器结构简单,通流能力大,不易清洗,过滤精度高于网式过滤器,一般用于低压回路或辅助回路。

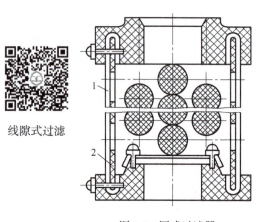
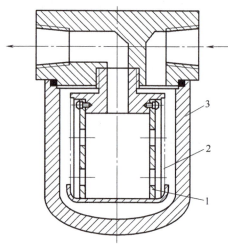

图5-4 网式过滤器
1—筒行骨架;2—铜丝网

图5-5 线隙式过滤器
1—芯架;2—线圈;3—壳体

线隙式过滤

③ 纸芯式过滤器。图5-6所示为纸质过滤器的结构。纸芯式过滤器又称纸质过滤器,其结构类同于线隙式,只是滤芯为滤纸,如油液经过滤芯时,通过滤纸的微孔滤去固体颗粒。为了增大滤芯强度,一般滤芯由三层组成:外层2为粗眼钢板网,中间层3为折叠成W形的滤纸,里层4由金属网与滤纸一并折叠而成。滤芯中央还装有支承弹簧5。纸芯式过滤器过滤精度高,可在高压下工作,结构紧凑,重量轻,通流能力大,但易堵塞,无法清洗,需经常更换滤芯,常用于过滤质量要求高的高压系统。

④ 烧结式过滤器。图5-7所示为金属烧结式过滤器,选择不同粒度的粉末烧结成不同厚度的滤芯可以获得不同的过滤精度。油液从侧孔进入,依靠滤芯颗粒之间的微孔滤去油液中的杂质,再从中孔流出。烧结式过滤器的过滤精度较高,滤芯强度高,抗冲击性能好,能在高温下工作,有良好的抗腐蚀性,且制造简单。易堵塞难清洗,使用过程中烧结颗粒可能会脱落。一般用于要求过滤精度较高的系统中。

⑤ 磁性过滤器。磁性过滤器的图形符号如图5-3(b)所示。利用磁铁吸附铁磁微粒,对其他污染物不起作用,故一般不单独使用。

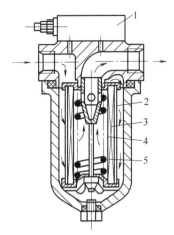
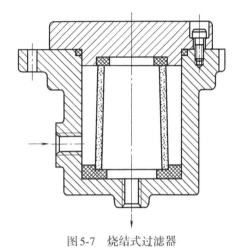

图5-6　纸芯式过滤器
1—污染指示器；2—滤芯外层；3—滤芯中层；
4—滤芯里层；5—支承弹簧

图5-7　烧结式过滤器

纸芯过滤

烧接纸芯过滤

（3）过滤器的安装位置

① 安装在泵的吸油口。用来保护泵，使其不致吸入较大的机械杂质，根据泵的要求，可用粗的或普通精度的滤油器，为了不影响泵的吸油性能，防止发生气穴现象，滤油器的过滤能力应为泵流量的两倍以上，压力损失不得超过0.035MPa。

② 安装在泵的出口油路上。可保护系统中除泵和溢流阀外的所有元件，高压工作，为保护溢流阀不过载，安装在溢流阀油路之后。这种安装主要用来滤除进入液压系统的污染杂质，一般采用过滤精度10~15μm的滤油器。它应能承受油路上的工作压力和冲击压力，其压力降应小于0.35MPa，并应有安全阀或堵塞状态发信装置，以防泵过载和滤芯损坏。

③ 安装在系统的回油路上。可滤去油液流入油箱以前的污染物，为液压泵提供清洁的油液。因回油路压力很低，可采用滤芯强度不高的精滤油器，并允许滤油器有较大的压力降。

④ 安装在系统的分支油路上。当泵的流量较大时，若仍采用上述过滤，过滤器可能过大。为此可在只有泵流量20%~30%左右的支路上安装一小规格过滤器，对油液起滤清作用。这种过滤方法在工作时，只有系统流量的一部分通过过滤器，因而其缺点是不能完全保证液压元件的安全。

⑤ 安装在系统外的过滤回路上。大型液压系统可专设一液压泵和滤油器构成的滤油子系统，滤除油液中的杂质，以保护主系统。过滤车即是这种单独过滤系统。

安装滤油器时应注意，一般滤油器只能单向使用，即进、出口不可互换。以利于滤芯清洗和安全。因此，过滤器不要安装在液流方向可能变换的油路上。必要时可增设单向阀和过滤器。

5.3　热交换器

预习本节内容，并撰写讲稿（预习作业），收获成果3：能够说明热交换设备的作用与安装要求。

液压系统中油液的工作温度一般以 40~60℃ 为宜,最高不超过 65℃,最低不低于 15℃。油温过高或过低都会影响系统正常工作。为控制油液温度,油箱上常安装冷却器和加热器。

(1) 冷却器

如图 5-8 所示冷却器是强制对流式多管冷却器,油液从进油口 a 流入,从出油口 b 流出,冷却水从进水口流入,通过多根水管后由出水口 c 流出,油液在水管外部流动时,它的行进路线因冷却器内设置了隔板而加长,因而增加了散热效果。近来出现一种翅片管式冷却器,水管外面增加了许多横向或纵向散热翅片,大大扩大了散热面积和热交换效果,其散热面积可达光滑管的 8~10 倍。

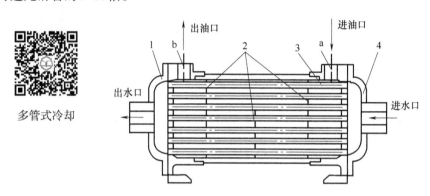

图 5-8 强制对流式多管冷却器
1—左端盖；2—隔板；3—水管；4—右端盖；a—进油口；b—出油口

当液压系统散热量较大时,可使用化工行业中的水冷式板式换热器,它可及时地将油液中的热量散发出去,其参数及使用方法见相应的产品样本。

一般冷却器的最高工作压力在 1.6MPa 以内,使用时应安装在回油管路或低压管路上,所造成的压力损失一般为 0.01~0.1MPa。图 5-9 所示是冷却器常用的一种连接方式。

液压冷却器的安装位置对其使用寿命影响很大。在液压系统上,一般有两种的安装位置,一是：泄油冷却；二是：回油冷却；三是：独立循环冷却。因地制宜,选择冷却方式。

三种冷却方式特点如下。

泄油冷却：液压油冷却器→泄油冷却→旁通管路上。压力较小,几乎没有压力。

回油冷却：压力较高→脉冲大、冲击大。对冷却器的要求较高。

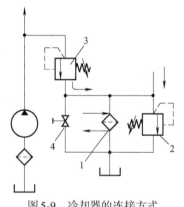

图 5-9 冷却器的连接方式
1—油冷却器；2—背压阀；3—溢流阀；4—截止阀

独立循环冷却：油箱→油泵→冷却器→油箱。最安全稳定,但成本较高。

(2) 加热器

液压系统的加热一般采用电加热器,这种加热器的安装方式如图 5-10 所示,它用法兰盘水平安装在油箱侧壁上,发热部分全部浸在油液内,加热器应安装在油液流动处,以利于热量的交换。由于油液是热的不良导体,单个加热器的功率容量不能太大,以免其周围油液的温度过高而发生变质现象。

冷却器和加热器的图形符号见图 5-11。

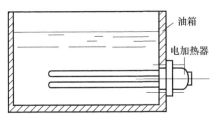

图 5-10 加热器的安装示意图

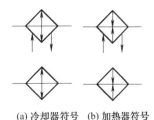

(a) 冷却器符号　(b) 加热器符号

图 5-11 热交换器图形符号

5.4 蓄能器

预习本节内容，并撰写讲稿（预习作业），收获成果 4：能够说明蓄能器的功能及安装要求。

蓄能器是液压系统中的储能元件，它储存多余的油液，并在需要时释放出来供给系统。目前常用的是利用气体膨胀和压缩进行工作的充气式蓄能器。充气式蓄能器根据结构分为：活塞式、气囊式、隔膜式三种。本节主要介绍前两种蓄能器。

（1）蓄能器的分类

① 活塞式蓄能器（如图 5-12 所示）。活塞式蓄能器中的气体和油液由活塞隔开。活塞 1 的上部为压缩气体（一般为氮气），下部是高压油。气体由阀 3 充入，其下部经油孔 a 通向液压系统，活塞上装有 O 形密封圈，活塞的凹部面向气体，以增加气体室的容积。活塞 1 随下部压力油的储存和释放而在缸筒 2 内来回滑动。这种蓄能器结构简单、寿命长，它主要用于大体积和大流量。但因活塞有一定的惯性和 O 形密封圈存在较大的摩擦力，所以反应不够灵敏，不宜用于吸收脉动和液压冲击以及低压系统。此外，活塞的密封问题不能解决，密封件磨损后，会使气液混合，影响系统工作稳定性。

② 气囊式蓄能器。气囊式蓄能器中气体和油液用气囊隔开，其结构如图 5-13 所示。气囊用耐油橡胶制成，固定在耐高压的壳体的上部，气囊内充入惰性气体，壳体下端的提升阀 4 由弹簧加菌形阀构成，压力油由此通入，并能在油液全部排出时，防止气囊膨胀挤出油口。这种结构使气、液密封可靠，并且因气囊惯性小而克服了活塞式蓄能器响应慢的弱点，因此，这种蓄能器油气完全隔离，气液密封可靠，气囊惯性小，反应灵敏，但工艺性较差。它的应用范围非常广泛，主要用于蓄能和吸收冲击液压系统中。

（2）蓄能器的功用

① 作辅助动力源。在间歇工作或实现周期性动作循环的液压系统中，蓄能器可以把液压泵输出的多余压力油储存起来。当系统需要时，由蓄能器释放出来。这样可以减少液压泵的额定流量，从而减小电机功率消耗，降低液压系统温升。

② 保压补漏。若液压缸需要在相当长的一段时间内保压而无动作，可用蓄能器保压并补充泄漏，这时可令泵泄荷。

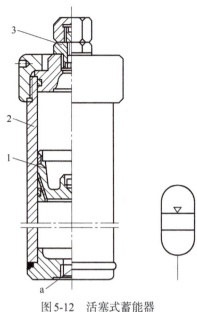
图 5-12 活塞式蓄能器
1—活塞；2—缸筒；3—阀；a—油孔

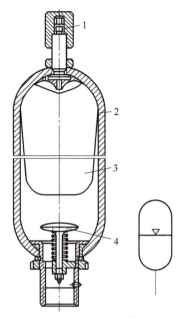
图 5-13 气囊式蓄能器
1—充气阀；2—壳体；3—气囊；4—提升阀

③ 作应急动力源。有些系统（如静压轴承供油系统），当泵出现故障或停电不能正常供油时，可能会发生事故，或有的系统要求在供油突然中断时，执行元件应继续完成必要的动作（如为了安全起见，液压缸活塞杆应缩回缸内）。因此应在系统中增设蓄能器作应急动力源，以便在短时间内维持一定压力。

④ 吸收系统脉动，缓和液压冲击吸收系统冲击和脉动。蓄能器能吸收系统压力突变时的冲击，如液压泵突然启动或停止，液压阀突然关闭或开启，液压缸突然运动或停止；也能吸收液压泵工作时的流量脉动所引起的压力脉动，相当于油路中的平滑滤波（在泵的出口处并联一个反应灵敏而惯性小的蓄能器）。

（3）蓄能器的容量计算

容量是选用蓄能器的依据，其大小视用途而异，现以气囊式蓄能器为例加以说明。

① 作为蓄能使用时的容量计算。蓄能器存储和释放的压力油容量和气囊中气体体积的变化量相等，而气体状态的变化应符合波意耳气体定律

即
$$p_0 V_0^n = p_1 V_1^n = p_2 V_2^n \tag{5-2}$$

式中 p_0——气囊工作前的充气压力（绝对压力）；

V_0——气囊工作前所充气体的体积，因此时气囊充满壳体内腔，故 V_0 即为蓄能器容量；

p_1——系统最高工作压力（绝对压力），即泵对蓄能器储油结束时的压力；

V_1——气囊被压缩后相对于 p_0 时的气体体积；

p_2——系统最低工作压力（绝对压力），即蓄能器向系统供油结束时的压力；

V_2——气囊膨胀后相对于 p_2 时的气体体积；

n——气体多变指数。当蓄能器用于保压和补充泄漏时，气体压缩过程缓慢，与外界热交换得以充分进行，可认为是等温变化过程，这时 $n=1$；而当蓄能器作辅助或应急动力源时，释放液体的时间短，气体快速膨胀，热交换不充分，这时可视为绝热过程，取 $n=1.4$。

体积差 $\Delta V = V_2 - V_1$ 为供给系统的油液体积，代入式（5-2）可得

$$V_0 = \left(\frac{p_2}{p_0}\right)^{\frac{1}{n}} V_2 = \left(\frac{p_2}{p_0}\right)^{\frac{1}{n}} (V_1 + \Delta V) = \left(\frac{p_2}{p_0}\right)^{\frac{1}{n}} \left[\left(\frac{p_2}{p_1}\right)^{\frac{1}{n}} V_0 + \Delta V\right]$$

故得

$$V_0 = \frac{\Delta V \left(\frac{p_2}{p_0}\right)^{\frac{1}{n}}}{1 - \left(\frac{p_2}{p_1}\right)^{\frac{1}{n}}} \tag{5-3}$$

若已知 V_0，也可反过来求出储能时的供油体积 $\Delta V = V_2 - V_1$，即

$$\Delta V = p_0^{\frac{1}{n}} V_0 \left[\left(\frac{1}{p_2}\right)^{\frac{1}{n}} - \left(\frac{1}{p_1}\right)^{\frac{1}{n}}\right] \tag{5-4}$$

关于充气压力 p_0 的确定：在理论上 $p_0 = p_2$，但是为保证在 p_2 时蓄能器仍有能力补偿系统泄漏，则应使 $p_0 < p_2$，一般 $p_0 = (0.8 \sim 0.85) p_2$ 或 $0.9 p_2 > p_0 > 0.25 p_1$。

② 作缓和液压冲击时的容量计算。当蓄能器用于吸收冲击时，其容量的计算与管路布置、液体流态、阻尼及泄漏大小等因素有关，准确计算比较困难。一般按经验公式计算缓冲最大冲击力度时，所需要的蓄能器最小容量，即

$$V_0 = \frac{0.004 q p_1 (0.0164 L - t)}{p_1 - p_2} \tag{5-5}$$

式中　V_0——蓄能器容量，L；

　　　q——阀口关闭时管内流量，L/min；

　　　p_2——阀口关闭前管内压力（绝对压力），MPa；

　　　p_1——系统允许的最大冲击压力（绝对压力），MPa；

　　　L——发生冲击的管长，即压力油源到阀口的管道长度，m；

　　　t——阀口关闭时间，s；突然关闭时 $t=0$。

根据计算结果，正确选择蓄能器。

（4）蓄能器的安装

安装蓄能器时应考虑以下几点：

① 吸收液压冲击或压力脉动时，蓄能器宜放在冲击源或脉动源处；补油保压的时候，蓄能器宜放在尽可能接近有关的执行装置处。

② 蓄能器一般应该垂直安装，油口向下，只有在空间位置受限的时候才允许倾斜或水平安装。

③ 蓄能器与管路系统之间应该设置截止阀，供充气和检修的时候使用，还可以用于调整蓄能器的排出量。

④ 蓄能器与液压泵之间应设置单向阀，以防止液压泵停车或卸荷的时候，蓄能器内的压力油倒流回液压泵。

⑤ 充气式蓄能器中应该使用惰性气体，允许的工作压力视蓄能器的结构形式而定。蓄能器是压力容器，使用的时候必须注意安全。搬动和装拆的时候先将蓄能器内部的压缩气体排出。

⑥ 必须将蓄能器牢固地固定在托架或基础上。

⑦ 蓄能器必须安装于便于检查、维修的位置，并远离热源。

5.5 油管组件

预习本节内容，并撰写讲稿（预习作业），收获成果5：能够说明管组件的类型与使用条件。

（1）油管

液压系统中使用的油管，有钢管、铜管、尼龙管、塑料管、橡胶软管等多种类型，应根据液压元件的安装位置、使用环境和工作压力等进行选择。钢管能承受高压（35~32MPa）、价格低廉、耐油、抗腐蚀、刚性好，但装配时不能任意弯曲，因而多用于中、高压系统的压力管道。一般中、高压系统用10号、15号冷拔无缝钢管，低压系统可用焊接钢管。

紫铜管装配时易弯曲成各种形状，但承压能力较低（一般不超过10MPa）。铜是贵重材料，抗振能力较差，又易使油液氧化，应尽量少用。紫铜管一般只用在液压装置内部配接不便之处。黄铜管可承受较高的压力（25MPa），但不如紫铜管那样容易弯曲成形。

尼龙管是一种新型的乳白色半透明管，承压能力因材料而异，为2.5~8MPa不等。目前大都在低压管道中使用。将尼龙管加热到140℃左右后可随意弯曲和扩口，然后浸入冷水冷却定形，因而它有着广泛的使用前途。

耐油塑料管价格便宜，装配方便，但承压能力差，只适用于工作压力小于0.5MPa的管道，如回油路、泄油路等处。塑料管长期使用后会变质老化。

橡胶软管用于两个相对运动件之间的连接，分为高压和低压两种。高压橡胶软管由夹有几层钢丝编织的耐油橡胶制成，钢丝层数越多耐压越高。低压橡胶软管由夹有帆布的耐油橡胶或聚氯乙烯制成，多用于低压回油管道。

（2）管接头

液压系统中油液的泄漏多发生在管路的连接处，所以管接头的重要性不容忽视。管接头必须在强度足够的条件下能在振动、压力冲击下保持管路的密封性。在高压处不能向外泄漏，在有负压的吸油管路上不允许空气向内渗入。常用的管接头有以下几种。

① 焊接式管接头。如图5-14所示，这种管接头多用于钢管连接中。它连接牢固，利用球面进行密封，简单而可靠；缺点是装配时球形头1与油管焊接，因而必须采用厚壁钢管。

② 卡套式管接头。如图5-15所示，这种管接头亦用在钢管连接中。它利用卡套2卡住油管1进行密封，轴向尺寸要求不严，装拆简便，不必事先焊接或扩口，但对油管的径向尺寸精度要求较高，一般用精度较高的冷拔钢管作油管。

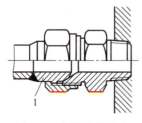

图5-14 焊接式管接头
1—球形头

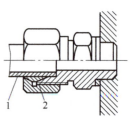

图5-15 卡套式管接头
1—油管；2—卡套

③ 扩口式管接头。如图5-16所示，扩口管接头由接头体1、管套2和接头螺母3组成。它只适用于薄壁铜管、工作压力不大于8MPa的场合。拧紧接头螺母，通过管套就使带有扩口的管子压紧密封，适用于低压系统。

④ 胶管接头。胶管接头有可拆式和扣压式两种，各有A、B、C三种形式。随管径不同可用于工作压力在6~40MPa的液压系统中，图5-17为扣压式管接头，这种管接头的连接和密封部分与普通的管接头是相同的，只是要把接管加长，芯管1和接头外套2一起将软管夹住（需在专用设备上扣压而成），使管接头和胶管连成一体。

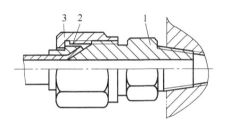

图5-16 扩口式管接头
1—接头体；2—管套；3—接头螺母

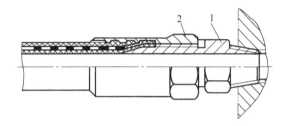

图5-17 扣压式管接头
1—芯管；2—接头外套

⑤ 快速接头。快速接头全称为快速装拆管接头，无需装拆工具，适用于经常装拆处。图5-18为油路接通的工作位置，需要断开油路时，可用力把外套4向左推，再拉出接头体5，钢球3（有6~12颗）即从接头体槽中退出，与此同时，单向阀的锥形阀芯2和6分别在弹簧1和7的作用下将两个阀口关闭，油路即断开。这种管接头结构复杂，压力损失大。

⑥ 伸缩管接头。如图5-19所示，这种接头用于两个元件有相对直线运动要求时管道连接的场合。这种管接头的结构类似一个柱塞缸，在这里，移动管的外径必须精密加工，固定管的管口处则需加粗，并设置导向部分和密封装置。

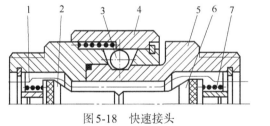

图5-18 快速接头
1,7—弹簧；2,6—锥形阀芯；3—钢球；
4—外套；5—接头体

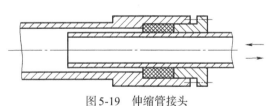

图5-19 伸缩管接头

（3）压力表

系统中各工作点如油泵出口、减压阀后的压力，一般都借助压力表来观察，以调整到要求的工作压力。

图5-20为压力表实物图及结构图，它由测压弹性元件1、放大机构2、指示器3及基座4等组成。当弹性元件弹簧管通入压力油时，弹簧管由于存在内外面积差，受液压力作用后要伸张，通过放大机构中的杠杆、扇形齿轮及小齿轮使指针偏摆，其偏角的大小取决于通入压力油的压力高低。

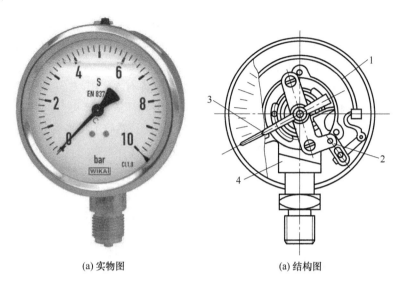

(a) 实物图　　　　　　　　(a) 结构图

图 5-20　压力表

1—测压弹性元件；2—放大机构；3—指示器；4—基座

练习题

5-1　蓄能器有什么用途？有哪些类型？简述活塞式蓄能器的工作原理。

5-2　过滤器安装在系统的什么位置上？它的安装特点是什么？

5-3　油箱在液压系统起什么作用？在其结构设计中应注意哪些问题？

5-4　有一气囊式蓄能器用作动力源，容量为 3L，充气压力 p_0=3.2MPa。系统的最高压力 p_1=6MPa，最低压力 p_2=4MPa，求蓄能器能够输出的油液体积。

5-5　油管的种类有哪些？各有何特点？如何选用？

5-6　油管的接头的作用是什么？有哪几种常用形式？接头处是如何密封的？

第6章 液压基本回路

【佳文赏阅】阅读下面文章,说明我国液压工业发展现状。

王长江. PTC ASIA 2017 高新技术展区现场技术报告之四:行走机械液压电子化时代-美国拉斯维加斯国际流体动力(IFPE 2017)展看中国液压发展[J]. 液压气动与密封,2018(2):93-98.

【成果要求】基于本章内容的学习,要求收获如下成果。
成果1:能够说明方向控制回路的工作原理、正确绘制回路图;
成果2:能够说明溢流阀调压回路的工作原理、正确绘制回路图;
成果3:能够说明增压、减压、保压回路的工作原理、正确绘制回路图;
成果4:能够说明卸荷、平衡回路的工作原理、正确绘制回路图;
成果5:能够说明节流阀调速回路的分类与工作特性;
成果6:能够说明调速阀调速回路的工作原理;
成果7:能够说明容积式调速回路的分类及工作原理;
成果8:能够说明实现快速运动的方法及工作原理;
成果9:能够说明运动速度换接方法及工作原理;
成果10:能够说明实现顺序动作的方法及工作原理;
成果11:能够说明液压缸同步工作的实现方法及工作原理;
成果12:能够说明多缸互不干扰回路的工作原理。

任何一个液压系统,无论它所要完成的动作有多么复杂,总是由一些基本回路组成的。所谓基本回路,就是由一些液压元件组成,用来完成特定功能的油路结构。熟悉和掌握这些基本回路的组成、工作原理及应用,是分析、设计和使用液压系统的基础。

液压系统按照工作介质的循环方式可分为开式系统和闭式系统。常见的液压系统大多为开式系统。开式系统液的特点是,液压泵从油箱吸油,经控制阀进入执行元件,执行元件的回油再经控制阀流回油箱,工作油液在油箱中冷却、分离空气和沉淀杂质后再进入工作循环。开式系统结构简单,但因油箱内的油液直接与空气接触,空气易进入系统,导致系统运行时产生一些不良后果。闭式系统的特点为液压泵输出的压力油直接进入执行元件,执行系统的回油直接与液压泵的吸油管相连。在闭式系统中,由于油液基本上都在闭合回路内循环,油液温升较高,但所用的油箱容积小,系统结构紧凑。闭式系统的结构较复杂,成本较高,通常适用于功率较大的液压系统。

液压基本回路按其在液压系统中的功能可分为:方向控制回路、压力控制回路、速度控制回路以及多功能控制回路。

6.1 方向控制回路

预习本节内容，并撰写讲稿（预习作业），收获成果1：能够说明方向控制回路的工作原理、正确绘制回路图。

在液压系统中，起控制执行元件的起动、停止及换向作用的回路，称方向控制回路。方向控制回路有换向回路和锁紧回路。

（1）采用换向阀的换向回路

运动部件的换向，一般可采用各种换向阀来实现。在容积调速的闭式回路中，也可以利用双向变量泵控制油流的方向来实现液压缸（或液压马达）的换向。

依靠重力或弹簧返回的单作用液压缸，可以采用二位三道换向阀进行换向，如图6-1所示。双作用液压缸的换向，一般都可采用二位四通（或五通）及三位四通（或五通）换向阀来进行换向，按不同用途还可选用各种不同的控制方式的换向回路。

换向回路结构

电液换向阀工作原理

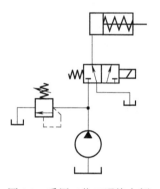

图6-1 采用二位三通换向阀的单作用缸换向的回路

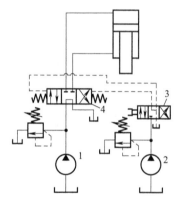

图6-2 先导阀控制液动换向阀的换向回路
1—主泵；2—辅助泵；3—转阀；4—液动阀

笔记

电磁换向阀的换向回路应用最为广泛，尤其在自动化程度要求较高的组合机床液压系统中被普遍采用。对于流量较大和换向平稳性要求较高的场合，电磁换向阀的换向回路已不能适应上述要求，往往采用手动换向阀或机动换向阀作先导阀，而以液动换向阀为主阀的换向回路，或者采用电液动换向阀的换向回路。

图6-2所示为手动转阀（先导阀）控制液动换向阀的换向回路。回路中用辅助泵2提供低压控制油，通过手动先导阀3（三位四通转阀）来控制液动换向阀4的阀芯移动，实现主油路的换向，当转阀3在右位时，控制油进入液动阀4的左端，右端的油液经转阀回油箱，使液动换向阀4左位接入工件，活塞下移。当转阀3切换至左位时，即控制油使液动换向阀4换向，活塞向上退回。当转阀3中位时，液动换向阀4两端的控制油通油箱，在弹簧力的作用下，使阀芯回复到中位，主泵1卸荷。这种换向回路常用于大型压机上。

在液动换向阀的换向回路或电液动换向阀的换向回路中，控制油液除了用辅助泵供给外，在一般的系统中也可以把控制油路直接接入主油路。但是，当主阀采用M型或H型中位机能时，必须在回路中设置背压阀，保证控制油液有一定的压力，以控制换向阀阀芯的移动。

在机床夹具、油压机和起重机等不需要自动换向的场合，常常采用手动换向阀来进行换向。

（2）采用双向变量泵的换向回路

采用双向变量泵的换向回路如图6-3所示，常用于闭式油路中，采用变更供油方向来实现液压缸或液压马达换向。图中若双向变量泵1吸油侧供油不足时，可由补油泵2通过单向阀3来补充；泵1吸油侧多余的油液可通过液压缸5进油侧压力控制的二位二通阀4和溢流阀6流回油箱。

溢流阀6和8的作用是使液压缸活塞向右或向左运动时泵的吸油侧有一定的吸入压力，改善泵的吸油性能，同时能使活塞运动平稳。溢流阀7为防止系统过载的安全阀。

（3）锁紧回路

为了使工作部件能在任意位置上停留，以及在停止工作时防止在受力的情况下发生移动，可以采用锁紧回路。

采用O型或M型机能的三位换向阀，当阀芯处于中位时，液压缸的进、出口都被封闭，可以将活塞锁紧，这种锁紧回路由于受到滑阀泄漏的影响，锁紧效果较差。

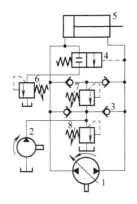

图6-3 采用双向变量泵的换向回路
1—双向变量泵；2—补油泵；3—单向阀；4—换向阀；
5—液压缸；6，7，8—溢流阀

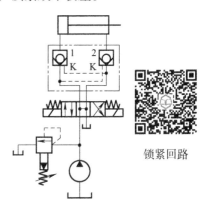

图6-4 采用液控单向阀的锁紧回路
1，2—液控单向阀（液压锁）

图6-4是采用液控单向阀的锁紧回路。在液压缸的进、回油路中都串接液控单向阀（又称液压锁），活塞可以在行程的任何位置锁紧。其锁紧精度只受液压缸内少量的内泄漏影响，因此，锁紧精度较高。采用液控单向阀的锁紧回路，换向阀的中位机能应使液控单向阀的控制油液卸压（换向阀采用H型或Y型），此时，液控单向阀便立即关闭，活塞停止运动。假如采用O型机能，在换向阀中位时，由于液控单向阀的控制腔压力油被闭死而不能使其立即关闭，直至由换向阀的内泄漏使控制腔泄压后，液控单向阀才能关闭，影响其锁紧精度。

6.2 压力控制回路

预习本节内容，并撰写讲稿（预习作业），收获成果2：能够说明溢流阀调压回路的工作原理、正确绘制回路图；成果3：能够说明增压、减压、保压回路的工作原理，正确绘制回路图；成果4：能够说明卸荷、平衡回路的工作原理，正确绘制回路图。

压力控制回路是用压力阀来控制和调节液压系统主油路或某一支路的压力，以满足执行元件所需的力或力矩的要求。利用压力控制回路可实现对系统进行调压、减压、增压、卸荷、保压与工作机构的平衡等各种控制。

6.2.1 调压回路

当液压系统工作时，液压泵应向系统提供所需压力的液压油，同时，又能节省能源，减少油液发热，提高执行元件运动的平稳性。所以，应设置调压或限压回路。当液压泵一直工作在系统的调定压力时，就要通过溢流阀调节并稳定液压泵的工作压力。在变量泵系统中或旁路节流调速系统中用溢流阀（当安全阀用）限制系统的最高安全压力。当系统在不同的工作时间内需要有不同的工作压力，可采用二级或多级调压回路。

（1）单级调压回路

如图6-5所示，通过液压泵1和溢流阀2的并联连接，即可组成单级调压回路。通过调节溢流阀的压力，可以改变泵的输出压力。当溢流阀的调定压力确定后，液压泵就在溢流阀的调定压力下工作。从而实现了对液压系统进行调压和稳压控制。如果将液压泵1改换为变量泵，这时溢流阀将作为安全阀来使用，液压泵的工作压力低于溢流阀的调定压力，这时溢流阀不工作，当系统出现故障，液压泵的工作压力上升时，一旦压力达到溢流阀的调定压力，溢流阀将开启，并将液压泵的工作压力限制在溢流阀的调定压力下，使液压系统不致因压力过载而受到破坏，从而保护了液压系统。

（2）二级调压回路

如图6-6所示为二级调压回路，该回路可实现两种不同的系统压力控制。由先导型溢流阀2和直动式溢流阀4各调一级，当二位二通电磁阀3处于图示位置时系统压力由阀2调定，当阀3得电后处于右位时，系统压力由阀4调定，但要注意：阀4的调定压力一定要小于阀2的调定压力，否则不能实现；当系统压力由阀4调定时，先导型溢流阀2的先导阀口关闭，但主阀开启，液压泵的溢流流量经主阀回油箱，这时阀4亦处于工作状态，并有油液通过。应当指出：若将阀3与阀4对换位置，则仍可进行二级调压。

溢流阀应用

溢流阀远程控制

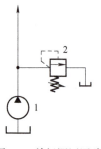

图6-5 单级调压回路
1—液压泵；2—溢流阀

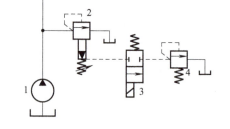

图6-6 二级调压回路
1—液压泵；2—先导式溢流阀；3—二位二通换向阀；
4—调压阀（溢流阀）

（3）多级调压回路

如图6-7所示为三级调压回路，三级压力分别由先导式溢流阀1、调压阀（溢流阀）

2、3调定,当电磁铁1YA、2YA失电时,系统压力由先导式溢流阀调定。当1YA得电时,系统压力由溢流阀2调定。当2YA得电时,系统压力由溢流阀3调定。在这种调压回路中,阀2和阀3的调定压力要低于主溢流阀的调定压力,而阀2和阀3的调定压力之间没有一定的大小关系。当阀2或阀3工作时,阀2或阀3相当于阀1上的另一个先导阀。

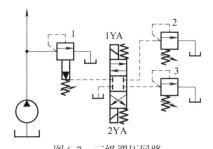

图6-7 三级调压回路
1—先导式溢流阀;2,3—调压阀(溢流阀)

6.2.2 减压和增压回路

(1) 减压回路

当泵的输出压力是高压而局部回路或支路要求低压时,可以采用减压回路,如机床液压系统中的定位、夹紧、回路分度以及液压元件的控制油路等,它们往往要求比主油路较低的压力。减压回路较为简单,一般是在所需低压的支路上串接减压阀。采用减压回路虽能方便地获得某支路稳定的低压,但压力油经减压阀口时要产生压力损失。

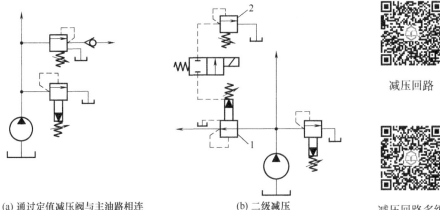

(a) 通过定值减压阀与主油路相连   (b) 二级减压

图6-8 减压回路
1—先导式减压阀;2—溢流阀

减压回路

减压回路多级

最常见的减压回路为通过定值减压阀与主油路相连,如图6-8(a)所示。回路中的单向阀为主油路压力降低(低于减压阀调定压力)时防止油液倒流,起短时保压作用,减压回路中也可以采用类似两级或多级调压的方法获得两级或多级减压。如图6-8(b)所示为利用先导式减压阀1的远控口接一远控溢流阀2,则可由阀1、阀2各调得一种低压。但要注意,阀2的调定压力值一定要低于阀1的调定减压值。

为了使减压回路工作可靠,减压阀的最低调整压力不应小于0.5MPa,最高调整压力至少应比系统压力小0.5MPa。当减压回路中的执行元件需要调速时,调速元件应放在减压阀的后面,以避免减压阀泄漏(指由减压阀泄油口流回油箱的油液)对执行元件的速度产生影响。

(2) 增压回路

如果系统或系统的某一支油路需要压力较高但流量又不大的压力油,而采用高压泵又不经济,或者根本就没有必要增设高压力的液压泵时,就常采用增压回路,这样不仅易于选择液压泵,而且系统工作较可靠,噪声小。增压回路中提高压力的主要元件是增压缸或增压器。

① 单作用增压缸的增压回路 如图6-9 (a) 所示为利用增压缸的单作用增压回路,当系统在图示位置工作时,系统的供油压力 p_1 进入增压缸的大活塞腔,此时在小活塞腔即可得到所需的较高压力 p_2;当二位四通电磁换向阀右位接入系统时,增压缸返回,辅助油箱中的油液经单向阀补入小活塞。因而该回路只能间歇增压,所以称之为单作用增压回路。

② 双作用增压缸的增压回路 如图6-9 (b) 所示的采用双作用增压缸的增压回路,能连续输出高压油,在图示位置,液压泵输出的压力油经换向阀5和单向阀1进入增压缸左端大、小活塞腔,右端大活塞腔的回油通油箱,右端小活塞腔增压后的高压油经单向阀4输出,此时单向阀2、3被关闭。当增压缸活塞移到右端时,换向阀得电换向,增压缸活塞向左移动。同理,左端小活塞腔输出的高压油经单向阀3输出,这样,增压缸的活塞不断往复运动,两端便交替输出高压油,从而实现了连续增压。

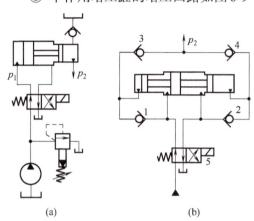

图6-9 增压回路
1~4—单向阀;5—二位二通换向阀

[例6-1] 在图6-10中,左边液压缸为进给缸,右边液压缸为夹紧缸。已知 $A_1=100cm^2$,已知 $A_2=50cm^2$,负载 $F_1=14kN$,$F_2=4.25kN$,单向阀的背压 $p=0.15MPa$,节流阀压差 $\Delta p=0.2MPa$,不计管路压力损失,求:①A、B、C三点的压力;②若 $v_1=3.5cm/s$,$v_2=4cm/s$,求通过节流阀的流量、夹紧缸所需流量、背压阀通过流量。

笔记

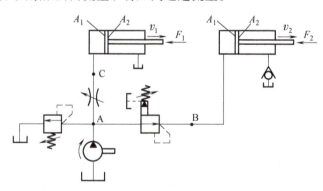

图6-10 液压缸夹紧回路

解:(1) A、B、C三点的压力

进给液压缸无杆腔的压力 p_1 为

$$p_1 = \frac{F_1}{A_1} = \frac{14 \times 10^3}{100 \times 10^{-4}} Pa = 1.4MPa$$

夹紧缸无杆腔的压力 p_2 为

$$p_2 = \frac{F_2 + pA_2}{A_1} = \frac{4.25 \times 10^3 + 0.15 \times 10^6 \times 50 \times 10^{-4}}{100 \times 10^{-4}} \text{Pa} = 0.5\text{MPa}$$

当夹紧缸工作而进给缸不动时，A、B、C 三点均为 0.5MPa。

当进给缸工作时，夹紧缸必须将工件夹紧，此时 B 点的压力，即减压阀的调整压力为大于等于 0.5MPa，C 点压力为 1.4MPa，A 点的压力为 1.6MPa，溢流阀的调整压力为 1.9MPa。

（2）节流阀的流量、夹紧缸所需流量、背压阀通过流量

通过节流阀的流量为

$$q_1 = v_1 A_1 = 3.5\text{cm/s} \times 100\text{cm}^2 = 350 \times 60 \times 10^{-3}\text{L/min} = 21\text{L/min}$$

夹紧缸所需的流量为

$$q_2 = v_2 A_1 = 4\text{cm/s} \times 100\text{cm}^2 = 400 \times 60 \times 10^{-3}\text{L/min} = 24\text{L/min}$$

通过背压阀回油箱的流量为

$$q_背 = v_2 A_2 = 4\text{cm/s} \times 50\text{cm}^2 = 200 \times 60 \times 10^{-3}\text{L/min} = 12\text{L/min}$$

6.2.3 保压回路

在液压系统中，常要求液压执行机构在一定的行程位置上停止运动或在有微小的位移下稳定地维持住一定的压力，这就要采用保压回路。最简单的保压回路是密封性能较好的液控单向阀的回路，但是，阀类元件处的泄漏使得这种回路的保压时间不能维持太久。常用的保压回路有以下几种：

（1）利用液压泵的保压回路

利用液压泵的保压回路也就是在保压过程中，液压泵仍以较高的压力（保压所需压力）工作，此时，若采用定量泵则压力油几乎全经溢流阀流回油箱，系统功率损失大，易发热，故只在小功率的系统且保压时间较短的场合下才使用；若采用变量泵，在保压时泵的压力较高，但输出流量几乎等于零，因而，液压系统的功率损失小，这种保压方法能随泄漏量的变化而自动调整输出流量，因而其效率也较高。

（2）利用蓄能器的保压回路

如图 6-11（a）所示的回路，当主换向阀在左位工作时，液压缸向前运动且压紧工件，进

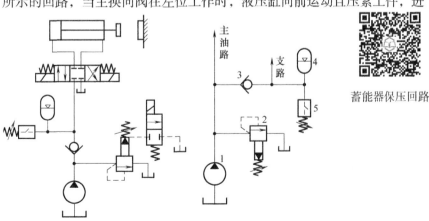

(a) 主换向阀实现保压　　(b) 多缸系统中的保压回路

图 6-11　利用蓄能器的保压回路

1—液压泵；2—先导式溢流阀；3—单向阀；4—蓄能器；5—压力继电器

油路压力升高至调定值，压力继电器动作使二通阀通电，泵即卸荷，单向阀自动关闭，液压缸则由蓄能器保压。缸压不足时，压力继电器复位使泵重新工作。保压时间的长短取决于蓄能器容量，调节压力继电器的工作区间即可调节缸中压力的最大值和最小值。图 6-11（b）所示为多缸系统中的保压回路，这种回路当主油路压力降低时，单向阀 3 关闭，支路由蓄能器保压补偿泄漏，压力继电器 5 的作用是当支路压力达到预定值时发出信号，使主油路开始动作。

（3）自动补油保压回路

如图 6-12 所示为采用液控单向阀和电接触式压力表的自动补油式保压回路，其工作原理为：当 1YA 得电，换向阀右位接入回路，液压缸上腔压力上升至电接触式压力表的上限值时，上触点接电，使电磁铁 1YA 失电，换向阀处于中位，液压泵卸荷，液压缸由液控单向阀保压。当液压缸上腔压力下降到预定下限值时，电接触式压力表又发出信号，使 1YA 得电，液压泵再次向系统供油，使压力上升。当压力达到上限值时，上触点又发出信号，使 1YA 失电。因此，这一回路能自动地使液压缸补充压力油，使其压力能长期保持在一定范围内。

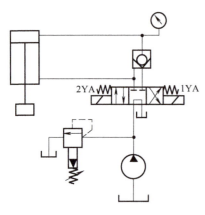

图 6-12　自动补油的保压回路

6.2.4　卸荷回路

在液压系统工作中，有时执行元件短时间停止工作，不需要液压系统传递能量，或者执行元件在某段工作时间内保持一定的力，而运动速度极慢，甚至停止运动，在这种情况下，不需要液压泵输出油液，或只需要很小流量的液压油，于是液压泵输出的压力油全部或绝大部分从溢流阀流回油箱，造成能量的无谓消耗，引起油液发热，使油液加快变质，而且还影响液压系统的性能及泵的寿命。为此，需要采用卸荷回路，即卸荷回路的功用是指在液压泵驱动电动机不频繁启闭的情况下，使液压泵在功率输出接近于零的情况下运转，以减少功率损耗，降低系统发热，延长泵和电动机的寿命。因为液压泵的输出功率为其流量和压力的乘积，因而，两者任一近似为零，功率损耗即近似为零。因此液压泵的卸荷有流量卸荷和压力卸荷两种，前者主要是使用变量泵，使变量泵仅为补偿泄漏而以最小流量运转，此方法比较简单，但泵仍处在高压状态下运行，磨损比较严重；压力卸荷的方法是使泵在接近零压下运转。

常见的压力卸荷方式有以下几种。

（1）换向阀卸荷回路

采用的换向阀必须是中位机能为 M 型、H 型和 K 型的，如图 6-13（a）所示。滑阀处于中位时液压泵输出的油液直接流回油箱，实现液压泵卸荷。如图 6-13（b）所示为采用 M 型中位机能的电液换向阀的卸荷回路，这种回路切换时压力冲击小，但回路中必须设置单向阀，以使系统能保持 0.3MPa 左右的压力，供操纵控制油路之用。

（2）用先导型溢流阀远程控制口的卸荷回路

图 6-6 中若去掉调压阀 4，使二位二通电磁阀直接接油箱，便构成一种用先导型溢流阀的卸荷回路，如图 6-14 所示，这种卸荷回路卸荷压力小，切换时冲击也小。

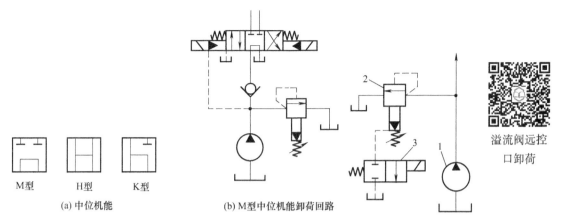

(a) 中位机能

(b) M型中位机能卸荷回路

图 6-13 三种中位机能与M型卸荷回路

图 6-14 溢流阀远控口卸荷
1—液压泵；2—先导式溢流阀；
3—二位二通电磁换向阀

6.2.5 平衡回路

平衡回路的功用在于防止垂直或倾斜放置的液压缸和与之相连的工作部件因自重而自行下落。图6-15（a）所示为采用单向顺序阀的平衡回路，当1YA得电后活塞下行时，回油路上就存在着一定的背压；只要将这个背压调得能支承住活塞和与之相连的工作部件自重，活塞就可以平稳地下落。当换向阀处于中位时，活塞就停止运动，不再继续下移。这种回路当活塞向下快速运动时功率损失大，锁住时活塞和与之相连的工作部件会因单向顺序阀和换向阀的泄漏而缓慢下落，因此它只适用于工作部件重量不大、活塞锁住时定位要求不高的场合。图6-15（b）为采用液控顺序阀的平衡回路。当活塞下行时，控制压力油打开液控顺序阀，背压消失，因而回路效率较高；当停止工作时，液控顺序阀关闭以防止活塞和工作部件因自重而下降。这种平衡回路的优点是只有上腔进油时活塞才下行，比较安全可靠；缺点是，活塞下行时平稳性较差。这是因为活塞下行时，液压缸上腔油压降低，将使液控顺序阀

平衡回路

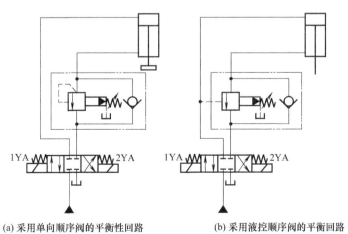

(a) 采用单向顺序阀的平衡性回路   (b) 采用液控顺序阀的平衡回路

图 6-15 采用顺序阀的平衡回路

关闭。当顺序阀关闭时，因活塞停止下行，使液压缸上腔油压升高，又打开液控顺序阀。因此液控顺序阀始终工作于启闭的过渡状态，因而影响工作的平稳性。这种回路适用于运动部件重量不很大、停留时间较短的液压系统中。

有些工程建设机械上的执行元件，如挖掘机及起重机的动臂油缸等在其下降动作中，由于载荷及自重的重力作用往往会出现超速现象（下降速度越来越快，并超过了控制速度），容易导致危险的后果，应采用平衡回路防止其发生。

图6-16为液压叉车举升液压缸采用的平衡回路，它在液压缸下腔油路上设一单向阀，节流阻力使下降速度受到一定限制。实践证明，合理调定节流口的开度，可使重物在不超过额定负载的情况下，能获得大致相同的下降速度。这种方法较简单，但因节流损失将使油温升高，只适用于功率较小和要求不高的工程建设机械上。

图6-17为液压起重机起升机构所用的平衡回路，在其吊钩下降的回油路上，设一单向顺序阀构成平衡阀，停止工作时起锁紧作用，避免重物下沉量过大。下降时只有当左侧进油路产生一定压力，平衡阀才打开，形成回油路，液压马达才能驱动卷筒使重物下降。一旦系统超速，左侧进油路将由于液压泵供不应求而使压力下降，这时平衡阀会自动关小其阀口，消除超速现象，使重物按控制速度下降。

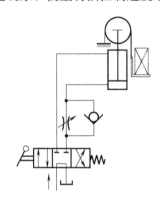

图6-16 单向节流阀平衡回路

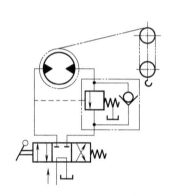

图6-17 平衡阀平衡回路

为使运动的工作机构在任意位置上停留，并防止在停止后因外界影响而发生飘移或窜动，可采用制动回路。最简单的方法是利用换向阀制动，例如利用中位机能为M型或O型的换向阀，在它回复中位时，可切断执行元件的进、回油路，使执行元件迅速停止运动。图6-18是液压起重机起升机构所采用的常闭式液压制动回路。起升卷筒不工作时，是靠制动器弹簧的顶推力来制动，油液压力仅用来压缩弹簧松闸，故可直接引用主油路中的油液压力。卷筒需要转动工作时可操纵换向阀换向，液压泵输出的油液进入液压马达，并同时通过控制油路进入制动器的弹簧油缸，压迫弹簧松闸，解除制动，于是液压马达驱动卷筒旋转。当换向阀回至中位时，主油路卸荷，制动器在弹簧力的作用下又恢复制动状态。这种制动方式在液压挖掘机等工程建设机械上得到了广泛应用。

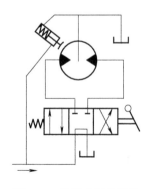

图6-18 常闭式制动回路

6.3 速度控制回路

预习本节内容，并撰写讲稿（预习作业），收获成果5：能够说明节流阀调速回路的分类与工作特性；成果6：能够说明调速阀调速回路的工作原理；成果7：能够说明容积式调速回路的分类及工作原理。

速度控制回路是研究液压系统的速度调节和变换问题，常用的速度控制回路有调速回路、快速回路、速度换接回路等，本节中分别对上述三种回路进行介绍。

从液压马达的工作原理可知，液压马达的转速 n_m 由输入流量和液压马达的排量 V_m 决定，即 $n_m=q/V_m$，液压缸的运动速度 v 由输入流量和液压缸的有效作用面积 A 决定，即 $v=q/A$。

通过上面的关系可以知道，要想调节液压马达的转速 n_m 或液压缸的运动速度 v，可通过改变输入流量 q、改变液压马达的排量 V_m 和改变缸的有效作用面积 A 等方法来实现。由于液压缸的有效面积 A 是定值，只有改变流量 q 的大小来调速，而改变输入流量 q，可以通过采用流量阀或变量泵来实现，改变液压马达的排量 V_m，可通过采用变量液压马达来实现，因此，调速回路主要有以下三种方式。

① 节流调速回路：由定量泵供油，用流量阀调节进入或流出执行机构的流量来实现调速。

② 容积调速回路：用调节变量泵或变量马达的排量来调速。

③ 容积节流调速回路：用限压变量泵供油，由流量阀调节进入执行机构的流量，并使变量泵的流量与调节阀的调节流量相适应来实现调速。此外还可采用几个定量泵并联，按不同速度需要，启动一个泵或几个泵供油实现分级调速。

6.3.1 节流调速回路

节流调速原理：节流调速回路是通过调节流量阀的通流截面积大小来改变进入执行机构的流量，从而实现运动速度的调节。

如图6-19所示，如果调节回路里只有节流阀，则液压泵输出的油液全部经节流阀流入液压缸。改变节流阀节流口的大小，只能改变油液流经节流阀速度的大小，而总的流量不会改变，在这种情况下节流阀不能起调节流量的作用，液压缸的速度不会改变。

（1）采用节流阀的调速回路

① 进油节流调速回路（如图6-20所示）。进油调速回路是将节流阀装在执行机构的进油路上，用来控制进入执行机构的流量达到调速的目的，其调速原理如图6-20（a）所示。其中定量泵多余的油液通过溢流阀流回油箱，是进油节流调速回路工作的必要条件，因此溢流阀的调定压力与泵的出口压力 p_p 相等。

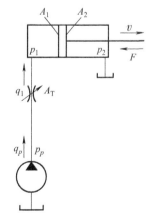

图6-19 节流阀的调速回路

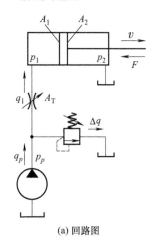 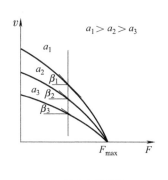 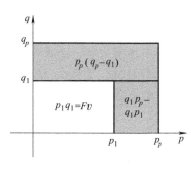

(a) 回路图 (b) 速度负载特性 (c) 功率特性

图 6-20　进油节流调速回路

进口节流

a. 速度负载特性。当不考虑回路中各处的泄漏和油液的压缩时，活塞运动速度为

$$v = \frac{q_1}{A_1} \tag{6-1}$$

活塞受力方程为

$$p_1 A_1 = p_2 A_2 + F \tag{6-2}$$

式中　F——外负载力；

　　　p_2——液压缸回油腔压力，当回油腔通油箱时，$p_2 \approx 0$。

于是

$$p_1 = \frac{F}{A_1}$$

进油路上通过节流阀的流量方程为

$$q_1 = CA_T(\Delta p_T)^m$$

$$q_1 = CA_T(p_p - p_1)^m = CA_T\left(p_p - \frac{F}{A_1}\right)^m \tag{6-3}$$

笔记 于是

$$v = \frac{q_1}{A_1} = \frac{CA_T}{A_1^{1+m}} (p_p A_1 - F)^m \tag{6-4}$$

式中　C——与油液种类等有关的系数；

　　　A_T——节流阀的开口面积；

　　　Δp_T——节流阀前后的压强差，$\Delta p_T = p_p - p_1$；

　　　m——节流阀的指数；当为薄壁孔口时，$m = 0.5$。

式 (6-4) 为进油路节流调速回路的速度负载特性方程，它描述了执行元件的速度 v 与负载 F 之间的关系。如以 v 为纵坐标，F 为横坐标，将式 (6-4) 按不同节流阀通流面积 A_T 作图，可得一组抛物线，称为进油路节流调速回路的速度负载特性曲线，如图 6-20 (b) 所示。

由式 (6-4) 和图 6-20 (b) 可以看出，其他条件不变时，活塞的运动速度 v 与节流阀通流面积 A_T 成正比，调节 A_T 就能实现无级调速。这种回路的调速范围较大，$R_{c\max} = \dfrac{v_{\max}}{v_{\min}} \approx 100$。

当节流阀通流面积A_T一定时，活塞运动速度v随着负载F的增加按抛物线规律下降。但不论节流阀通流面积如何变化，当$F = p_p A_1$时，节流阀两端压差为零，没有流体通过节流阀，活塞也就停止运动，此时液压泵的全部流量经溢流阀流回油箱。该回路的最大承载能力即为$F_{\max} = p_p A_1$。

b. 功率特性。调速回路的功率特性是以其自身的功率损失（不包括液压缸，液压泵和管路中的功率损失）、功率损失分配情况和效率来表达的。在图6-20（a）中，液压泵输出功率即为该回路的输入功率，即

$$P_p = p_p q_p$$

液压缸输出的有效功率为

$$P_1 = Fv = F\frac{q_1}{A_1} = p_1 q_1$$

回路的功率损失为

$$\begin{aligned}\Delta P &= P_p - P_1 = p_p q_p - p_1 q_1 \\ &= p_p(q_1 + \Delta q) - (p_p - \Delta p_T)q_1 \\ &= p_p \Delta q + \Delta p_T q_1\end{aligned} \tag{6-5}$$

式中 Δq——溢流阀的溢流量，$\Delta q = q_p - q_1$。

由式（6-5）可知，进油路节流调速回路的功率损失由两部分组成：溢流功率损失$\Delta P_1 = p_p \Delta q$和节流功率损失$\Delta P_2 = \Delta p_T q_1$。其功率特性如图6-20（c）所示。

回路的输出功率与回路的输入功率之比定义为回路的效率。进油路节流调速回路的回路效率为

$$\eta = \frac{P_p - \Delta P}{P_p} = \frac{p_1 q_1}{p_p q_p} \tag{6-6}$$

回油节流回路

由于回路存在两部分功率损失，因此进口节流调速回路效率较低。当负载恒定或变化很小时，回路效率可达0.2~0.6；当负载发生变化时，回路的最大效率为0.385。这种回路多用于要求冲击小、负载变动小的液压系统中。

② 回油节流调速回路（如图6-21所示）。回油节流调速回路将节流阀串联在液压缸的回油路上，借助于节流阀控制液压缸的排油量q_2来实现速度调节。与进口节流调速一样，定量泵多余的油液经溢流阀流回油箱，即溢流阀保持溢流，泵的出口压力即溢流阀的调定压力保持基本恒定，其调速原理如图6-21（a）所示。

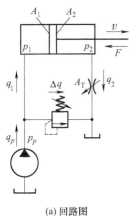
(a) 回路图

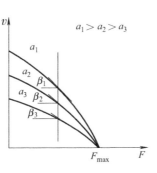

(b) 速度负载特性

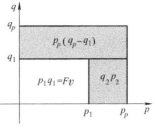
(c) 功率特性

图6-21 回油节流调速回路

如图6-21（a）所示，将节流阀串联在液压缸的回油路上，借助节流阀控制液压缸的排油量来调节其运动速度，称为回油路节流调速回路。

采用同样的分析方法可以得到与进油路节流调速回路相似的速度负载特性

$$v = \frac{CA_{\mathrm{T}}}{A_2^{1+m}}(p_p A_1 - F)^m \tag{6-7}$$

其最大承载能力和功率特性与进油路节流调速回路相同，如图6-21（c）所示。

虽然进油路和回油路节流调速的速度负载特性公式形式相似，功率特性相同，但它们在以下几方面的性能有明显差别，在选用时应加以注意。

a. 承受负值负载的能力。所谓负值负载就是作用力的方向与执行元件的运动方向相同的负载。回油节流调速的节流阀在液压缸的回油腔能形成一定的背压，能承受一定的负值负载；对于进油节流调速回路，要使其能承受负值负载就必须在执行元件的回油路上加上背压阀。这必然会导致增加功率消耗，增大油液发热量。

b. 运动平稳性。回油节流调速回路由于回油路上存在背压，可以有效地防止空气从回油路吸入，因而低速运动时不易爬行；高速运动时不易颤振，即运动平稳性好。进油节流调速回路在不加背压阀时不具备这种特点。

c. 油液发热对回路的影响。进油节流调速回路中，通过节流阀产生的节流功率损失转变为热量，一部分由元件散发出去，另一部分使油液温度升高，直接进入液压缸，会使缸的内外泄漏增加，速度稳定性不好，而回油节流调速回路油液经节流阀温升后，直接回油箱，经冷却后再入系统，对系统泄漏影响较小。

d. 实现压力控制的方便性。进油节流调速回路中，进油腔的压力随负载而变化，当工作部件碰到止挡块而停止后，其压力将升到溢流阀的调定压力，可以很方便地利用这一压力变化来实现压力控制；但在回油节流调速回路中，只有回油腔的压力才会随负载变化，当工作部件碰到止挡块后，其压力将降至零，虽然同样可以利用该压力变化来实现压力控制，但其可靠性差，一般不采用。

e. 启动性能。回路节流调速回路中若停车时间较长，液压缸回油箱的油液会泄漏回油箱，重新启动时背压不能立即建立，会引起瞬间工作机构的前冲现象，对于进油节流调速，只要在开车时关小节流阀即可避免启动冲击。

笔记

综上所述，进油路、回油路节流调速回路结构简单，价格低廉，但效率较低，只宜用在负载变化不大、低速、小功率场合，如某些机床的进给系统中。

③ 旁路节流调速回路（如图6-22所示）。把节流阀装在与液压缸并联的支路上，利用节流阀把液压泵供油的一部分排回油箱实现速度调节的回路，称为旁油路节流调速回路。如图6-22（a）所示，在这个回路中，由于溢流功能由节流阀来完成，故正常工作时，溢流阀处于关闭状态，溢流阀作安全阀用，其调定压力为最大负载压力的1.1~1.2倍，液压泵的供油压力p_p取决于负载。

a. 速度负载特性。考虑到泵的工作压力随负载变化，泵的输出流量q_p应计入泵的泄漏量随压力的变化Δq_p，采用与前述相同的分析方法可得速度表达式为

$$v = \frac{q_1}{A_1} = \frac{q_{pt} - \Delta q_p - \Delta q}{A_1} = \frac{q_{pt} - k\left(\frac{F}{A_1}\right) - CA_{\mathrm{T}}\left(\frac{F}{A_1}\right)^m}{A_1} \tag{6-8}$$

式中 q_{pt}——泵的理论流量；

k——泵的泄漏系数，其余符号意义同前。

根据式（6-8），选取不同的 A_T 值可得到一组速度负载特性曲线，如图6-22（b）所示，由图可知当 A_T 一定而负载增加时，速度显著下降，即特性很软；但当 A_T 一定时，负载越大，速度刚度越大；当负载一定时，A_T 越小，速度刚度越大，因而旁路节流调速回路适用于高速重载的场合。

同时由图6-22（b）知回路的最大承载能力随节流阀通流面积 A_T 的增加而减小。当达到最大负载时，泵的全部流量经节流阀流回油箱，液压缸的速度为零，继续增大 A_T 已不起调速作用，故该回路在低速时承载能力低，调速范围小。

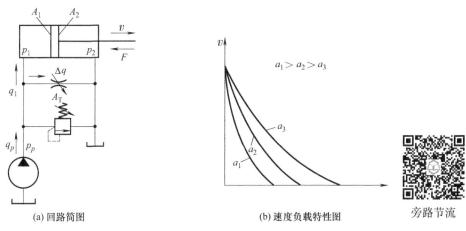

图 6-22 旁路节流调速回路

b.功率特性

回路的输入功率

$$P_p = p_1 q_p$$

回路的输出功率

$$P_1 = Fv = p_1 A_1 v = p_1 q_1$$

回路的功率损失

$$\Delta P = P_p - P_1 = p_1 q_p - p_1 q_1 = p_1 \Delta q \tag{6-9}$$

回路效率

$$\eta = \frac{P_1}{P_p} = \frac{p_1 q_1}{p_1 q_p} = \frac{q_1}{q_p} \tag{6-10}$$

由式（6-9）和式（6-10）看出，旁路节流调速只有节流损失，而无溢流损失，因而功率损失比前两种调速回路小，效率高。这种调速回路一般用于功率较大且对速度稳定性要求不高的场合。

④ 换向阀调速回路。工程机械很少使用专门的节流阀来调速，多用换向阀的阀口开度来实现节流调速。

图6-23为手动M型三位换向阀控制的进油路节流兼回油路节流的调速回路。手动换向阀直接用操纵杆来推动滑阀移动，劳动强度较大，速度微调性能较差，但结构简单。常用于中小型工程机械。按图示方向，阀芯向右移，液压泵的卸荷通路被切断，同时打开阀口 f_1 和

f_2，将液压泵输出的油液从阀口 f_1 引入液压缸的左腔，然后从阀口 f_2 引回油箱。调节阀口 f_1 和 f_2 的通流面积，实质上是借助于节流阻尼来改变主油路和旁通油路的液流阻力大小，重新分配油液，从而实现无级调速。这种调速回路具有进油路节流和回油路节流的综合调速特性。

图 6-24 所示的是由 M 型三位换向阀控制的旁通路节流兼回油路节流的调速回路。其换向阀与前例虽有同一作用，但轴向尺寸不同。按图示方向，阀芯向左移动，液压泵输出的油液在阀内分成两路：一部分通过阀口 f_0 从旁通路流回油箱；另一部分通过阀口 f_1 沿主油路进入液压缸左腔，主油路油压随旁通路节流阀口 f_0 的关小而升高，直到推动活塞工作，液压缸右腔的油液则通过阀口 f_2 流回油箱。当阀口 f_0 完全关闭、f_1 和 f_2 阀口开度最大时，液压缸全速运动。因此只要把阀口 f_0 控制在全开与全闭之间，就能实现旁通路节流无级调速。如果液压缸承受的是负值载荷，这时可利用阀口 f_2 来实现回油路节流调速。当关小阀口 f_2 时，液压缸动作减慢。因此该调速回路在不同负载情况下具有旁通路节流或回油路节流的调速特性。它常用于功率较大而速度稳定性要求不高的场合。

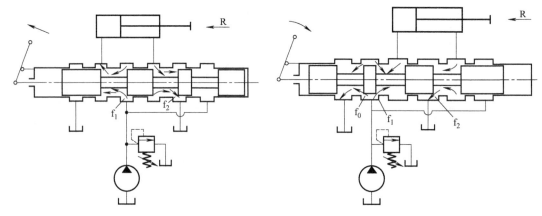

图 6-23　换向阀节流调速回路
（进油路和回油路节流调速回路）

图 6-24　换向阀节流调速回路
（旁通路和回油节流调速回路）

（2）采用调速阀的调速回路

采用节流阀的节流调速回路刚性差，主要是由于负载变化引起节流阀前后的压差变化，从而使通过节流阀的流量发生变化。对于一些负载变化较大、对速度稳定性要求较高的液压系统，这种调速回路远不能满足要求，可采用调速阀来改善回路的速度-负载特性。

① 采用调速阀的调速回路。用调速阀代替前述各回路中的节流阀，也可组成进油路、回油路和旁油路节流调速回路，如图 6-25（a）、（b）、（c）所示。

采用调速阀组成的调速回路，速度刚性比节流阀调速回路好得多。对旁油路，因液压泵泄漏的影响，速度刚性稍差，但比节流阀调速回路好得多。旁油路也有泵输出压力随负载变化、效率较高的特点。图 6-26 是调速阀节流调速的速度负载特性曲线，显然速度刚性、承载能力均比节流阀调速回路好得多。在采用调速阀的调速回路中为了保证调速阀中定差减压阀起到压力补偿作用，调速阀两端的压差必须大于一定的数值，中低压调速阀为 0.5MPa，高压调速阀为 1MPa，否则其负载特性与节流阀调速回路没有区别。同时由于调速阀的最小压差比节流阀的压差大，因此其调速回路的功率损失比节流调速回路要大一些。

综上所述，采用调速阀的节流调速回路的低速稳定性、回路刚度、调速范围等，要比采用节流阀的节流调速回路都好，所以它在机床液压系统中获得广泛的应用。

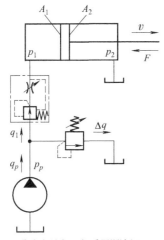
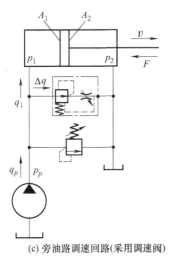
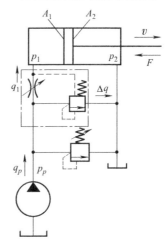

图 6-25 采用调速阀、溢流节流阀的调速回路

② 采用溢流节流阀的调速回路。如图 6-25 (d) 所示，溢流节流阀只能用于进油节流调速回路中，液压泵的供油压力随负载而变化，回路的功率损失较小，效率较采用调速阀时高。溢流节流阀的流量稳定性较调速阀差，在小流量时更加显著，因此不宜用在对低速、稳定性要求高的精密机床调速系统中。

图 6-26 调速阀节流调速的速度负载特性曲线

6.3.2 容积调速回路

容积调速回路是通过改变回路中液压泵或液压马达的排量来实现调速的。其主要优点是功率损失小（没有溢流损失和节流损失）且其工作压力随负载变化，所以效率高、油的温度低，适用于高速、大功率系统。

按油路循环方式不同，容积调速回路有开式回路和闭式回路两种。开式回路中泵从油箱吸油，执行机构的回油直接回到油箱，油箱容积大，油液能得到较充分冷却，但空气和脏物易进入回路。闭式回路中，液压泵将油输出进入执行机构的进油腔，又从执行机构的回油腔吸油。闭式回路结构紧凑，只需很小的补油油箱，但冷却条件差。为了补偿工作中油液的泄漏，一般设补油泵，补油泵的流量为主泵流量的10%~15%。压力调节为$3×10^5$~$10×10^5$Pa。容积调速回路通常有三种基本形式：变量泵和定量马达的容积调速回路；定量泵和变量马达的容积调速回路；变量泵和变量马达的容积调速回路。

（1）定量泵和变量马达容积调速回路

定量泵和变量马达容积调速回路如图6-27所示。图6-27（a）为开式回路：由定量泵1、变量马达2、安全阀3、换向阀4组成；图6-27（b）为闭式回路：1、2为定量泵和变量马达，3为安全阀，4为低压溢流阀，5为补油泵。该回路是由调节变量马达的排量V_m来实现调速。

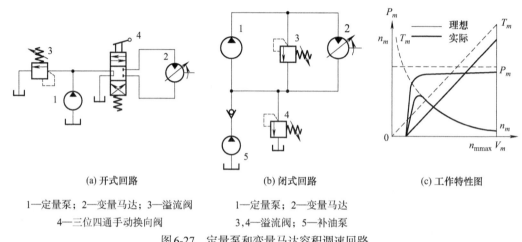

(a) 开式回路　　　　　　　　(b) 闭式回路　　　　　　　　(c) 工作特性图

1—定量泵；2—变量马达；3—溢流阀　　　　1—定量泵；2—变量马达
4—三位四通手动换向阀　　　　　　　　　　3,4—溢流阀；5—补油泵

图6-27　定量泵和变量马达容积调速回路

在这种回路中，液压泵转速n_p和排量V_p都是常值，改变液压马达排量V_m时，马达输出转矩的变化与V_m成正比，输出转速n_m则与V_m成反比。马达的输出功率P_m和回路的工作压力p都由负载功率决定，不因调速而发生变化，所以这种回路常被称为恒功率调速回路。回路的工作特性曲线如图6-27（c）所示，该回路的优点是能在各种转速下保持很大输出功率不变，其缺点是调速范围小。同时，该调速回路如果用变量马达来换向，在换向的瞬间要经过"高转速—零转速—反向高转速"的突变过程，所以，不宜用变量马达来实现平稳换向。

综上所述，定量泵变量马达容积调速回路，由于不能用改变马达的排量来实现平稳换向，调速范围比较小（一般为3~4），因而较少单独应用。

（2）变量泵和定量马达（缸）容积调速回路

这种调速回路可由变量泵与液压缸或变量泵与定量液压马达组成。其回路原理图如图6-28所示，图6-28（a）为变量泵与液压缸所组成的开式容积调速回路；图6-28（b）为变量泵与定量液压马达组成的闭式容积调速回路。

其工作原理是：图6-28（a）中液压缸5活塞的运动速度v由变量泵1调节，2为安全阀，4为换向阀，6为背压阀。图6-28（b）所示为采用变量泵3来调节液压马达5的转速，安全阀4用来防止过载，低压辅助泵1用来补油，其补油压力由低压溢流阀6来调节，同时置换部分已发热的油液，降低系统温升。

当不考虑回路的容积效率时，执行机构的速度n_m或（V_m）与变量泵的排量V_B的关系为，

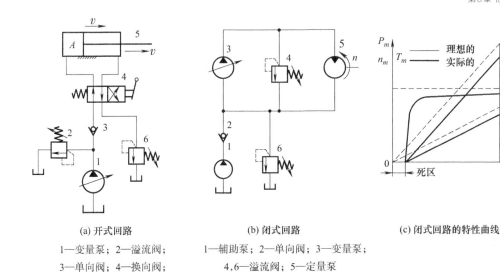

(a) 开式回路
1—变量泵；2—溢流阀；
3—单向阀；4—换向阀；
5—液压缸；6—背压阀（溢流阀）

(b) 闭式回路
1—辅助泵；2—单向阀；3—变量泵；
4,6—溢流阀；5—定量泵

(c) 闭式回路的特性曲线

图 6-28 变量泵和定量马达容积调速回路

$n_m = \dfrac{n_B V_B}{V_m}$ 或 $v_m = \dfrac{n_B V_B}{A}$，因马达的排量 V_m 和缸的有效工作面积 A 是不变的，当变量泵的转速 n_B 不变，则马达的转速 n_m（或活塞的运动速度 v）与变量泵的排量成正比，是一条通过坐标原点的直线，如图 6-28（c）中虚线所示。实际上回路的泄漏是不可避免的，在一定负载下，需要一定流量才能启动和带动负载。所以其实际的 n_m 或（V_m）与 V_B 的关系如实线所示。这种回路在低速下承载能力差，速度不稳定。

当不考虑回路的损失时，液压马达的输出转矩 T_m（或缸的输出推力 F）为 $T_m = \dfrac{V_m \Delta P}{2\pi}$ 或 $F = A(p_p - p_0)$。它表明当泵的输出压力 p_p 和吸油路（也即马达或缸的排油）压力 p_0 不变，马达的输出转矩 T_m 或缸的输出推力 F 理论上是恒定的，与变量泵的排量无关，故该回路的调速方式又称为恒转矩调速。但实际上由于泄漏和机械摩擦等的影响，会存在一个"死区"，如图 6-28（c）所示。马达或缸的输出功率随变量泵的排量的增减而线性地增减。

这种回路的调速范围，主要决定于变量泵的变量范围，其次是受回路的泄漏和负载的影响。这种回路的调速范围一般在 40 左右。

综上所述，变量泵和定量液动机所组成的容积调速回路为恒转矩输出，可正反向实现无级调速，调速范围较大。适用于调速范围较大，要求恒扭矩输出的场合，如大型机床的主运动或进给系统中。

（3）变量泵和变量马达的容积调速回路

这种调速回路是上述两种调速回路的组合，其调速特性也具有两者之特点。

图 6-29（a）为双向变量泵和双向变量马达组成的容积式调速回路。回路中各元件对称布置，改变泵的供油方向，就可实现马达的正反向旋转，单向阀 4 和 5 用于辅助泵 3 双向补油，单向阀 6 和 7 使溢流阀 8 在两个方向上都能对回路起过载保护作用。一般机械要求低速时输出转矩大，高速时能输出较大的功率，这种回路恰好可以满足这一要求。在低速段，先将马达排量调到最大，用变量泵调速，当泵的排量由小调到最大，马达转速随之升高，输出功率随之线性增加，此时因马达排量最大，马达能获得最大输出转矩，且处于恒转矩状态；高速段，泵为最大排量，用变量马达调速，将马达排量由大调小，马达转速继续升高，输出

转矩随之降低，此时因泵处于最大输出功率状态，故马达处于恒功率状态。

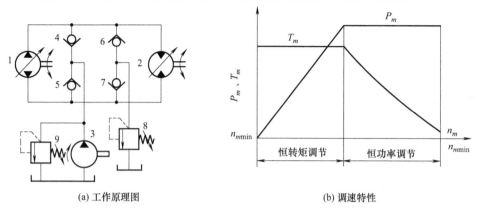

(a) 工作原理图　　　　　　　　　(b) 调速特性

图 6-29　变量泵和变量马达的容积调速回路
1—变量泵；2—变量马达；3—辅助泵；4~7—单向阀；8,9—溢流阀

这样，就可使马达的换向平稳，且第一阶段为恒转矩调速，第二阶段为恒功率调速。回路特性曲线如图 6-29（b）所示。这种容积调速回路的调速范围是变量泵调节范围和变量马达调节范围之乘积，所以其调速范围大（可达 100），并且有较高的效率，它适用于大功率的场合，如矿山机械、起重机械以及大型机床的主运动液压系统。

6.3.3　容积节流调速回路

容积节流调速回路的基本工作原理是采用压力补偿式变量泵供油、调速阀（或节流阀）调节进入液压缸的流量并使泵的输出流量自动地与液压缸所需流量相适应。

常用的容积节流调速回路有：限压式变量泵与调速阀等组成的容积节流调速回路；变压式变量泵与节流阀等组成的容积调速回路。

（1）限压式容积节流调速回路

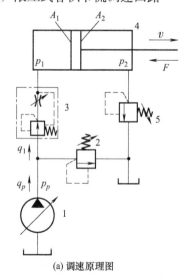
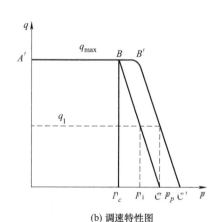

(a) 调速原理图　　　　　　　　　(b) 调速特性图

图 6-30　限压式容积节流调速回路
1—变量泵；2—溢流阀；3—调速阀；4—液压缸；5—背压阀（溢流阀）

图6-30为限压式变量泵与调速阀组成的调速回路工作原理和工作特性图。在图示位置，液压缸4的活塞快速向右运动，泵1按快速运动要求调节其输出流量，同时调节限压式变量泵的压力调节螺钉，使泵的限定压力大于快速运动所需压力[图6-30（b）中AB段]，泵输出的压力油经调速阀3进入缸4，其回油经背压阀5回油箱。调节调速阀3的流量q_1就可调节活塞的运动速度v，由于$q_1<q_B$，压力油迫使泵的出口与调速阀进口之间的油压憋高，即泵的供油压力升高，泵的流量便自动减小到$q_B≈q_1$为止。

这种调速回路的运动稳定性、速度负载特性、承载能力和调速范围均与采用调速阀的节流调速回路相同。图6-30（b）所示为其调速特性，由图可知，此回路只有节流损失而无溢流损失。

当不考虑回路中泵和管路的泄漏损失时，回路的效率为：

$$\eta_c = \frac{q_1\left(p_1 - p_2\dfrac{A_2}{A_1}\right)}{q_1 p_B} = \frac{\left(p_1 - p_2\dfrac{A_2}{A_1}\right)}{p_B}$$

上式表明：泵的输油压力p_B调得低一些，回路效率就可高一些，但为了保证调速阀的正常工作压差，泵的压力应比负载压力p_1至少大0.5MPa。当此回路用于"死挡铁停留"、压力继电器发信实现快退时，泵的压力还应调高些，以保证压力继电器可靠发信，故此时的实际工作特性曲线如图6-30（b）中A′B′C′所示。此外，当p_c不变时，负载越小，p_1便越小，回路效率越低。

综上所述：限压式变量泵与调速阀等组成的容积节流调速回路，具有效率较高、调速较稳定、结构较简单等优点。目前已广泛应用于负载变化不大的中、小功率组合机床的液压系统中。

（2）差压式容积节流调速回路

图6-31是差压式变量泵和节流阀组成的容积节流调速回路。该回路采用差压式变量泵供油，通过节流阀来确定进入液压缸或流出液压缸的流量，不但使变量泵输出的流量与液压缸所需要的流量相适应，而且液压泵的工作压力能自动跟随负载压力变化。

该回路的工作原理如下。图6-31中节流阀安装在液压缸的进油路上，节流阀两端的压差反馈作用在变量泵的两个控制柱塞上差压式变量泵，其中柱塞1的面积A_1等于活塞2活塞杆面积A_2。由力的平衡关系，变量泵定子的偏心距e的大小受节流阀的两端的压差的控制，从而控制变量泵的流量。调节节流阀的开口，就可以调节进入液压缸的流量q_1，并使泵的输出流量q_p自动与q_1相适应。阻尼孔5的作用是防止变量泵定子移动过快发生振荡，4为安全阀。

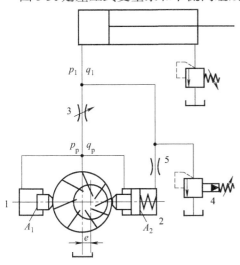

图6-31　差压式变量泵容积节流调速回路
1—柱塞；2—活塞；3—节流阀；4—溢流阀；5—阻尼孔

该回路效率比前述容积节流调速回路高，适用于调速范围大、速度较低的中小功率液压系统，常用在某些组合机床的进给系统中。

6.3.4 调速回路比较和选用

（1）调速回路的比较（见表6-1）

表6-1 调速回路的比较

回路类型 主要性能		节流调速回路				容积调速回路	容积节流调速回路	
		用节流阀		用调速阀			限压式	稳流式
		进回油	旁路	进回油	旁路			
机械特性	速度稳定性	较差	差	好		较好	好	
	承载能力	较好	较差	好		较好	好	
调速范围		较大	小	较大		大	较大	
功率特性	效率	低	较高	低	较高	最高	较高	高
	发热	大	较小	大	较小	最小	较小	小
适用范围		小功率、轻载的中、低压系统				大功率、重载、高速的中、高压系统	中、小功率的中压系统	

（2）调速回路的选用

调速回路的选用主要考虑以下问题：

① 执行机构的负载性质、运动速度、速度稳定性等要求。负载小，且工作中负载变化也小的系统可采用节流阀节流调速；在工作中负载变化较大且要求低速稳定性好的系统，宜采用调速阀的节流调速或容积节流调速；负载大、运动速度高、油的温升要求小的系统，宜采用容积调速回路。

一般来说，功率在3kW以下的液压系统宜采用节流调速；3~5kW 范围宜采用容积节流调速；功率在5kW以上的宜采用容积调速回路。

② 工作环境要求。处于温度较高的环境下工作，且要求整个液压装置体积小、重量轻的情况，宜采用闭式回路的容积调速。

③ 经济性要求。节流调速回路的成本低，功率损失大，效率也低；容积调速回路因变量泵、变量马达的结构较复杂，所以价格高，但其效率高、功率损失小；而容积节流调速则介于两者之间。所以需综合分析选用哪种回路。

6.4 快速运动回路和速度换接回路

预习本节内容，并撰写讲稿（预习作业），收获成果8：能够说明实现快速运动的方法与工作原理；成果9：能够说明运动速度换接方法及工作原理。

6.4.1 快速运动回路

为了提高生产效率，机器工作部件常常要求实现空行程（或空载）的快速运动。这时要求液压系统流量大而压力低。这和工作运动时一般需要的流量较小和压力较高的情况正好相反。对快速运动回路的要求主要是在快速运动时,尽量减小需要液压泵输出的流量,或者在加大液压泵的输出流量后,但在工作运动时又不致引起过多的能量消耗。以下介绍几种常用的快速运动回路。

(1) 差动连接回路

这是在不增加液压泵输出流量的情况下,来提高工作部件运动速度的一种快速回路,其实质是改变了液压缸的有效作用面积。

图6-32是用于快、慢速转换的,其中快速运动采用差动连接的回路。当换向阀3左端的电磁铁通电时,阀3左位进入系统,液压泵1输出的压力油同缸右腔的油经3左位、5下位(此时外控顺序阀7关闭)也进入缸4的左腔,进入液压缸4的左腔,实现了差动连接,使活塞快速向右运动。当快速运动结束,工作部件上的挡铁压下机动换向阀5时,泵的压力升高,阀7打开,液压缸4右腔的回油只能经调速阀6流回油箱,这时是工作进给。当换向阀3右端的电磁铁通电时,活塞向左快速退回(非差动连接)。采用差动连接的快速回路方法简单,较经济,但快、慢速度的换接不够平稳。必须注意,差动油路的换向阀和油管通道应按差动时的流量选择,不然流动液阻过大,会使液压泵的部分油从溢流阀流回油箱,速度减慢,甚至不起差动作用。

(2) 双泵供油的快速运动回路

这种回路是利用低压大流量泵和高压小流量泵并联为系统供油,回路如图6-33所示。

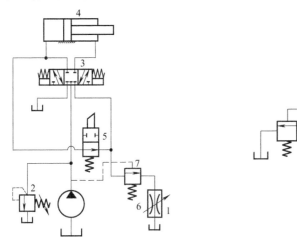

差动回路

笔记

双泵供油

图6-32 差动连接快速运动回路

1—液压泵;2—溢流阀;3—三位四通电磁换向阀;4—液压缸;5—二位二通机动阀;6—调速阀;7—外控顺序阀

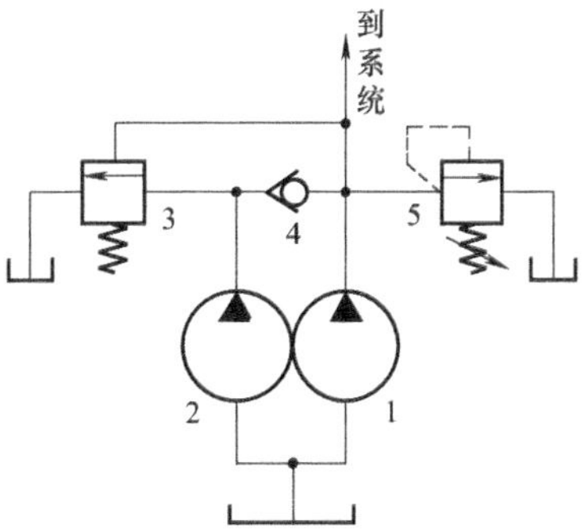

图6-33 双泵供油快速运动回路

1,2—液压泵;3—卸荷阀;
4—单向阀;5—溢流阀

图中1为高压小流量泵,用以实现工作进给运动。2为低压大流量泵,用以实现快速运动。在快速运动时,液压泵2输出的油经单向阀4和液压泵1输出的油共同向系统供油。在工作进给时,系统压力升高,打开液控顺序阀(卸荷阀)3使液压泵2卸荷,此时单向阀4关闭,由液压泵1单独向系统供油。溢流阀5控制液压泵1的供油压力是根据系统所需最大工作压力来调节的,而卸荷阀3使液压泵2在快速运动时供油,在工作进给时则卸荷,因此它的调整压力应比快速运动时系统所需的压力要高,但比溢流阀5的调整压力低。

双泵供油回路功率利用合理、效率高,并且速度换接较平稳,在快、慢速度相差较大的机床中应用很广泛,缺点是要用一个双联泵,油路系统也稍复杂。

(3) 充液增速回路

图 6-34 是增速缸快速运动回路。增速缸是一种复合缸,由活塞缸和柱塞缸复合而成。当手动换向阀的左位接入系统,压力油经柱塞孔进入增速缸的小腔 1,推动活塞快速向右移动,大腔 2 所需油液由充液阀 3 从油箱吸取,活塞缸右腔的油液经换向阀流回油箱。当执行元件接触工件负载增加时,系统压力升高,顺序阀 4 开启,充液阀 3 关闭,高压油进入增速缸大腔 2,活塞转换成慢速前进,推力增大。换向阀右位接入时,压力油进入活塞缸右腔,打开充液阀 3,大腔 2 的回油流回油箱。该回路增速比大、效率高,但液压缸结构复杂,常用于液压机中。

(4) 采用蓄能器的快速运动回路

采用蓄能器的快速回路,是在执行元件不动或需要较少的压力油时,将其余的压力油贮存在蓄能器中,需要快速运动时再释放出来。该回路的关键在于能量贮存和释放的控制方式。图 6-35 是蓄能器快速回路之一,用于液压缸间歇式工作。当液压缸不动时,换向阀 3 中位将液压泵与液压缸断开,液压泵的油经单向阀给蓄能器 4 充油。当蓄能器 4 压力达到卸荷阀 1 的调定压力,阀 1 开启,液压泵卸荷。当需要液压缸动作时,阀 3 换向,溢流阀 2 关闭后,蓄能器 4 和泵一起给液压缸供油,实现快速运动。该回路可减小液压装置功率,实现高速运动。

增速缸快速回路

蓄能器快速回路

 笔记

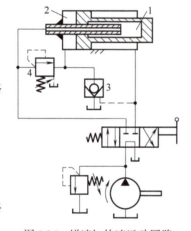

图 6-34 增速缸快速运动回路
1—增速缸小腔;2—增速缸大腔;3—充液阀;4—顺序阀

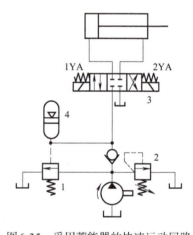

图 6-35 采用蓄能器的快速运动回路
1—卸荷阀;2—溢流阀;3—换向阀;4—蓄能器

6.4.2 速度换接回路

速度换接回路用来实现运动速度的变换,即在原来设计或调节好的几种运动速度中,从一种速度换成另一种速度。对这种回路的要求是速度换接要平稳,即不允许在速度变换的过程中有前冲(速度突然增加)现象。下面介绍几种回路的换接方法及特点。

(1) 用行程阀(电磁阀)的速度换接回路

图 6-36 是采用单向行程节流阀换接快速运动的速度换接回路。

在图示位置液压缸 3 右腔的回油可经行程阀 4 和换向阀 2 流回油箱,使活塞快速向右运动。当快速运动到达所需位置时,活塞上挡块压下行程阀 4,将其通路关闭,这时液压缸 3

右腔的回油就必须经过节流阀 6 流回油箱，活塞的运动转换为工作进给运动（简称工进）。当操纵换向阀 2 使活塞换向后，压力油可经换向阀 2 和单向阀 5 进入液压缸 3 右腔，使活塞快速向左退回。

在这种速度换接回路中，因为行程阀的通油路是由液压缸活塞的行程控制阀芯移动而逐渐关闭的，所以换接时的位置精度高，冲击小，运动速度的变换也比较平稳。这种回路在机床液压系统中应用较多，它的缺点是行程阀的安装位置受一定限制，所以有时管路连接稍复杂。行程阀也可以用电磁换向阀来代替，这时电磁阀的安装位置不受限制，但其换接精度及速度变换的平稳性较差。

(2) 调速阀（节流阀）串并联的速度换接回路

对于某些自动机床、注塑机等，需要在自动工作循环中变换两种以上的工作进给速度，这时需要采用两种或多种工作进给速度的换接回路。

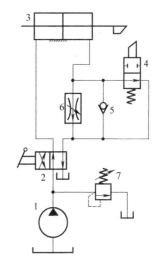

图 6-36　用行程节流阀的速度换接回路
1—液压泵；2—换向阀；3—液压缸；4—行程阀；5—单向阀；6—节流阀；7—溢流阀

图 6-37 是两个调速阀并联以实现两种工作进给速度换接的回路。在图 6-37(a) 中，液压泵输出的压力油经调速阀 3 和电磁阀 5 进入液压缸。当需要第二种工作进给速度时，电磁阀 5 通电，其右位接入回路，液压泵输出的压力油经调速阀 4 和电磁阀 5 进入液压缸。这种回路中两个调速阀的节流口可以独立调节，互不影响，即第一种工作进给速度和第二种工作进给速度互相没有什么限制。但一个调速阀工作时，另一个调速阀中没有油液通过，它的减压阀则处于完全打开的位置，在速度换接开始的瞬间不能起减压作用，容易出现部件突然前冲的现象。

行程阀控制的快慢速换接回路

图 6-37(b) 为另一种调速阀并联的速度换接回路。在这个回路中，两个调速阀始终处于工作状态，在由一种工作进给速度转换为另一种工作进给速度时，不会出现工作部件突然前冲现象，因而工作可靠。但是液压系统在工作中总有一定量的油液通过不起调速作用的那个调速阀流回油箱，造成能量损失，使系统发热。

图 6-38 是两个调速阀串联的速度换接回路。图中液压泵输出的压力油经调速阀 3 和电磁阀 5 进入液压缸，这时的流量由调速阀 3 控制。当需要第二种工作进给速度时，阀 5 通电，其右位接入回路，则液压泵输出的压力油先经调速阀 3，再经调速阀 4 进入液压缸，这时的流量应由调速阀 4 控制，所以这种回路中调速阀 4 的节流口应调得比调速阀 3 小，否则调速阀 4 速度换接将不起作用。这种回路在工作时调速阀 3 一直工作，它限制着进入液压缸或调速阀 4 的流量，因此在速度换接时不会使液压缸产生前冲现象，换接平稳性较好。在调速阀 4 工作时，油液需经两个调速阀，故能量损失较大。

(3) 液压马达串并联速度换接回路

液压马达串并联速度换接回路如图 6-39 所示。图 6-39(a) 为液压马达并联回路，液压马达 1、2 的主轴刚性连接在一起，手动换向阀 3 左位时，压力油只驱动马达 1，马达 2 空转；阀 3 在右位时马达 1、2 并联。若马达 1、2 的排量相等，并联时进入每个马达的流量减少一半，转速相应降低一半，而转矩增加一倍。图 6-39(b) 为液压马达串、并联回路。用二位四通阀使两马达串联或并联来使系统实现快慢速切换。二位四通阀的上位接入回路时，两马达并联，为低速，输出转矩大；当下位接入回路，两马达串联，为高速。

液压马达串并联速度换接回路主要用于由液压驱动的行走机械中，可根据路况需要提供两档速度：在平地行驶时为高速，上坡时输出转矩增加，转速降低。

调速阀并联的速度换接回路

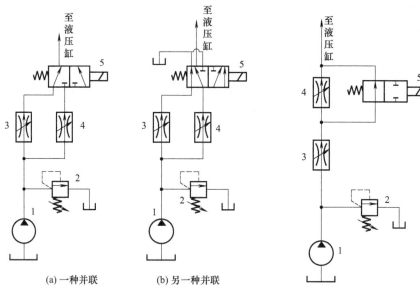

图 6-37 两个调速阀并联式速度换接回路
1—液压泵；2—溢流阀；3,4—调速阀；5—换向阀

图 6-38 两个调速阀串联的速度换接回路
1—液压泵；2—溢流阀；3,4—调速阀；5—换向阀

调速阀串联的速度换接回路

笔记

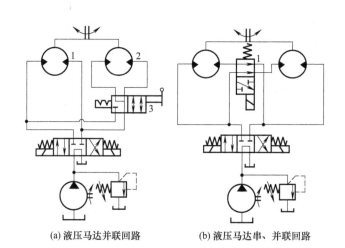

图 6-39 液压马达串并联速度换接回路
1,2—液压马达；3—手动换向阀

6.5 多缸动作回路

预习本节内容，并撰写讲稿（预习作业），收获成果10：能够说明实现顺序动作的方法及工作原理；成果11：能够说明液压缸同步工作的实现方法及工作原理；成果12：能够说明多缸互不干扰回路的工作原理。

6.5.1 顺序动作回路

在多缸液压系统中,往往需要按照一定的要求顺序动作。例如,自动车床中刀架的纵横向运动,夹紧机构的定位和夹紧等。

顺序动作回路按其控制方式不同,分为压力控制、行程控制和时间控制三类,其中前两类用得较多。

(1) 用压力控制的顺序动作回路

压力控制就是利用油路本身的压力变化来控制液压缸的先后动作顺序,它主要利用压力继电器和顺序阀来控制顺序动作。

① 用压力继电器控制的顺序回路。图6-40是压力继电器控制的顺序回路,用于机床的夹紧、进给系统,要求的动作顺序是:先将工件夹紧,然后动力滑台进行切削加工,动作循环开始时,二位四通电磁阀处于图示位置,液压泵输出的压力油进入夹紧缸的右腔,左腔回油,活塞向左移动,将工件夹紧。夹紧后,液压缸右腔的压力升高,当油压超过压力继电器的调定值时,压力继电器发出信号,指令电磁阀的电磁铁2DT、4DT通电,进给液压缸动作。油路中要求先夹紧后进给,工件没有夹紧则不能进给,这一严格的顺序是由压力继电器保证的。压力继电器的调整压力应比减压阀的调整压力低$3\times10^5 \sim 5\times10^5$Pa。

② 用顺序阀控制的顺序动作回路。图6-41是采用两个单向顺序阀的压力控制顺序动作回路。其中右边单向顺序阀控制两液压缸前进时的先后顺序,左边单向顺序阀控制两液压缸后退时的先后顺序。当电磁换向阀左位工作时,压力油进入液压缸1的左腔,右腔经阀3中的单向阀回油,此时由于压力较低,右边顺序阀关闭,缸1的活塞先动。当液压缸1的活塞运动至终点时,油压升高,达到右边单向顺序阀的调定压力时,顺序阀开启,压力油进入液压缸2的左腔,右腔直接回油,缸2的活塞向右移动。当液压缸2的活塞右移达到终点后,电磁换向阀断电复位。如果此时电磁换向阀右位工作,压力油进入液压缸2的右腔,左腔经右边单向顺序阀中的单向阀回油,使缸2的活塞向左返回,到达终点时,压力油升高打开左边单向顺序阀,使液压缸1的活塞返回。

顺序阀动作回路

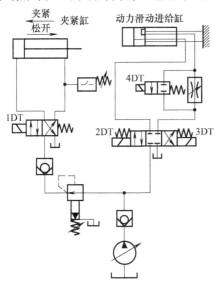

图6-40 压力继电器控制的顺序回路

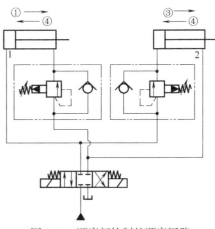

图6-41 顺序阀控制的顺序回路

这种顺序动作回路的可靠性，在很大程度上取决于顺序阀的性能及其压力调整值。顺序阀的调整压力应比先动作的液压缸的工作压力高 $8\times10^5\sim10\times10^5$ Pa，以免在系统压力波动时，发生误动作。

（2）用行程控制的顺序动作回路

行程控制顺序动作回路是利用工作部件到达一定位置时，发出信号来控制液压缸的先后动作顺序，它可以利用行程开关、行程阀或顺序缸来实现。

图 6-42 是利用电气行程开关发信来控制电磁阀先后换向的顺序动作回路。其动作顺序是：按起动按钮，电磁铁 1DT 通电，缸 1 活塞右行；当挡铁触动行程开关 2XK，使 2DT 通电，缸 2 活塞右行；缸 2 活塞右行至行程终点，触动 3XK，使 1DT 断电，缸 1 活塞左行；而后触动 1XK，使 2DT 断电，缸 2 活塞左行。至此完成了缸 1、缸 2 的全部顺序动作的自动循环。采用电气行程开关控制的顺序回路，调整行程大小和改变动作顺序都很方便，且可利用电气互锁使动作顺序可靠。

6.5.2 同步回路

使两个或两个以上的液压缸，在运动中保持相同位移或相同速度的回路称为同步回路。在一泵多缸的系统中，尽管液压缸的有效工作面积相等，但是由于运动中所受负载不均衡，摩擦阻力也不相等，泄漏量的不同以及制造上的误差等，不能使液压缸同步动作。同步回路的作用就是为了克服这些影响，补偿它们在流量上所造成的变化。

（1）串联液压缸的同步回路。图 6-43 是串联液压缸的同步回路。图中第一个液压缸回油腔排出的油液，被送入第二个液压缸的进油腔。如果串联油腔活塞的有效面积相等，便可实现同步运动。这种回路两缸能承受不同的负载，但泵的供油压力要大于两缸工作压力之和。

行程顺序动作回路

串联同步回路

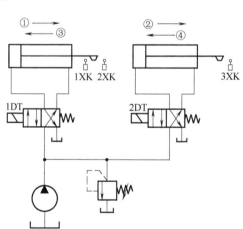

图 6-42 行程开关控制的顺序回路

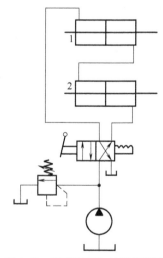

图 6-43 串联液压缸的同步回路

由于泄漏和制造误差，影响了串联液压缸的同步精度，当活塞往复多次后，会产生严重的失调现象，为此要采取补偿措施。图 6-44 是两个单作用缸串联，并带有补偿装置的同步回路。为了达到同步运动，缸 1 有杆腔 A 的有效面积应与缸 2 无杆腔 B 的有效面积相等。在活塞下行的过程中,如液压缸1的活塞先运动到底,触动行程开关1XK发信,使电磁铁1DT通电,此时压力油便经过二位三通电磁阀3、液控单向阀5向液压缸2的B腔补油,使缸2的活塞继续运动到底。如果液压缸2的活塞先运动到底,触动行程开关2XK,使电磁铁2DT通电,此时压力油便经二位三通电磁阀4进入液控单向阀的控制油口,液控单向阀5反向导通,使缸1能通过液控单向阀5和二位三通电磁阀3回油,使缸1的活塞继续运动到底,对失调现象进行补偿。

(2) 流量控制式同步回路

① 用调速阀控制的同步回路。图6-45是两个并联的液压缸,分别用调速阀控制的同步回路。两个调速阀分别调节两缸活塞的运动速度,当两缸有效面积相等时,则流量也调整得相同;若两缸面积不等时,则改变调速阀的流量也能达到同步的运动。

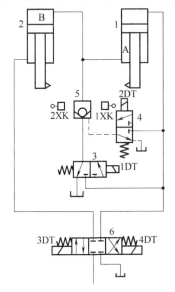

图6-44 采用补偿措施的串联液压缸同步回路
1,2—液压缸;3,4—二位三通电磁换向阀;
5—液控单向阀;6—三位四通电磁换向阀

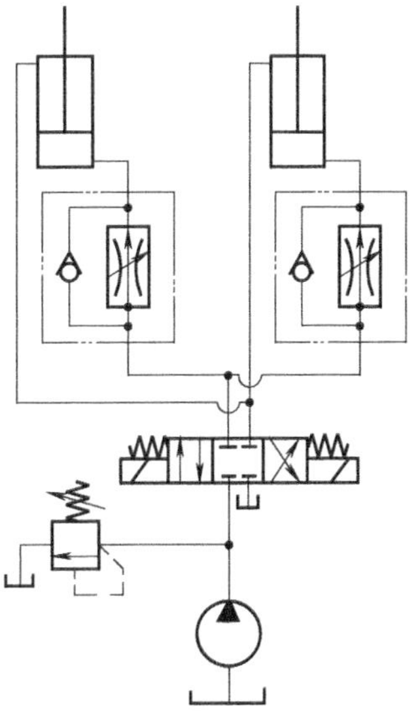

图6-45 调速阀控制的同步回路

用调速阀控制的同步回路,结构简单,并且可以调速,但是由于受到油温变化以及调速阀性能差异等影响,同步精度较低,一般为5%~7%。

② 用电液比例调速阀控制的同步回路。图6-46所示为用电液比例调速阀实现同步运动的回路。回路中使用了一个普通调速阀1和一个比例调速阀2,它们装在由多个单向阀组成的桥式回路中,并分别控制着液压缸3和4的运动。当两个活塞出现位置误差时,检测装置就会发出信号,调节比例调速阀的开度,使缸4的活塞跟上缸3的活塞运动而实现同步。

这种回路的同步精度较高,位置精度可达0.5mm,已能满足大多数工作部件所要求的同步精度。比例阀性能虽然比不上伺服阀,但费用低,系统对环境适应性强。因此,用它来实现同步控制被认为是一个新的发展方向。

6.5.3 多缸快慢速互不干涉回路

在一泵多缸的液压系统中,往往由于其中一个液压缸快速运动时,会造成系统的压力下降，影响其他液压缸工作进给的稳定性。因此，在工作进给要求比较稳定的多缸液压系统中，必须采用快慢速互不干涉回路。

在图6-47所示的回路中，各液压缸分别要完成快进、工作进给和快速退回的自动循环。回路采用双泵的供油系统，泵1为高压小流量泵，供给各缸工作进给所需的压力油；泵2为低压大流量泵，为各缸快进或快退时输送低压油，它们的压力分别由溢流阀3和4调定。

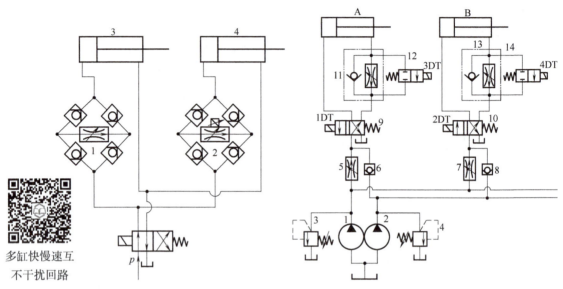

图6-46 电液比例调速阀控制式同步回路
1—普通调速阀；2—比例调速阀；3,4—液压缸

图6-47 防干扰回路
1—高压小流量泵；2—低压大流量泵；3,4—溢流阀；
5,7—调速阀；6,8—单向阀；9,10—三位四通电磁换向阀；
11,13—单向调速阀；12,14—二位三通电磁换向阀

当开始工作时，电磁阀1DT、2DT和3DT、4DT同时通电，液压泵2输出的压力油经单向阀6和8进入液压缸的左腔，此时两泵供油使各活塞快速前进。当电磁铁3DT、4DT断电后，由快进转换成工作进给，单向阀6和8关闭，工进所需压力油由液压泵1供给。如果其中某一液压缸（例如缸A）先转换成快速退回，即换向阀9失电换向，泵2输出的油液经单向阀6、换向阀9和阀11的单向阀进入液压缸A的右腔，左腔经换向阀回油，使活塞快速退回。其他液压缸仍由泵1供油，继续进行工作进给。这时，调速阀5（或7）使泵1仍然保持溢流阀3的调整压力，不受快退的影响，防止了相互干扰。在回路中调速阀5和7的调整流量应适当大于单向调速阀11和13的调整流量，这样，工作进给的速度由阀11和13来决定，这种回路可以用在具有多个工作部件各自分别运动的机床液压系统中。换向阀10用来控制B缸换向，换向阀12、14分别控制A、B缸快速进给。

练习题

6-1 进油路节流调速回路和回油路节流调速回路中泵的泄漏对执行元件的运动速度有无影响？为什么？液压缸的泄漏对速度有无影响？

6-2 容积调速回路有什么特点？

6-3 进油路节流调速回路和回油路节流调速回路中泵的泄漏对执行元件的运动速度有无影响？为什么？液压缸的泄漏对速度有无影响？

6-4 如图所示的回路中，液压泵的流量 q_p=10L/min，液压缸无杆腔面积 A_1=50cm²，液压缸有杆腔面积 A_2=25cm²，溢流阀的调定压力 p_y=2.4MPa，负载 F=10kN。节流阀口为薄壁孔，流量系数 C_d=0.62，油液密度 ρ=900kg/m³，试求：节流阀口通流面积 A_T=0.05cm²时的液压缸速度 v、液压泵压力 p_p、溢流功率损失 Δp_y 和回路效率 η。

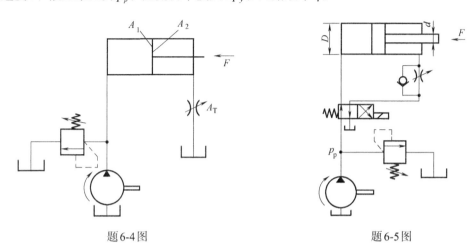

题 6-4 图   题 6-5 图

6-5 图示为采用中、低压系列调速阀的回油调速回路，溢流阀的调定压力 p_y=4MPa，缸径 D=100mm，活塞杆直径 d=50mm，负载力 F=31000N，工作时发现活塞运动速度不稳定，试分析原因，并提出改进措施。

6-6 在回油节流调速回路中，在液压缸的回油路上，用减压阀在前、节流阀在后相互串联的方法，能否起到调速阀稳定速度的作用？如果将它们装在缸的进油路或旁油路上，液压缸运动速度能否稳定？

6-7 由变量泵和定量马达组成的调速回路，变量泵的排量可在0~50cm³/r范围内改变，泵转速为1000r/min，马达排量为50cm³/r，安全阀调定压力为10MPa，泵和马达的机械效率都是0.85，在压力为10MPa时，泵和马达泄漏量均是1L/min，求：(1) 液压马达的最高和最低转速；(2) 液压马达的最大输出转矩；(3) 液压马达最高输出功率；(4) 计算系统在最高转速下的总效率。

6-8 在变量泵和变量马达组成的调速回路中，把马达的转速由低向高调节，画出低速段改变马达的排量，高速段改变泵的排量调速时的输出特性。

6-9 如图所示的液压回路，限压式变量叶片泵调定后的流量压力特性曲线如图示，调速阀调定流量为 2.5L/min，液压缸两腔的有效面积 A_1=2A_2=50cm²，不计管路损失，试求：

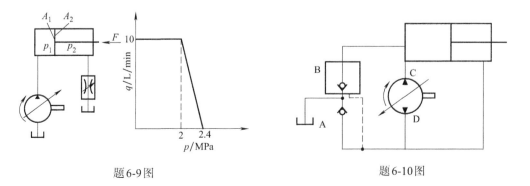

题 6-9 图   题 6-10 图

（1）缸大腔的压力 p_1；（2）当负载 $F=0$ 和 $F=9000\text{N}$ 时小缸压力 p_2；（3）设泵的总效率为 0.75，求液压系统的总效率。

6-10　试说明图所示容积调速回路中单向阀 A 和液控单向阀 B 的功用。在液压缸正反向运动时，为了向系统提供过载保护，安全阀应如何接？试作图表示。

6-11　如图所示的液压系统，两液压缸的有效面积 $A_1=A_2=100\text{cm}^2$，缸 I 负载 $F=35000\text{N}$，缸 II 运动时负载为零。不计摩擦阻力、惯性力和管路损失，溢流阀、顺序阀和减压阀的调定压力分别为 4MPa、3MPa 和 2MPa。求在下列三种情况下，A、B 和 C 处的压力。

（1）液压泵起动后，两换向阀处于中位；
（2）1Y 通电，液压缸 1 活塞移动时及活塞运动到终点时；
（3）1Y 断电，2Y 通电，液压缸 2 活塞运动时及活塞碰到固定挡块时。

6-12　图 6-53 为实现"快进—工进（1）—工进（2）—快退—停止"动作的回路，工进（1）速度比工进（2）快，试列出电磁铁动作的顺序表。

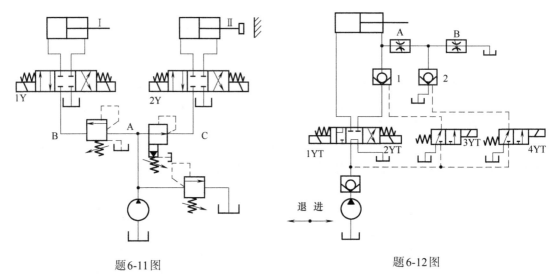

题 6-11 图　　　　　　　　　　题 6-12 图

6-13　如图所示液压系统可实现快进，I 工进，II 工进（$V_{T.1}>V_{T.2}$），快退，原位停止的工作循环，分析图示系统的工作原理，并回答下列问题：

（1）列出各运动时的进、回油路线。
（2）说明工进属何种调速回路。
（3）指出溢流阀 3 在工作循环中的四种动作中，哪两种动作有液压油溢回油箱。
（4）填写电磁铁动作顺序表。

6-14　如图所示液压系统可实现差动快进、工进、快退、原位停止的工作循环，分析图示系统的工作原理，并回答下列问题：

（1）列出各运动时的进、回油路线。
（2）说明工进属何种调速回路。
（3）指出溢流阀 2 在工作循环中的四种动作中，哪种动作有液压油溢回油箱。
（4）填写电磁铁动作顺序表。

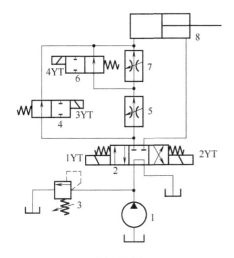
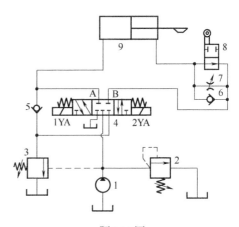

题 6-13 图

1—泵；2—三位四通电磁换向阀；3—溢流阀；
4,6—二位二通换向阀；5,7—调速阀；8—液压缸

题 6-14 图

1—泵；2,3—溢流阀；4—三位五通电磁换向阀；
5,6—单向阀；7—节流阀；8—机动换向阀；9—液压缸

运动	电磁铁	
	1YA	2YA
快进		
工进		
快退		
原位停止		

第 7 章 典型液压系统分析

【佳文赏阅】阅读下面文章，说明企业文化在企业中的角色。
许念琛. 定位——企业文化的最终议题[J]. 商业文化，2018（2）：62-69.

【成果要求】基于本章内容的学习，要求收获如下成果。
成果1：能够说明QY-8型汽车起重机液压系统工作原理；
成果2：能够说明ZL50型装载机液压系统的工作原理；
成果3：能够说明汽车转向系统构成及工作原理；
成果4：能够说明YT4543型动力滑台液压系统工作原理；
成果5：能够说明注塑机液压系统的工作原理；
成果6：能够说明C7620型车床液压系统工作原理；
成果7：能够说明液压油故障、液压冲击、气穴引起故障的原因及解决措施。

液压技术广泛地应用于国民经济各个部门和各个行业，不同行业的液压机械，它的工况特点、动作循环、工作要求、控制方式等方面差别很大。但一台机器设备的液压系统无论有多复杂，都是由若干个基本回路组成，基本回路的特性也就决定了整个系统的特性。本章通过介绍几种不同类型的液压系统，使大家能够掌握分析液压系统的一般步骤和方法。实际设备的液压系统往往比较复杂，要想真正读懂并非一件容易的事情，就必须要按照一定的方法和步骤，做到循序渐进，分块进行、逐步完成。读图的大致步骤一般如下：

① 首先要认真分析该设备的工作原理、性能特点，了解设备对液压系统的工作要求。
② 根据设备对液压系统执行元件动作循环的具体要求，从液压泵到执行元件（液压缸或马达）和从执行元件到液压泵双向同时进行，按油路的走向初步阅读液压系统原理图，寻找它们的连接关系，以执行元件为中心将系统分解成若干子系统，读图时要按照先读控制油路后读主油路的读图顺序进行。
③ 按照系统中组成的基本回路（如换向回路、调速回路、压力控制回路等）来分解系统的功能，并根据设备各执行元件间的互锁、同步、顺序动作和防干扰等要求，全面读懂液压系统原理图。
④ 分析液压系统性能优劣，总结归纳系统的特点，以加深对系统的了解。

7.1 汽车起重机液压系统

预习本节内容，并撰写讲稿（预习作业），收获成果1：能够说明QY-8型汽车起重机液压系统工作原理。

汽车起重机用来装卸物料和进行安装作业，在交通工程、建筑工程施工中广泛应用。汽车起重机要求液压系统实现车身液压支承、调平、稳定，吊臂变幅伸缩，升降重物及回转等作业。图7-1为QY-8型汽车起重机的液压系统原理图。

（1）液压系统主要元件介绍

动力元件1为D-40型轴向柱塞泵。执行元件是两对支腿液压缸8、9，一对稳定器液压缸5，吊臂液压缸14，一对变幅液压缸15，回转马达17，起升马达18，一对制动器液压缸19。控制调节元件有方向阀和压力阀。

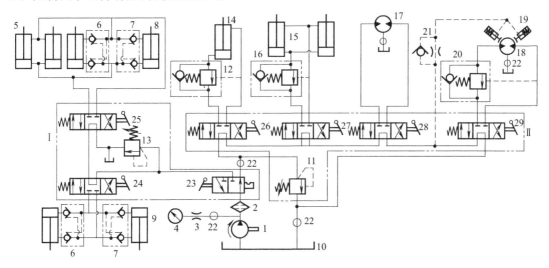

图7-1　QY-8型汽车起重机液压系统原理图

1—液压泵；2—滤油器；3—阻尼器；4—压力表；5—稳定器液压缸；6,7—液压锁；8,9—前后支腿液压缸；10—油箱；11,13—安全阀；12,16,20—平衡阀；14—吊臂液压缸；15—变幅液压缸；17—回转液压马达；18—起升液压马达；19—制动器液压缸；21—单向节流阀；22—中心回转接头；23~25—Ⅰ组多路阀；26~29—Ⅱ组多路阀

方向阀：包括Ⅰ组三联多路阀和Ⅱ组四联多路阀。Ⅰ组三联多路阀中的阀23控制油液分别供给Ⅰ、Ⅱ多路阀组，阀24、25控制支腿液压缸及稳定器液压缸；Ⅱ组四联多路阀控制吊臂变幅、伸缩液压缸和回转、起升马达；液压锁6、7用以锁紧前后支腿液压缸。

压力控制阀：安全阀13控制支承、稳定工作回路免于过载，其调定压力为16MPa；安全阀11控制吊臂伸缩、变幅、回转、起升工作回路免于过载，调定压力为25~26MPa。两安全阀分别装于两多路阀组中。平衡阀12、16、20分别控制吊臂伸缩、变幅、起升马达工作平稳及单向锁紧。

（2）液压系统工作原理分析

QY-8型汽车起重机液压系统的油路分为两部分。一部分为伸缩变幅机构、回转机构和起升机构的工作回路组成一个串联系统；另一部分前后支腿和稳定器机构的工作回路组成一个串并联系统。两部分油路不能同时工作。整个液压系统除液压泵1、滤油器2、前后支腿和稳定机构以及油箱外，其他工作机构都在平台上部，因而也可称呼为上车油路和下车油路。上部和下部的油路通过中心回转接头连接。

根据汽车起重机的作业要求，液压系统完成下述工作循环：车身液压支承、调平、稳定、吊臂变幅伸缩，吊钩重物升降，回转。

① 车身支承，调平和稳定。车身液压支承、调平和稳定由支腿和稳定器工作回路如

图 7-2 所示。

操纵Ⅰ组多路阀中的换向阀 23 处于左位，换向阀 24、25 处于左位。这时油液流动路线是：

进油路：泵 1—滤油器 2—换向阀 23 左位—换向阀 24 左位—液压锁 6、7—前支腿液压缸 9 的大腔；

前支腿液压缸 9 小腔—液压锁 6、7—换向阀 25 左位—稳定器液压缸 5 的大腔、液压锁 6、7—后支腿液压缸 8 大腔；

回油路：稳定器液压缸 5 小腔、后支腿液压缸 8 小腔—换向阀 25 左位—油箱。

此时，前、后支腿液压缸活塞杆伸出，支腿支承车身。同时稳定器液压缸活塞伸出，推动挡块将车体与后桥刚性连接起来稳定车身。

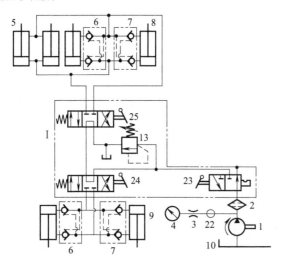

图 7-2　车身液压支承、调平和稳定由支腿和稳定器工作回路
1—液压泵；2—滤油器；3—阻尼器；4—压力表；5—稳定器液压缸；
6,7—液压锁；8,9—前后支腿液压缸；10—油箱；13—安全阀；
22—中心回转接头；23~25—Ⅰ组多路阀

场地不平整时分别单独操纵换向阀 24、25，使前后支腿分别单独动作，可将车身调平。

② 吊臂变幅、伸缩。吊臂变幅、伸缩的变幅和伸缩工作回路如图 7-3 所示。

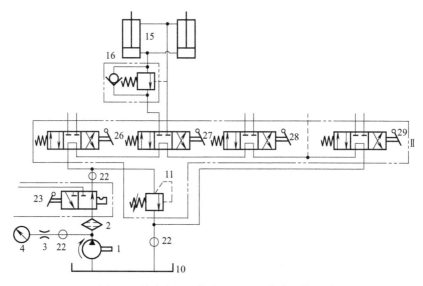

图 7-3　吊臂变幅、伸缩的变幅和伸缩工作回路
1—液压泵；2—滤油器；3—阻尼器；4—压力表；10—油箱；11—安全阀；15—变幅液压缸；
16—平衡阀；22—中心回转接头；23—Ⅰ组多路阀；26~29—Ⅱ组多路阀

操纵Ⅰ组多路阀中的换向阀 23 处于右位时，泵的油液供给吊臂变幅、伸缩、回转和起升机构。当这些机构均不工作即当Ⅱ组多路阀中所有换向阀都在中位时，泵输出的油液经Ⅱ组多路阀后又流回油箱，使液压泵卸荷。Ⅱ组多路阀中的四联换向阀组成串联油路，变幅、伸缩、回转和起升各工作机构可任意组合同时动作，从而可提高工作效率。

操纵换向阀27处于左位，这时油液流动路线是：

进油路：泵1—滤油器2—换向阀23右位—中心回转接头22—换向阀26中位—换向阀27左位—平衡阀16—变幅液压缸15大腔。

回油路：变幅液压缸15小腔—换向阀27左位—换向阀28、29中位—中心回转接头22—油箱。

此时，变幅液压缸活塞伸出，使吊臂的倾角增大。

当换向阀27处于右位时活塞缩回，吊臂的倾角减小。实际中按照作业要求使倾角增大或减小，实现吊臂变幅。

操纵换向阀26处于左位，液压泵1的来油进入吊臂伸缩液压缸14的大腔，使吊臂伸出；换向阀26处于右位，则使吊臂缩回。从而实现吊臂的伸缩。

吊臂变幅和伸缩机构都受到重力载荷的作用。为防止吊臂在重力载荷作用下自由下降，在吊臂变幅和伸缩回路中分别设置了平衡阀16、12，以保持吊臂倾角平稳减小和吊臂平稳缩回。同时平衡阀又能起到锁紧作用，单向锁紧液压缸，将吊臂可靠地支承住。

③ 吊钩重物的升降。吊重的升降由起升工作回路如图7-4所示。

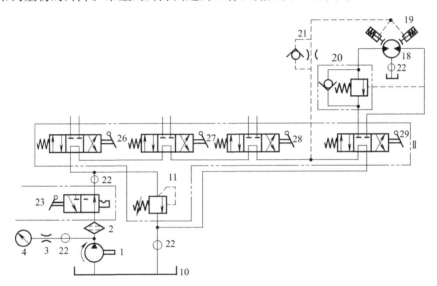

图7-4 吊钩重物的升降回路

1—液压泵；2—滤油器；3—阻尼器；4—压力表；10—油箱；11—安全阀；18—起升液压马达；19—制动器液压缸；20—平衡阀；21—单向节流阀；22—中心回转接头；23—Ⅰ组多路阀；26~29—Ⅱ组多路阀

在起升机构中设有常闭式制动器19，构成液压松开制动的常闭式制动回路。它通常被置于串联油路的最后端。这样当起升机构工作时，制动控制回路才能建立起压力使制动器打开；而当起升机构不工作时，即使其他机构工作，制动控制回路仍建立不起压力，仍保持制动。此外，在制动回路中还装有单向节流阀21，其作用是使制动迅速，松开制动缓慢。这样，当吊重停在半空中再次起升时，可避免液压马达因重力载荷的作用而产生瞬时反转现象。

当起升吊重时，操纵换向阀29处于左位。泵来油经单向节流阀21进入制动液压缸19，使制动器松开；同时，泵来油经换向阀29左位、平衡阀20进入起升马达18。而回油经换向阀29左位和中心回转接头22流回油箱。于是起升马达带动卷筒回转使吊重上升。

当下降吊重时，操纵换向阀29处于右位。泵1的来油使起升马达反向转动，回油经平衡阀20和换向阀29右位和中心回转接头22流回油箱。这时制动器液压缸19仍通入压力油，制动器松开，于是吊重下降。由于平衡阀20的作用，吊重下落时不会出现失速状况。

④ 吊重回转。吊重回转的工作回路如图7-5所示。

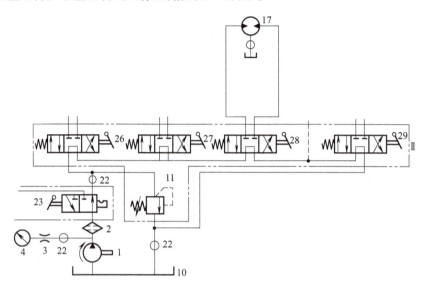

图7-5 吊重回转的工作回路

1—液压泵；2—滤油器；3—阻尼器；4—压力表；10—油箱；11—安全阀；17—回转液压马达；
22—中心回转接头；23—Ⅰ组多路阀；26~29—Ⅱ组多路阀

操纵多路阀组Ⅱ中的换向阀28处于左位或右位时，液压马达即可带动回转工作台做左右转动，实现吊重回转。此起重机回转速度很低，一般转动惯性力矩不大，所以在回转液压马达的进、回油路中没有设置过载阀和补油阀。

滤油器2安装在液压泵的排油路上，这种安装方式可以保护除泵以外的全部液压元件。为了防止因堵塞而使滤芯击穿，在滤油器进口处前装上压力表4。当液压泵处于卸荷状态下运转时，压力表的读数不超过1MPa。若大于此值必须清洗滤芯。

各工作机构的调速是通过调节加速踏板使之在一定范围内改变发动机转速即泵的转速，并配合手动换向阀节流来实现的。两种调速方法的恰当配合，既方便又可靠，可以在0.0033m/s的微速下工作。在一些需要复合动作较多，各执行元件动作独立性较强的重型（起重量在15~50t）、超重型（起重量在50t以上）的汽车式起重机上宜采用多泵多路系统。

7.2 装载机液压系统

预习本节内容，并撰写讲稿（预习作业），收获成果2：能够说明ZL50型装载机液压系统的工作原理。

装载机是一种广泛用于公路、铁路、建筑、水电、港口、矿山等建设工程的土方施工机械，它在轮式或履带式底盘上装有铲斗工作装置，主要用来铲装土壤、砂石、石灰、煤炭等散状物料，也可对矿石、硬土作轻度铲挖作业。换装不同的辅助工作装置还可进行推土、起重和其他物料的装卸作业。

根据装载机作业要求，液压系统应完成下述工作循环：铲斗翻转收起（铲装），动臂提升锁紧（转运），铲斗前倾（卸载），动臂下降。

目前工程建设中广泛使用的国产ZL系列装载机中，ZL50型轮胎式装载机转向液压系统如图7-6所示。

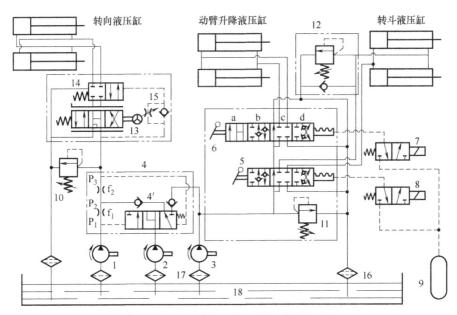

图7-6 ZL50型轮胎式装载机转向液压系统

1—转向油泵；2—辅助泵；3—主泵；4—流量转换阀；5—转斗换向阀；6—动臂换向阀；7,8—电磁阀；9—储气筒；10,11—安全阀；12—双作用安全阀；13—随动阀；14—锁紧阀；15—单向节流阀；16—精滤器；17—滤油器；18—油箱

（1）液压系统的主要元件介绍

在该液压系统中，动力元件2、3为两个并联的CB-G型齿轮泵，1为CB-46型齿轮泵。齿轮泵3是工作主泵，2是辅助泵，1是转向泵。

执行元件是一对动臂液压缸、一对转斗液压缸、一对转向液压缸。

控制调节元件有换向阀和压力控制阀。

换向阀：四位六通换向阀6、三位六通换向阀5。阀6控制动臂动作，阀5控制斗杆动作。流量转换阀4的作用是从辅助泵补充转向泵所减少的流量供给转向油路，以保证转向油路的流量稳定。随动阀13用来控制转向液压缸动作。

压力控制阀：安全阀11控制工作装置系统的工作压力，防止过载。其调定压力为15MPa。双作用安全阀12防止转斗液压缸过载或产生真空，起到缓冲补油作用。调定过载压力为8MPa。安全阀10控制转向系统工作压力，调定压力为10MPa。

（2）液压系统工作原理分析

ZL50型装载机液压系统包括工作装置系统和转向系统。工作装置系统又包括动臂升降液压缸工作回路和转斗液压缸工作回路，两者构成串并联回路（互锁回路）。转斗液压缸换向阀5一离开中位即切断去动臂液压缸换向阀6的油路。欲使动臂液压缸6动作必须使转斗液压缸换向阀5回复中位。因此动臂与铲斗不能进行复合动作，所以各液压缸推力较大。这是装载机广泛采用的液压系统形式。

根据装载机作业要求，液压系统应完成下述工作循环：铲斗翻转收起（铲装），动臂提升锁紧（转运），铲斗前倾（卸载），动臂下降。

① 铲斗的收起与前倾。铲斗的收起与前倾由转斗液压缸工作回路实现。操纵换向阀5处于右位，油液流动路线如下：

进油路：泵2、3—换向阀5右位—转斗液压缸大腔。

回油路：转斗液压缸小腔—换向阀5右位—精滤器16—油箱17。

此时，转斗液压缸活塞杆伸出，通过摇臂斗杆带动铲斗翻转收起铲装。

操纵换向阀5处于左位，泵2、3来油经换向阀5左位进入转斗液压缸小腔，活塞杆缩回，通过摇臂斗杆推动铲斗前倾卸载。

操纵换向阀5处于中位，转斗液压缸进、出油口被封闭，依靠换向阀的锁紧作用铲斗停留固定在某一位置。

在转斗液压缸的小腔油路中还设有双作用安全阀12。在动臂升降过程中，转斗的连杆机构由于动作不相协调而受到某种程度的干涉，即在提升动臂时转斗液压缸的活塞杆有被拉出的趋势，而在动臂下降时活塞杆又被强制顶回。这时换向阀5处于中位，油路不通。为了防止液压缸过载或产生真空，双作用安全阀12可起到缓冲补油作用。当小腔受到干涉压力超过调定压力8MPa时，便可从过载阀释放部分压力油回油箱，使液压缸得到缓冲。当产生真空时，可由单向阀从油箱吸油补空。应当指出，铲斗液压缸的大腔也应该设置双作用安全阀，使液压缸大小腔的缓冲和补油彼此协调得更为合理。如在活塞被向外拉出小腔受压释放部分压力油时，活塞向前移动，大腔就要产生真空。若在大腔油路上也设有双作用安全阀就可以及时补油。

② 动臂升降。动臂的升降由动臂液压缸工作回路实现。操纵换向阀6处于d位时油液流动路线是：

进油路：泵2、3—换向阀5中位—换向阀6d位—动臂液压缸大腔。

回油路：动臂液压缸小腔—换向阀6d位—精滤器16—油箱17。

此时动臂液压缸的活塞伸出，推动动臂上升。

动臂提升到转运位置时操纵换向阀6处于c位，动臂液压缸的进、出油口被封闭，依靠换向阀的锁紧作用使动臂固定以便转运。

铲斗前倾卸载后，操纵换向阀6处于b位。这时油液的流动路线是：

进油路：泵2、3—换向阀5中位—换向阀6b位—动臂液压缸小腔；

回油路：动臂液压缸大腔—换向阀6b位—精滤器16—油箱17。

此时动臂液压缸的活塞杆缩回，带动动臂下降。

操纵换向阀6处于a位，动臂液压缸处于浮动状态，以便在坚硬地面上铲取物料或进行铲推作业。此时动臂能随地面状态自由浮动，提高作业效能。此外，还能实现空斗迅速下降，并且在发动机熄火的情况下亦能降下铲斗。

装载机动臂要求具有较快的升降速度和良好的低速微调性能。液压缸的进油由主泵3和辅助泵2并联供油，流量总和最大可达320L/min。动臂处于升和降状态时可控制换向阀6阀口开度的大小进行节流调速，并通过加速踏板的配合，达到低速微调。

③ 自动限位装置。为了提高生产率和避免液压缸活塞杆伸缩到极限位置造成安全阀频

繁启闭，在工作装置和换向阀上装有自动回位装置，以实现工作中铲斗自动放平。在动臂后铰点和转斗液压缸处装有自动限位行程开关。当动臂举升到最高位置或铲斗随动臂下降到与停机面正好水平的位置时，行程开关碰到触点，电磁阀7或8通电动作。气压系统接通气路，贮气筒内的压缩空气进入换向阀6或5的端部松开弹跳定位钢球。阀杆便在弹簧作用下回至中位，液压缸停止动作。当行程开关脱开触点时电磁阀断电而回位关闭进气通道，阀体内的压缩空气从放气孔排出。

④ 转向液压系统。装载机铰接车架折腰转向由转向液压缸工作回路实现。装载机作业周期短，动作要灵活，这一特点就决定它转向频繁。同时，随着装载机日趋大型化，完全依靠人力转向是很困难的，甚至是无法实现的。为了减轻作业劳动强度，提高生产率，目前轮式装载机基本上都采用液压转向。

ZL50型轮胎式装载机转向液压系统按其所用的转向阀不同，分为滑阀式和转阀式两种形式，其中滑阀常流式转向液压系统使用较多。

该装载机采用拆腰式液压转向，车架的前后两部分铰接，转向油缸的活塞杆和缸筒分别与前、后车架铰接，操纵转向盘时液压系统使左、右转向油缸分别伸、缩运动，从而实现转向。

装载机要求具有稳定的转向速度，也就是要求进入转向液压缸的油液流量恒定。转向液压缸的油液主要来自转向泵1，在发动机额定转速（1600r/min）下流量为77L/min。当发动机受其他负荷的影响转速下降时，就会影响转向速度的稳定性。这时需要从辅助泵2通过流量转换阀4补入转向泵1所减少的流量，以保证转向油路的流量稳定。当流量转换阀4在相应位置时，也可将辅助泵剩余的压力油供给工作装置油路，以加快动臂液压缸和转斗液压缸的动作速度，缩短作业循环时间和提高生产率。

流量转换阀4的工作原理：转向泵输出的油液通过两个固定节流孔f_1、f_2，由于孔的节流作用两孔前后产生压差。总压差$\Delta p = p_1 - p_3$。

根据节流阀流量方程可知，若保持总压差ΔP为恒值，则通过节流孔的流量恒定（把两个节流孔的阻尼视作一个总阻尼）。流量转换阀4内的4'为液动分流阀，其左端控制油路接P_1，右端接P_3。设两端油压的作用面积均为S，阀芯即处在油压p_1与p_3的推力和弹簧力F相平衡的位置。当转向泵Q_1正常，ΔP达到规定值而$p_1 \geq p_3 + F/S$时，分流阀4'被控制油液推到左位。于是$Q_2 = 0$，辅助泵的排油全部输入工作装置油路。当发动机转速降低，使Q_1减少到$p_1 < p_3 + F/S$时，分流阀4'便逐渐被推向中位。于是辅助泵开始向转向油路输油。由于增加了流量Q_2，使p_2值上升，同时p_1值亦随之上升，直到$p_1 = p_3 + F/S$时分流阀4'便留在新的平衡位置。这样，便能使转向油路的流量Q_3保持稳定。

流量转换阀4的结构见图7-7。从转向泵排出的压力油通过P_1口、节流孔f_1、f_2及P_3口进入转向油路。P_4口接工作油路。辅助泵来的压力油经P_2口后根据需要分别经单向阀3和2流入转向油路和工作油路。在液动分流阀阀芯左端有小孔与P_1口相通，其右端有小孔与P_3口相通进入控制油液。

装载机转向机构要求转向灵敏，因此转向随动阀13采取负封闭的换向过渡形式。这样还能防止突然换向时系统压力瞬时升高。同时还设置了一个锁紧阀14（二位四通液动滑阀）来防止转向液压缸窜动。当随动阀13处于图示中位时，泵卸荷，油液直接回油箱。当操纵转向盘使随动阀13处于左位或右位时，进油路建立起压力立即打开锁紧阀14，使油液进入转向液压缸驱动活塞伸缩，使前后车架相对偏转，即折腰转向。与此同时，前车架上的反馈杆随着前后车架的相对偏转而通过齿轮齿条传动使随动阀的阀体同向移动,关闭阀口,停止动作。转向盘停在某一旋转角度时转向液压缸亦停在相应的位置上,装载机沿着相应的转向半径运动。只有继续转动转向盘,再次打开随动阀才能继续转向。因此前后车架相对转角始终追随转向盘的转角。

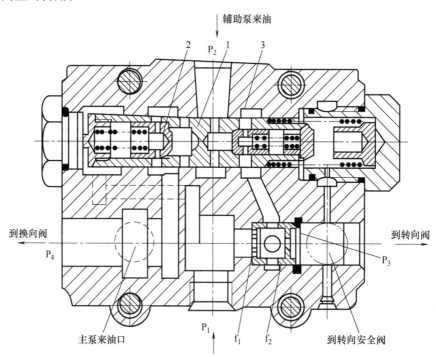

图 7-7 ZL50 型装载机用流量转换阀
1—阀芯;2,3—单向阀

锁紧阀 14 的作用是在装载机直线行驶时防止液压缸窜动和降低关闭油路的速度以减少液压冲击,避免管路系统损坏。它的另一个作用是当转向泵 1 和辅助泵 2 管路发生破损或泵 1、2 出现故障时,锁紧阀 14 在弹簧作用下自动回到关闭油路位置,使转向液压缸封闭,从而保证装载机不摆头。

锁紧阀右边控制油路上的单向节流阀的作用是使锁紧阀快开慢锁,以保证转向灵敏和平稳。

7.3 滑阀式液压伺服转向系统

预习本节内容,并撰写讲稿(预习作业),收获成果 3:能够说明汽车转向系统构成及工作原理。

(1)滑阀式液压伺服转向机构原理

图 7-8 为一种滑阀式液压伺服转向机构原理图。这类转向机构在汽车及刚性车架的轮式工程机构机械上广泛应用。它主要由伺服滑阀和助力液压缸两部分组成。液压缸活塞 1 的右端通过铰链固定在车辆机架上,液压缸缸体 2 和伺服滑阀的阀体连为一体,形成机械式反

馈，控制阀芯3的左右移动是由转向盘5通过转向器和摆杆4来控制的。当阀芯3处于图示位置时，压力油不能进入液压缸，其左右两油腔被封闭，因此缸体2固定不动，车辆保持直线运动，伺服滑阀阀芯3处于平衡位置。

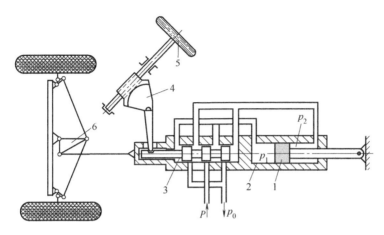

图7-8 滑阀式液压伺服转向机构原理图
1—活塞；2—缸体（阀体）；3—阀芯；4—摆杆；5—转向盘；6—转向板

转向时若逆时针转动转向盘，通过转向器及摆杆4带动阀芯向右移动时，液压缸右腔进入压力油，左腔回油，使液压缸缸体向右移动，通过连杆带动转向板6摆动，使车轮向左偏转，实现向左转向；与此同时，伺服阀阀体将与缸体同向移动，实现机械式反馈，使阀芯和阀体重新恢复到平衡位置。因此，不断地转动转向盘，车轮便能随之不断地偏转。而转动转向盘的力仅是移动阀芯所需的力，所以操纵很轻便。右转时的情况与左转类似。

（2）汽车液压动力转向系统工作过程

图7-9为汽车液压动力转向系统简图。

汽车液压动力转向系统工作过程：

直线行驶：方向盘7不动，阀5在中位，泵卸荷；液压缸6油路闭锁，处于平衡状态，不起助力作用。

左转向：方向盘7左转，阀5在左位，泵2工作，液压缸6活塞右移，车轮左转，实现助力转向。

右转向：方向盘7右转，阀5在右位，车轮右转。

放松方向盘：阀5恢复中间位置，泵卸荷，助力作用消失。

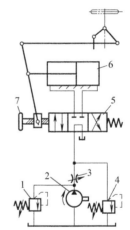

图7-9 汽车液压动力转向系统简图
1—溢流阀；2—液压泵；3—节流阀；4—安全阀；5—转向控制阀；6—液压缸；7—方向盘

7.4 组合机床动力滑台液压系统

预习本节内容，并撰写讲稿（预习作业），收获成果4：能够说明YT4543型动力滑台液压系统工作原理。

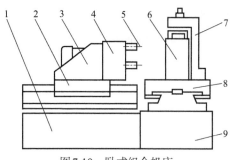

图 7-10 卧式组合机床
1—床身；2—动力滑台；3—动力头；4—主轴箱；5—刀具；
6—工件；7—夹具；8—工作台；9—底座

组合机床是一种由通用部件和部分专用部件组合而成的高效、工序集中的专用机床，具有加工能力强、自动化程度高、经济性好等优点。动力滑台是组合机床上实现进给运动的一种通用部件，配上动力头和主轴箱可以完成钻、扩、铰、镗、铣、攻螺纹等工序，能加工孔和端面。广泛应用于大批量生产的流水线。卧式组合机床的结构原理图如图7-10所示。

(1) YT4543型动力滑台液压系统工作原理

图7-11所示是YT4543型动力滑台的液压系统图，该滑台由液压缸驱动，系统用限压式变量叶片泵供油，三位五通电液换向阀换向，用液压缸差动连接实现快进，用调速阀调节实现工进，由二个调速阀串联、电磁铁控制实现一工进和二工进转换，用死挡铁保证进给的位置精度。可见，系统能够实现快进→一工进→二工进→死挡铁停留→快退→原位停止。表7-1为该滑台的动作循环表（表中"+"表示电磁铁得电）。

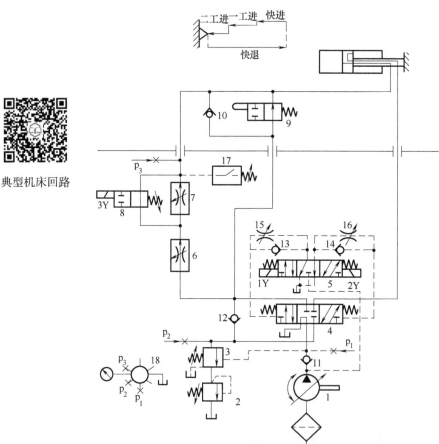

图7-11 YT4543型动力滑台液压系统图
1—限压式变量叶片泵；2—背压阀；3—外控顺序阀；4—液动阀（主阀）；5—电磁先导阀；6,7—调速阀；8—电磁阀；
9—行程阀；10~14—单向阀；15,16—节流阀；17—压力继电器；18—压力表开关；p_1,p_2,p_3—压力表接点

表 7-1　YT4543型动力滑台液压系统动作循环表

动作名称	信号来源	电磁铁工作状态			液压元件工作状态				
		1Y	2Y	3Y	顺序阀3	先导阀5	主阀4	电磁阀8	行程阀9
快进	人工启动按钮	+	−	−	关闭	左位	左位	右位	右位
一工进	挡块压下行程阀9	+	−	−	打开	左位	左位	右位	左位
二工进	挡块压下行程开关	+	−	+	打开	左位	左位	左位	左位
停留	滑台靠压在死挡块处	+	−	+	打开	左位	左位	左位	左位
快退	压力继电器17发出信号	−	+	−	关闭	右位	右位	左位	右位
停止	挡块压下终点开关	−	−	−	关闭	中位	中位	右位	右位

具体工作情况如下。

① 快进。人工按下自动循环启动按钮，使电磁铁1Y得电，电液换向阀中的先导阀5左位接入系统，在控制油路驱动下，液动换向阀4左位接入系统，系统开始实现快进。由于快进时滑台上无工作负载，液压系统只需克服滑台上负载的惯性力和导轨的摩擦力，泵的出口压力很低，使限压式变量叶片泵1处于最大偏心距状态，输出最大流量，外控式顺序阀3处于关闭状态，通过单向阀12的单向导通和行程阀9右位接入系统，使液压缸处于差动连接状态，实现快进。

这时油路的流动情况为：

控制油路　进油路：泵1→先导阀5（左位）→单向阀13→主阀4（左边）；
　　　　　回油路：主阀4（右边）→节流阀16→先导阀5（左位）→油箱。
主油路　　进油路：泵1→单向阀11→主阀4（左位）→行程阀9常位→液压缸左腔；
　　　　　回油路：液压缸右腔→主阀4（左位）→单向阀12→行程阀9常位→液压缸左腔。

② 一工进。当滑台快进到预定位置时，滑台上的行程挡块压下行程阀9，使行程阀左位接入系统，单向阀12与行程阀9之间的油路被切断，单向阀10反向截止，3Y又处于失电状态，压力油只能经过调速阀6、电磁阀8的右位后进入液压缸左腔，由于调速阀6接入系统，造成系统压力升高，系统进入容积节流调速工作方式，使系统第一次工进开始。这时，其余液压元件所处状态不变，但顺序阀3被打开，由于压力的反馈作用，使限压式变量叶片泵1输出流量与调速阀6的流量自动匹配。这时油路的流动情况为：

进油路：泵1→单向阀11→换向阀4（左位）→调速阀6→电磁阀8（右位）→液压缸左腔；
回油路：液压缸右腔→换向阀4（左位）→顺序阀3→背压阀2→油箱。

③ 二工进。当滑台第一次工作进给结束时，装在滑台上的另一个行程挡块压下一行程开关，使电磁铁3Y得电，电磁换向阀8左位接入系统，压力油经调速阀6、调速阀7后进入液压缸左腔，此时，系统仍然处于容积节流调速状态，第二次工进开始。由于调速阀7的开口比调速阀6小，使系统工作压力进一步升高，限压式变量叶片泵1的输出流量进一步减少，滑台的进给速度降低。这时油路的流动情况为：

进油路：泵1→单向阀11→换向阀4（左位）→调速阀6→调速阀7→液压缸左腔；
回油路：液压缸右腔→换向阀4（左位）→顺序阀3→背压阀2→油箱。

④ 进给终点停留。当滑台以二工进速度运动到终点时，碰上事先调整好的死挡块，使滑台不能继续前进，被迫停留。此时，油路状态保持不变，泵1仍在继续运转，使系统压力

将不断升高,泵的输出流量不断减少直到流量全部用来补偿泵的泄漏,系统没有流量。由于流过调速阀6和7的流量为零,阀前后的压力差为零,从泵1出口到液压缸之间的压力油路段变为静压状态,使整个压力油路上的油压力相等,即液压缸左腔的压力升高到泵出口的压力。由于液压缸左腔压力的升高,引起压力继电器17动作并发出信号给时间继电器,经过时间继电器的延时处理,使滑台在死挡铁停留一定时间后开始下一个动作。

⑤ 快退。当滑台停留一定时间后,时间继电器发出快退信号,使电磁铁1Y失电、2Y得电,先导阀5右位接入系统,控制油路换向,使液动阀4右位接入系统,因而主油路换向。由于此时滑台没有外负载,系统压力下降,限压式变量液压泵1的流量又自动增至最大,有杆腔进油、无杆腔回油,使滑台实现快速退回。这时油路的流动情况为:

控制油路进油路:泵1→先导阀5(右位)→单向阀14→主阀4(右边);

回油路:主阀4(左边)→节流阀15→先导阀5(右位)→油箱。

主油路　进油路:泵1→单向阀11→换向阀4(右位)→液压缸右腔;

回油路:液压缸左腔→单向阀10→换向阀4(右位)→油箱。

⑥ 原位停止。当滑台快退到原位时,另一个行程挡块压下原位行程开关,使电磁铁1Y、2Y和3Y都失电,先导阀5在对中弹簧作用下处于中位,液动阀4左右两边的控制油路都通油箱,因而液动阀4也在其对中弹簧作用下回到中位,液压缸两腔封闭,滑台停止运动,泵1卸荷。此时,这时油路的流动情况为:

卸荷油路:泵1→单向阀11→换向阀4(中位)→油箱。

(2) YT4543型动力滑台液压系统特点

由以上分析看出,该液压系统主要由以下一些基本回路组成:由限压式变量液压泵、调速阀和背压阀组成的容积节流调速回路;液压缸差动连接的快速运动回路;电液换向阀的换向回路;由行程阀、电磁阀、顺序阀、两个调速阀等组成的快慢速换接回路;采用电液换向阀M型中位机能和单向阀的卸荷回路等。该液压系统的主要性能特点是:

① 采用了限压式变量液压泵和调速阀组成的容积节流调速回路,它能保证液压缸稳定的低速运动、较好的速度刚性和较大的调速范围。回油路上的背压阀除了防止空气渗入系统外,还可使滑台承受一定的负值负载。

② 系统采用了限压式变量液压泵和液压缸差动连接实现快进,得到较大的快进速度,能量利用也比较合理。滑台工作间歇停止时,系统采用单向阀和M型中位机能换向阀串联使液压泵卸荷,既减少了能量损耗,又使控制油路保持一定的压力,保证下一工作循环的顺利启动。

③ 系统采用行程阀和外控顺序阀实现快进与工进的转换,不仅简化了油路,而且使动作可靠,换接位置精度较高。两次工进速度的换接采用布局简单、灵活的电磁阀,保证了换接精度,避免换接时滑台前冲,采用死挡块作限位装置,定位准确、可靠,重复精度高。

④ 系统采用换向时间可调的三位五通电液换向阀来切换主油路,使滑台的换向平稳,冲击和噪声小。同时,电液换向阀的五通结构使滑台进和退时分别从两条油路回油,这样滑台快退时系统没有背压,减少了压力损失。

⑤ 系统回路中的三个单向阀10、11和12的用途完全不同。阀11使系统在卸荷情况下能够得到一定的控制压力,实现系统在卸荷状态下平稳换向。阀12实现快进时差动连接,工进时压力油与回油隔离。阀10实现快进与两次工进时的反向截止与快退时的正向导通,使滑台快退时的回油通过管路和换向阀4直接回油箱,以尽量减少系统快退时的能量损失。

7.5 注塑机液压系统

预习本节内容，并撰写讲稿（预习作业），收获成果5：能够说明注塑机液压系统的工作原理。

注塑机是塑料注射成型机的简称，也叫注射机，是热塑性塑料制品的成型加工设备。它将颗粒塑料加热熔化后，高压快速注入模腔，经一定时间的保压、冷却后成型就能制成相应的塑料制品。由于注塑机具有复杂制品一次成型的能力，因此在塑料机械中，它的应用非常最广。

注射机是一种通用设备，通过它与不同专用注射模具配套使用，能够生产出多种类型的塑料制品。注射机主要由机架，动静模板，合模保压部件，预塑、注射部件，液压系统，电气控制系统等部件组成。注射机的动模板和静模板用来成对安装不同类型的专用注射模具。合模保压部件有两种结构形式，一种是用液压缸直接推动动模板工作，另一种是用液压缸推动机械机构，通过机械机构再驱动动模板工作（机液联合式）。注射机的结构原理如图7-12所示。注塑机整个工作过程中运动复杂、动作多变、系统压力变化大。

注射机的工作循环过程一般如下：合模—注射座前进—注射—保压—冷却及预塑—注射座后退—顶出制品—顶出缸后退—合模。

以上动作分别由合模缸、注射座移动缸、预塑液压马达、注射缸、顶出缸完成。

注塑机液压系统要求有足够的合模力，可调节的合模开模速度，可调节的注射压力和注射速度，保压及可调的保压压力，系统还应设置安全联锁装置。

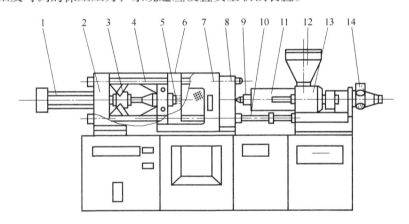

图 7-12 注射机结构原理图

1—合模液压缸；2—后固定模板；3—曲轴连杆机构；4—拉杆；5—顶出缸；6—动模板；7—安全门；8—前固定模板；9—注射螺杆；10—注射座移动缸；11—机筒；12—料斗；13—注射缸；14—液压马达

（1）系统工作原理

图7-13所示为250g注射机液压系统原理图。该机每次最大注射量为250g，属于中小型注射机。该注射机各执行元件的动作循环主要依靠行程开关切换电磁换向阀来实现。

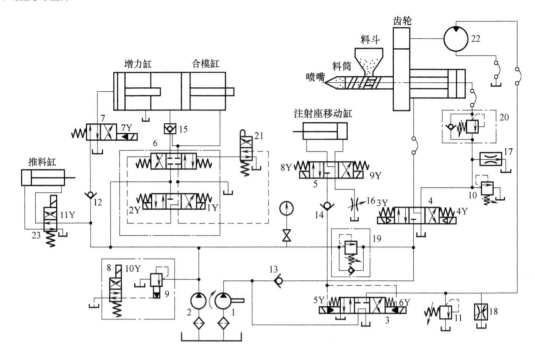

图7-13 250g注射机液压系统原理图

1—大流量液压泵；2—小流量液压泵；3,4,6,7—电液换向阀；5,8,23—电磁换向阀；9~11—溢流阀；12~14—单向阀；15—液控单向阀；16—节流阀；17,18—调速阀；19,20—单向顺序阀；21—行程阀；22—液压马达

为保证安全生产，注射机设置了安全门，并在安全门下装设一个行程阀21加以控制，只有在安全门关闭、行程阀21上位接入系统的情况下，系统才能进行合模运动。系统工作过程如下。

① 合模。合模是动模板向定模板靠拢并最终合拢的过程。动模板由合模液压缸或机液组合机构驱动，合模速度一般按慢—快—慢的顺序进行。具体如下。

a. 动模板慢速合模运动。当按下合模按钮，电磁铁1Y、10Y得电，电液换向阀6右位接入系统，电磁阀8上位接入系统。低压大流量液压泵1通过电液换向阀3的M型中位机能卸荷，高压小流量液压泵2输出的压力油经阀6、阀15进入合模缸左腔，右腔油液经阀6回油箱，合模缸推动动模板开始慢速向右运动。这时油路的流动情况为：

进油路：液压泵2→电液换向阀6（右位）→单向阀15→合模缸（左腔）；

回油路：合模缸（右腔）→电液换向阀6（右位）→油箱。

b. 动模板快速合模运动。当慢速合模转为快速合模时，动模板上的行程挡块压下行程开关，使电磁铁5Y得电，阀3左位接入系统，大流量泵1不再卸荷，其压力油经单向阀13、单向顺序阀19与液压泵2的压力油汇合，双泵共同向合模缸供油，实现动模板快速合模运动。这时油路的流动情况为：

进油路：[（液压泵1→单向阀13→单向顺序阀19）+（液压泵2）]→电液换向阀6（右位）→单向阀15→合模缸左腔；

回油路：合模缸右腔→电液换向阀6（右位）→油箱。

c. 合模前动模板的慢速运动。当动模快速靠近静模板时，另一行程挡块将压下其对应的行程开关，使5Y失电、阀3回到中位，泵1卸荷，油路又恢复到以前状况，使快速合模运动又转为慢速合模运动，直至将模具完全合拢。

② 增压锁模。当动模板合拢到位后又压下一行程开关，使电磁铁7Y得电、5Y失电，泵1卸荷、泵2工作，电液换向阀7右位接入系统，增力缸开始工作，将其活塞输出的推力传给合模缸的活塞以增加其输出推力。此时，溢流阀9开始溢流，调定泵2输出的最高压力，该压力也是最大合模力下对应的系统最高工作压力。因此，系统的锁模力由溢流阀9调定，动模板的锁紧由单向阀12保证。这时油路的流动情况为：

进油路：液压泵2→单向阀12→电磁换向阀7（右位）→增压缸（左腔）；
　　　　液压泵2→电液换向阀6（右位）→单向阀15→合模缸（左腔）。
回油路：增压缸右腔→油箱；
　　　　合模缸右腔→电液换向阀6（右位）→油箱。

③ 注射座整体快进。注射座的整体运动由注射座移动液压缸驱动。当电磁铁9Y得电时，电磁阀5右位接入系统，液压泵2的压力油经阀14、阀5进入注射座移动缸右腔，左腔油液经节流阀16回油箱。此时注射座整体向左移动，使注射嘴与模具浇口接触。注射座的保压顶紧由单向阀14实现。这时油路的流动情况为：

进油路：液压泵2→单向阀14→注射座移动缸（右腔）；
回油路：注射座移动缸（左腔）→电磁换向阀5（右位）→节流阀16→油箱。

④ 注射。当注射座到达预定位置后，压下行程开关，使电磁铁4Y、5Y得电，电磁换向阀4右位接入系统，阀3左位接入系统。泵1的压力油经13，与经阀19而来的液压泵2的压力油汇合，一起经阀4、阀20进入注射缸右腔，左腔油液经阀4回油箱。注射缸活塞带动注射螺杆将料筒前端已经预塑好的熔料经注射嘴快速注入模腔。注射缸的注射速度由旁路节流调速的调速阀17调节。单向顺序阀20在预塑时能够产生一定背压，确保螺杆有一定的推力。溢流阀10起调定螺杆注射压力作用。这时油路的流动情况为：

进油路：[（泵1→阀13）+（泵2→单向顺序阀19）]→电磁换向阀4（左位）→单向顺序阀20→注射缸（右腔）；
回油路：注射缸（左腔）→电磁阀4（左位）→油箱。

⑤ 注射保压。当注射缸对模腔内的熔料实行保压并补塑时，注射液压缸活塞工作位移量较小，只需少量油液即可。所以，电磁铁5Y失电，阀3处于中位，使大流量泵1卸荷，小流量泵2单独供油，以实现保压，多余的油液经溢流阀9回油箱。

⑥ 减压（放气）、再增压。先让电磁铁1Y、7Y失电，电磁铁2Y得电；后让1Y、7Y得电，2Y失电，使动模板略松一下后，再继续压紧，尽量排放模腔中的气体，以保证制品质量。

⑦ 预塑。保压完毕，从料斗加入的塑料原料被裹在机筒外壳上的电加热器加热，并随着螺杆的旋转将加热熔化好的熔塑带至料筒前端，并在螺杆头部逐渐建立起一定压力。当此压力足以克服注射液压缸活塞退回的背压阻力时，螺杆逐步开始后退，并不断将预塑好的塑料送至机筒前端。当螺杆后退到预定位置，即螺杆头部熔料达到所需注射量时，螺杆停止后退和转动，为下一次向模腔注射熔料做好准备。与此同时，已经注射到模腔内的制品冷却成型过程完成。

预塑螺杆的转动由液压马达22通过一对减速齿轮驱动实现。这时，电磁铁6Y得电，阀3右位接入系统，泵1的压力油经阀3进入液压马达，液压马达回油直通油箱。马达转速由旁路调速阀18调节，溢流阀11为安全阀。螺杆后退时，阀4处于中位，注射缸右腔油液经阀20和阀4回油箱,其背压力由阀20调节。同时活塞后退时,注射缸左腔会形成真空,此时依靠阀4的Y型中位机能进行补油。此时系统油液流动情况为:

  液压马达回路:进油路:泵1→阀3右位→液压马达22进油口;
        回油路:液压马达22回油口→阀3右位→油箱。
  液压缸背压回路:注射缸右腔→单向顺序阀20→调速阀17→油箱。

⑧ 注射座后退。当保压结束,电磁铁8Y得电,阀5左位接入系统,泵2的压力油经阀14、阀5进入注射座移动液压缸左腔,右腔油液经阀5、阀16回油箱,使注射座后退。泵1经阀3卸荷。此时系统油液流动情况为:

  进油路:泵2→阀14→阀5(左位)→注射座移动缸左腔;
  回油路:注射座移动缸右腔→阀5(左位)→节流阀16→油箱。

⑨ 开模。开模过程与合模过程相似,开模速度一般历经慢—快—慢的过程。

 a. 慢速开模。电磁铁2Y得电,阀6左位接入系统,液压泵的压力油经阀6进入合模液压缸右腔,左腔的油经液控单向阀15、阀6回油箱。泵1经阀3卸荷。

 b. 快速开模。此时电磁铁2Y和5Y都得电,液压泵1和2汇流向合模液压缸右腔供油,开模速度提高。

⑩ 顶出。模具开模完成后,压下一行程开关,使电磁铁11Y得电,从泵2来的压力油,经过单向阀12、电磁换向阀23上位,进入推料缸的左腔,右腔回油经阀23的上位回油箱。推料顶出缸通过顶杆将已经成型好的塑料制品从模腔中推出。

⑪ 推料缸退回。推料完成后,电磁阀11Y失电,从泵2来的压力油经阀23下位进入推料缸油腔,左腔回油经过阀23下位后回油箱。

⑫ 系统卸荷。上述循环动作完成后,系统所有电磁铁都失电。液压泵1经阀3卸荷,液压泵2经先导式溢流阀8卸荷。到此,注射机一次完整的工作循环完成。

(2) 系统性能分析

① 该系统在整个工作循环中,由于合模缸和注射缸等液压缸的流量变化较大,锁模和注射后系统有较长时间的保压,为合理利用能量,系统采用双泵供油方式;液压缸快速动作(低压大流量)时,采用双液压泵联合供油方式;液压缸慢速动作或保压时,采用高压小流量泵2供油,低压大流量泵1卸荷供油方式。

② 由于合模液压缸要求实现快、慢速开模、合模以及锁模动作,系统采用电液换向阀换向回路控制合模缸的运动方向,为保证足够的锁模力,系统设置了增力缸作用合模缸的方式,再通过机液复合机构完成合模和锁模,因此,合模缸结构较小、回路简单。

③ 由于注射液压缸运动速度较快,但运动平稳性要求不高,故系统采用调速阀旁路节流调速回路。由于预塑时要求注射缸有背压且背压力可调,所以在注射缸的无杆腔出口处串联一个背压阀。

④ 由于预塑工艺要求注射座移动缸在不工作时应处于背压且浮动状态,系统采用Y型中位机能的电磁换向阀,顺序阀20产生可调背压,回油节流调速回路等措施,调节注射座移动缸的运动速度,以提高运动的平稳性。

⑤ 预塑时螺杆转速较高,对速度平稳性要求较低,系统采用调速阀旁路节流调速回路。

⑥ 由于注射机的注射压力很大(最大注射压力达153MPa),为确保操作安全,该机设置了安全门,在安全门下端装一个行程阀,串接在电液阀6的控制油路上,控制合模缸的动作。只有当操作者离开模具,将安全门关闭时压下行程阀后,电液换向阀才有控制油进入,

合模缸才能实现合模运动,以确保操作者的人身安全。

⑦ 由于注射机的执行元件较多,其循环动作主要由行程开关控制,按预定顺序完成。这种控制方式机动灵活,且系统较简单。

⑧ 系统工作时,各种执行装置的协同运动较多、工作压力的要求较多、变化较大,分别通过电磁溢流阀9,溢流阀10、11,再加上单向顺序阀19、20的联合作用,实现系统中不同位置、不同运动状态的不同压力控制。

7.6 车床液压系统

预习本节内容,并撰写讲稿(预习作业),收获成果6:能够说明C7620型车床液压系统工作原理。

C7620型卡盘多刀半自动车床是应用于加工盘套类零件的高效率机床。主传动采用双速电动机,结构简单。卡盘的夹紧和松开、前后刀架的纵向与横向进给由液压系统驱动,前后刀架的进给分别用调速阀调节进给速度和进给量,分别实现快进→工进→快退循环。机床由电气及液压联合控制,并用插孔板调整程序,实现加工过程自动循环。该机床液压系统装置采用单独油箱和组合控制板(集成块),用双联叶片泵供油。

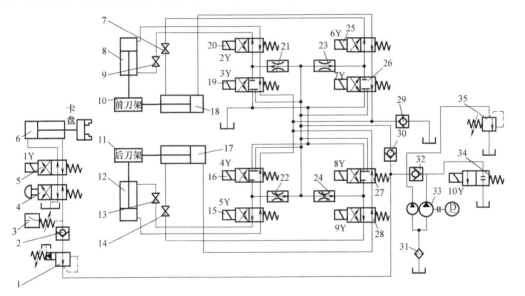

图7-14 C7620型卡盘多刀半自动车床液压系统原理

1—减压阀;2,29,30,32—单向阀;3—压力继电器;4—手动换向阀;5—电磁换向阀;6—卡盘油缸;7,9,13,14—截止阀;8,12,17,18—液压缸;10—前刀架;11—后刀架;15,20,25,28—二位四通电磁换向阀;16,19,26,27—二位五通电磁换向阀;21~24—调速阀;31—过滤器;33—双联叶片泵;34—二位二通电磁换向阀;35—溢流阀

(1) C7620型卡盘多刀半自动车床工作原理

如图7-14是该车床具体的液压系统原理图。系统工作的具体情况如下:

① 卡盘夹紧和松开。卡盘夹紧和松开是车床加工工件前和完成加工后必须做的工作,在加紧过程中,保证工件不松开是首要的问题,它由单向阀2来保证。这时油路的流动情

况为：

进油路：过滤器31→双联叶片泵33→减压阀1→单向阀2→手动换向阀4→电磁换向阀5→卡盘油缸6的右腔或左腔，实现卡盘的夹紧或松开。

回油路：卡盘油缸6的右腔或左腔→电磁换向阀5→手动换向阀4→油箱。

如手动换向阀4和电磁换向阀5都左位工作或手动换向阀4和电磁换向阀5都右位工作时，卡盘松开；手动换向阀4和电磁换向阀5一个左位一个右位工作时，卡盘夹紧。当工件被夹紧后，系统压力升高，升高到压力继电器3发信号，使主电路工作，启动机床开始工作，否则机床不能启动。

② 前、后刀架纵、横向进给。前、后刀架各带有纵向和横向进给油缸，它们的油路完全相同，各油缸采用进口节流调速，可使刀架实现工作行程和快速行程自动循环，主要用于切削外圆、内孔、端面、倒角和沟槽等。

a. 前刀架纵向快速进给

进油路：过滤器31→双联叶片泵33→单向阀30→二位五通电磁换向阀19（左位）→二位四通电磁换向阀20（左位或右位）→液压缸8（上腔或下腔），驱动前刀架实现纵向快速行程，此时双联泵全部向系统供油。

进油路：液压缸8（上腔或下腔）→二位四通电磁换向阀20（左位或右位）→阀19（左位）→油箱。

b. 前刀架纵向工作进给

前刀架纵向工作进给是当阀19处于左位情况下进行的，这时系统压力较高，使10Y通电，大泵通过二位二通电磁阀34卸荷，只有小泵供油，油路的流动情况为：

进油路：过滤器31→双联叶片泵33（小泵）→单向阀30→调速阀21→二位四通电磁换向阀20（左位或右位）→液压缸8（上腔或下腔），驱动前刀架实现工作行程。

进油路：液压缸8（上腔或下腔）→二位四通电磁换向阀20（左位或右位）→阀19（左位）→单向阀29→油箱。

c. 前刀架横向快速进给

进油路：过滤器31→双联叶片泵33→单向阀30→二位五通电磁换向阀26（左位）→二位四通电磁换向阀25（左位或右位）→液压缸18（左腔或右腔），驱动前刀架实现横向快速行程，此时双联泵全部向系统供油。

进油路：液压缸18（左腔或右腔）→二位四通电磁换向阀25（左位或右位）→阀26（左位）→油箱。

d. 前刀架横向工作进给

前刀架纵向工作进给是当阀26处于左位情况下进行的，这时系统压力较高，使10Y通电，大泵通过二位二通电磁阀34卸荷，只有小泵供油，油路的流动情况为：

进油路：过滤器31→双联叶片泵33（小泵）→单向阀30→调速阀23→二位四通电磁换向阀25（左位或右位）→液压缸18（左腔或右腔），驱动前刀架实现横向工作行程。

进油路：液压缸18（左腔或右腔）→二位四通电磁换向阀25（左位或右位）→阀26（左位）→单向阀29→油箱。

后刀架纵、横向情况分析方法完全相同，这里不再叙述。

（2）C7620型卡盘多刀半自动车床的主要性能特点

从图7-14可以看出，该液压系统由用调速阀的节流调速、减压、换向、双泵供油的快速运动、低压卸荷等液压基本回路组成，其性能特点有：

① 采用双联叶片泵向系统提供压力油，双联叶片泵分别为 6L/min 的油泵和 25L/min 的油泵。驱动刀架实现快速进给时双泵全部向系统供油；而工作进给时，仅有小流量油泵向系统供油，大流量泵则经二位二通电磁换向阀进行卸荷。系统能量利用比较合理。

② 卡盘夹紧时为了获得稳定的低压，采用了用减压阀的减压回路，并用单向阀 2 保证当电源断电或机床发生故障时，卡盘仍能夹紧工件，防止工件松开发生事故。

③ 系统工进时采用了调速阀的进口节流调速，用单向阀 29 作为工进回油背压力，使油缸工作平稳。

④ 系统在双泵供油出口处装了单向阀 30，保证系统不供油时，前后刀架进油管道中的油不产生回流，使斜置的后刀架拖板不会因为自重而下滑。关闭手动截止阀 14（或 9、7 和 13）可切断油路，从而调整刀架的行程挡铁及行程开关等，操作方便。

7.7 液压系统常见故障及其排除

预习本节内容，并撰写讲稿（预习作业），收获成果 7：能够说明液压油故障、液压冲击、气穴引起故障的原因及解决措施。

（1）液压油故障

液压油是液压传动系统中作能量传递的工作介质，同时也具有润滑零部件和冷却传动系统的作用。正确选择和合理使用液压油，可以减少液压元件的磨损，提高液压系统的可靠性，延长机械的使用寿命，还可避免液压油的污染变质，节省液压油费用。目前大多数户外使用工程机械液压系统的特征是低速、大扭矩、高压和大流量，系统工作温度一般比环境温度高 50~60℃。因此对液压油的性能要求是：适当的黏度和较高的黏度指数；良好的润滑性能和抗磨性；良好的抗氧化安定性。抗泡沫性好、压缩性小，良好的抗乳化性和防锈性能；不使密封材料膨胀、老化变硬的性能等。在液压油的选择上，首先要考虑的是黏度问题。黏度必须适当。黏度过小，泄漏量增大，容积效率下降；黏度过大，泵的吸油性能恶化，系统的压力损失增加，传动效率下降。一般可按设备或液压油泵所推荐的油液牌号来选用，如表 7-2 所示。

笔记

表 7-2 按照液压泵类型推荐用油黏度表   单位：mm²/s

泵 型		系统工作温度	
		5~40℃	40~80℃
叶片泵	<7MPa	19~29	25~44
	>7MPa	31~42	35~55
齿轮泵		19~42	58~98
径向柱塞泵		19~29	38~135
轴向柱塞泵		26~42	42~93

选择液压油的黏度还可根据液压系统的压力及工况来选择，如表 7-3 所示。一般压力过高时选用高黏度的液压油；压力低时选用低黏度的液压油；环境温度高，工作时间长时采用高黏度液压油，使用温度低时采用低黏度液压油。对于较旧的液压系统，由于液压元件的相

对运动部件之间的磨损，造成间隙增大以及橡胶等密封件的老化，使得系统内泄漏量增大，宜选用黏度较高的液压油。

表7-3 按照液压系统压力及工况推荐用油黏度表

液压油牌号	20-60#普通液压油	20-40#抗磨液压油	20-40#低凝液压油
适用压力范围	<8MPa	>16MPa	寒冷地区或工作条件恶劣

注：2.5MPa以下为低压系统，2.5~8MPa为中低压系统，8~16MPa为中高压系统，16~32MPa为高压系统，大于32MPa为超高压系统。先导阀控制油压一般为3~5MPa。

由于各种牌号的液压油中含有不同成分的各种添加剂，因此工程机械换油或补油时，要使用同一牌号的液压油，在更换液压油时要注意以下几点：①使用指定牌号的液压油；②应在清洁的环境下作业，避免垃圾、灰尘和砂粒的混入；③洗净油箱和滤油器；④更换其他牌号的液压油时要注意清除油箱、液压元件和管道中的存油，并进行清洗干净。更换之后最初500h内，应对油液取样进行化验分析。

[例7-1] 一台20t汽车起重机冷机起动后，主钩起升可起吊重物，重负荷工作1h后，主钩起升系统起升无力，基本无动作。在修理过程中，让吊机钩头悬挂重物起升，动作正常，但热机后，起升系统不起作用，经仔细调整系统溢流阀，仍不起作用，后经仔细检查，发现该机液压系统使用的是N32液压油，考虑可能是液压油黏度过小，换用N68液压油后，吊机运转正常，这是一起典型的液压油使用不当的案例，N32与N68黏度对比如表7-4所示。

表7-4 N32与N68黏度对比

运动黏度/(mm²/s)	N32	N68
0℃不大于	420	1400
40℃	28.8~35.2	61.2~74.8
100℃不小于	5.0	7.8

（2）液压冲击引起液压系统故障

液压冲击：在液压系统中，由于某种原因引起液体压力在某一瞬间急剧升高，形成很高的压力峰值。液压冲击产生原因主要有以下几种：①管路内阀口迅速关闭或换向时，产生液压冲击；②运动部件在高速运动中突然被制动停止产生压力冲击（惯性冲击）；③液压系统中某些液压元件动作失灵产生的液压冲击。

[例7-2] 混凝土泵车出现活塞在吸入混凝土至行程末端时，总要撞击一下清洗室的制动器，严重时泵送150m³混凝土就要更换活塞，否则将撞碎活塞减振垫，使活塞变形，甚至将液压缸密封压盘撞变形、油封被破坏而大量漏油，被迫停止工作。

故障分析：开式液压系统的最大问题就是换向阀换向瞬间的压力冲击，设计流量越大，液压系统的控制及执行元件的各部位指标越大，相应加工难度、允许误差就越大。在工作中由于各种不利条件如外温环境、空气污染等的影响，造成正常和非正常的磨损，使液压控制系统的液动换向阀、主换向阀及其他控制元件的密封性能不断减弱，导致系统的冲击力越来越大，尤其控制系统的油流压力要求越来越高。由于上述原因，造成液压系统中的各种液压阀都受到液动压力的影响，使这些控制元件的工作动态响应提前，控制油压的剧烈变化使紊流现象相应增大，各控制元件产生不良的联动反应，活塞撞击制动器只是其中一种现象。液动控制阀、主四通阀的切换过程都是高压油，冲击严重，必须设法改善其切换方式。

故障排除：根据以上分析，活塞撞击"制动器"是由于开式液压系统采用阀换向、大流量、高压力导致液动阀中的油流在高速切换时产生的压力冲击造成了各控制元件的联动性故障。开始只对某个元件修复或更换，如先导换向阀、逆转换向阀、辅助阀和主四通换向阀等，进行单一的修复或更换，然而均无明显改善。经过反复试验后，在先导换向阀与逆转阀组之间的阻尼孔前，再增设一个合适流量阻尼孔元件进行二次阻尼，活塞撞击制动器的现象消除，故障被彻底排除。

[例 7-3] 某型号的装载机变速器采用行星齿轮式动力换挡变速器，换挡操作系统为液压式，在使用中有时出现换挡冲击故障，换挡后装载机不能平缓起步，出现短暂的动力中断现象后猛然结合使整机出现液压冲击现象。

故障分析与排除：检查单向阀或节流阀有无堵塞，如有，用压缩空气或细铜丝疏通。根据实践经验，油路系统如果没有按规定时间清洗，油液杂质过多，容易导致节流孔的堵塞和阀芯卡死。这是导致换挡冲击的主要原因。

（3）空穴现象引起的液压系统故障

在常温和大气压下，液压油中一般溶解有5%~6%（体积）的空气。如果某点的压力低于当时温度下的油（空）气分离压时，溶解在油液中的空气将迅速、大量地分离出来，形成气泡；如果某点的压力低于当时温度下的油液的饱和蒸气压时，油液本身也将沸腾、汽化，产生大量气泡，从而使油液中产生气穴，使充满在管道或液压元件中的油液称为不连续状态，这种现象叫空穴现象。

空穴现象往往发生在液压泵的吸油管道中和过流断面非常狭窄的地方；如果吸油管的直径小，吸油面过低或吸油管中其他阻力较大以至吸油管中真空度过大，或者液压泵转速过高而在泵的吸油腔中油液不能充满全部空间，都可能产生空穴现象。当油液通过节流小孔、阀口缝隙等特别狭窄的地方时，由于流速很高致使油液的压力降得很低，这时也容易产生空穴现象。

气泡随着液流带入高压区时将急剧溃灭，空气又溶解于油中，使局部区段形成真空。这时周围液体质点以高速来填补这一空间，质点相互碰撞而产生局部高压，温度急剧升高，引起局部液压冲击，造成强烈的噪声和油管的振动。同时，接触空穴区的管壁和液压元件表面因反复受到液压冲击和高温的作用，以及气泡中氧气的氧化作用，零件表面将产生腐蚀。这种由空穴现象引起的腐蚀称为气蚀。

空穴分离出来的气泡有时并不溃灭，它们聚集在管道的最高处或流道狭窄处形成气塞，使油液不通畅甚至堵塞，使系统不能正常工作。

液压泵发生空穴现象时，除产生噪声、振动外，还会降低泵的吸油能力，增加泵的压力和流量的脉动，使泵的零件受到冲击载荷，降低工作寿命。

防止措施：

① 避免系统压力极端降低，管路密封良好，防止空气混入系统，切勿从吸油管道吸入空气；

② 正确设计液压泵的结构参数（适当限制转速和吸油高度），特别注意要让吸油管有足够的直径，对高压泵，采用低压泵补油（高压大流量泵吸油时容易产生真空）；

③ 在系统管道中尽量避免狭窄和急剧转弯处，减少吸油管路中的阻力；及时更换滤油网。

④ 改善零件的抗气蚀能力，采用抗腐蚀能力强的金属材料（或镀层）制造液压件，降低零件表面粗糙度，提高机械强度。

油泵吸油口压力过低（真空度过大）会降低泵的工作效率，并且容易产生气蚀现象，使油液的流动性变差，元件表面受到局部侵蚀疲劳甚至损坏，加大噪声和振动。因此，油泵的吸油口压力不能太低，一般柱塞泵的吸油口压力应不低于 0.085MPa。而吸油口压力过高（即油箱内压力过高），会使液压泵和马达壳体内的泄油压力增大，会严重影响液压泵和液压马达的正常工作，甚至会将轴封击穿而无法工作。柱塞泵（马达）的壳体泄油压力一般不超过 0.15MPa。所以，液压泵吸油口压力过高或过低都会影响液压系统的正常工作，甚至破坏液压元件。

[例 7-4] WY20 液压挖掘机斗杆油缸运动时，进出油缸两腔油液流量的差值（有杆腔与无杆腔活塞有效面积不同）较大，约为 170L/min，导致油箱内液压油增多或减少，油面下降或上升，引起油箱内气压变化，从而引起吸油口压力变化。只有进出油箱的气体流量达到某值时，才能保证油箱内压力不变。怎样改进油箱的进气系统？

措施：

① 增大气压管路通径，减少弯曲，增大供气量，更换通径较大的安全阀。但此法受气压管路的限制，费用较高。

② 取消气路加压系统。在油箱上安装一个预压式空气滤清器，它可以保证在油箱内压力小于 0.1MPa 时，就打开单向阀进气，而油箱内压力大于 0.12MPa 时，打开其内部的排气阀，气体排出。通气量可达 450L/min，远大于进出油缸两腔油液的流量差值。同时，缩短油泵吸油管，减少油管弯曲。这样就可以保证油泵的吸油口压力在 0.1~0.12MPa 的正常范围内。该方法简便易行，费用较低，并取消了油箱的加压系统，从而降低了成本。

说明： 预压式滤清器适用于工程机械、移动机械以及需要具有压力的液压系统油箱配套使用。由空气滤清器、进气单向阀、排气单向阀和加油过滤器四部分组成。该过滤器体积小，压降小，安装使用方便，外形设计美观，过滤性能稳定。其工作原理为：当液压系统工作时油箱内液面上升或下降，下降时预压式滤清器吸入空气，经过滤网自动进入进气单向阀，进入油箱，此时箱内压力小于预定压力，排气单向阀处于关闭状态，保持油箱内预定压力，提高油泵的自吸能力，维持油液平稳，避免出现真空现象。液面回升，油液温度上升，增加了油箱内压力，大于预定压力时排气单向阀自动开启向外排气，直到箱内压力等于预定压力，排气单向阀关闭。如此来回循环能保护液压系统正常工作，延长油液及元件使用寿命。

练习题

7-1 如图所示为专用铣床液压系统，要求机床工作台一次可安装两支工件，并能同时加工。工件的上料、卸料由手工完成，工件的夹紧及工作台进给运动由液压系统完成。机床的工作循环为"手工上料→工件自动夹紧→工作台快进→铣削进给→工作台快退→夹具松开→手工卸料"。分析系统回答下列问题：

① 填写电磁铁动作顺序表；

② 系统由哪些基本回路组成；

③ 哪些工况由双泵供油，哪些工况由单泵供油；

④ 说明元件 6、7 在系统中的作用。

7-2 如图所示为液压绞车闭式液压系统，试分析：

① 辅助泵 3 的作用和选用原则；

② 单向阀4、5、6、7的作用；
③ 梭阀11的作用；
④ 压力阀8、9、10的作用及其调定压力之间的关系。

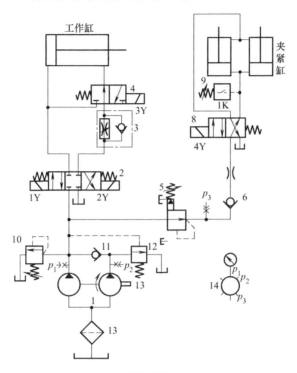

题7-1图

1—双联叶片泵；2,4,8—换向阀；3—单向调速阀；5—减压阀；6,11—单向阀；7—节流阀；9—压力继电器；10—溢流阀；12—外控顺序阀；13—过滤器；14—压力表开关

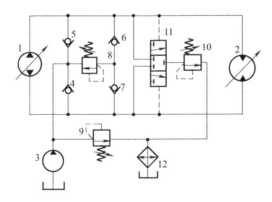

题7-2图

第8章 气压传动技术

【佳文赏阅】阅读下面文章,说明"工匠精神"基本特征及实现途径。

徐春辉. 德国"工匠精神"的发展进程、基本特征与原因追溯.职业技术教育,2017.38（7）:74-79.

【成果要求】基于本章内容的学习,要求收获如下成果。
成果1:能够说明气动系统的组成及各组成部分的功能;
成果2:能够说明空气压缩机的组成及工作原理;
成果3:能够说明气源处理装置的作用于工作原理;
成果4:能够说明气缸与气动马达的组成及工作原理;
成果5:能够说明方向控制阀、压力控制阀、速度控制阀的分类与工作原理;
成果6:能够说明气动逻辑元件的分类与工作原理;
成果7:能够说明换向回路、压力控制回路、速度控制回路的组成及工作原理;
成果8:能够说明气动机械手气压传动系统组成与工作原理;
成果9:能够说明气动钻床气压传动系统组成与工作原理;
成果10:能够说明工件夹紧气压传动系统的组成与工作原理;
成果11:能够说明气动系统安装与调试步骤及注意事项;
成果12:能够说明气动系统使用与维护注意事项。

8.1 气压传动概述

预习本节内容,并撰写讲稿（预习作业）,收获成果1:能够说明气动系统的组成及各组成部分的功能。

(1) 工作原理

如图8-1所示为用于气动剪切机的气压传动系统原理图。当工料12送入剪切机并到达规定位置时,机动阀9的顶杆受压右移而使阀内通路打开,气控换向阀10的控制腔便与大气相通,阀芯受弹簧力的作用而下移。由空气压缩机1产生并经过初次净化处理后储藏在气罐4中的压缩空气,经空气干燥器5、空气过滤器6、减压阀7和油雾器8及气控换向阀10,进入气缸11的下腔;气缸上腔的压缩空气通过阀10排入大气。此时,气缸活塞向上运动,带动剪刀将工料切断。工料剪下后,即与机动阀脱开,机动阀9复位,其所在的排气通道被封死,气控换向阀10的控制腔气压升高,迫使阀芯上移,气路换向,气缸活塞带动剪刃复位,准备第二次下料。由此可以看出，剪切机构克服阻力切断工料的机械能是由压缩空气的压力能转换后得到的。同时，由于换向阀的控制作用使压缩空气的通路不断改变，气缸活塞方可带动剪切机构频繁地实现剪切与复位的动作循环。

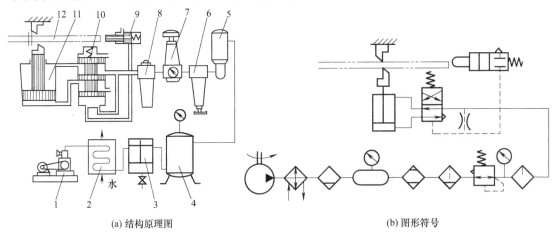

图 8-1　剪切机气压传动系统原理图

1—空气压缩机；2—冷却器；3—分水排水器；4—气罐；5—空气干燥器；6—空气过滤器；7—减压阀；8—油雾器；9—机动阀；10—气控换向阀；11—气缸；12—工料

可以看出，气动图形符号和液压图形符号有很明显的一致性和相似性，但也存在不少重大区别之处，例如，气动元件向大气排气，就不同于液压元件回油接入油箱的表示方法。

（2）气压传动系统的组成

气压传动与液压传动都是利用流体作为工作介质，具有许多共同点。气压传动系统通常是由以下五个部分组成。

① 动力元件（气源装置）。其主体部分是空气压缩机（图中元件1）。它将原动机（如电动机）供给的机械能转变为气体的压力能，为各类气动设备提供动力；

② 执行元件。执行元件包括各种气缸（图中元件11）和气动马达。它的功用是将气体的压力能转变为机械能，驱动工作部件。

③ 控制元件。控制元件包括各种阀体，如各种压力阀（图中元件7）、方向阀（图中元件9、10）、流量阀、逻辑元件等，用以控制压缩空气的压力、流量和流动方向以及执行元件的工作程序，以便使执行元件完成预定的运动。

④ 辅助元件。辅助元件是使压缩空气净化、润滑、消声以及用于元件间连接等所需的装置。如各种冷却器、分水排水器、气罐、干燥器、过滤器、油雾器（图中元件2、3、4、5、6、8）及消声器等，它们对保持气动系统可靠、稳定和持久地工作起着十分重要的作用。

⑤ 工作介质。工作介质即传动气体，为压缩空气。气压系统是通过压缩空气实现运动和动力的传递的。

（3）气压传动特点

① 气压传动的优点

a. 以空气为工作介质，较容易取得，用后的空气排到大气中，处理方便，与液压传动相比不必设置回收的油箱和管道。

b. 因空气黏度小（约为液压油的万分之一），在管内流动阻力小，压力损失小，便于集中供气和远距离输送。即使有泄漏，也不会像液压油一样污染环境。

c. 与液压相比，气动反应快，动作迅速，维护简单，管路不易堵塞，工作介质清洁、不存在介质变质及补充等问题。

d. 气动元件结构简单、制造容易，易于实现标准化、系列化和通用化。

e. 气动系统对工作环境适应性好，特别在易燃、易爆、多尘埃、强磁、辐射、振动等恶劣环境中工作时，安全可靠性优于液压、电子和电气系统。

f. 排气时气体因膨胀而温度降低，因而气动设备可以自动降温，长期运行也不会发生过热现象。

② 气压传动的缺点

a. 由于空气具有可压缩性，因此工作速度稳定性稍差，但采用气液联动装置会得到较满意的效果。

b. 因工作压力低，又因结构尺寸不宜过大，总输出力不宜大于10~40kN。

c. 噪声较大，在高速排气时要加消声器。

d. 气动装置中的气信号传递速度比光、电控制速度慢，因此气信号传递不适用高速传递的复杂回路。

气动与其他几种传动控制方式的性能比较见表8-1。

表8-1 气动与其他几种传动控制方式的性能比较

	气动	液压	电气	机械
输出力大小	中等	大	中等	较大
动作速度	较快	较慢	快	较慢
装置构成	简单	复杂	一般	普通
受负载影响	较大	一般	小	无
传输距离	中	短	远	短
速度调节	较难	容易	容易	难
维护	一般	较难	较难	容易
造价	较低	较高	较高	一般

8.2 气源装置与气动辅助元件

预习本节内容，并撰写讲稿（预习作业），收获成果2：能够说明空气压缩机的组成及工作原理；成果3：能够说明气源处理装置的作用与工作原理。

8.2.1 气源装置

气源装置为气动系统提供符合规定质量要求的压缩空气，是气动系统的一个重要部分。对压缩空气的主要要求是具有一定压力、流量和洁净度。

如图8-2所示，气源装置的主体是空气压缩机（气源），它是气压传动系统的动力元件。出于大气中混有灰尘、水蒸气等杂质，因此，由大气压缩而成的压缩空气必须经过降温、净化、稳压等一系列处理后方可供给系统使用。这就需要在空气压缩机出口管路上安装一系列辅助元件，如冷却器、油水分离器、过滤器、干燥器、气缸等。此外，为了提高气压传动系统的工作性能，改善工作条件，还需要用到其他辅助元件，如油雾器、转换器、消声器等。

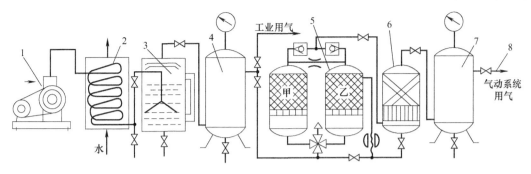

图 8-2 气源装置
1—空气压缩机;2—冷却器;3—油水分离器;4,7—储气罐;5—干燥器;6—过滤器;8—输气管

(1) 空气压缩机

空气压缩机是气动系统的动力源,是气压传动的心脏部分,它是把电动机输出的机械能转换成气体压力能的能量转换装置。

空气压缩机的种类很多,按结构形式主要可分为容积型和速度型两类,其分类如表 8-2 所示;按输出压力大小可分为低压空压机、中压空压机、高压空压机和超高压空压机,如表 8-3 所示;按输出流量(排量)可分为微型、小型、中型和大型,如表 8-4 所示。

表 8-2 按结构形式分类

类型		名称		
容积型	往复式	活塞式	膜片式	
	回转式	滑片式	螺杆式	转子式
速度型		轴流式	离心式	转子式

表 8-3 按输出压力分类

名称	鼓风机	低压空压机	中压空压机	高压空压机	超高压空压机
压力 p/MPa	≤0.2	0.2~1	1~10	10~100	>100

表 8-4 按排量分类

名称	微型空压机	小型空压机	中型空压机	大型空压机
输出额定流量 q/(m³/s)	≤0.017	0.017~0.17	0.17~1.7	>1.7

空气压缩机的工作原理:气压系统中最常用的空气压缩机是往复活塞式,其工作原理如图 8-3 所示。活塞的往复运动是由电动机带动曲柄 8 转动,通过连杆 7、滑块 5、活塞杆 4 转化成直线往复运动而产生的。当活塞 3 向右运动时,汽缸 2 内容积增大,形成部分真空而低于大气压力,外界空气在大气压力作用下推开吸气阀 9 而进入汽缸中,这个过程称为吸气过程;当活塞向左运动时,吸气阀在缸内压缩气体的作用下而关闭,随着活塞的左移,缸内空气受到压缩而使压力升高,这个过程称为压缩过程;当汽缸内压力增高到略高于输气管路内压力 p 时,排气阀 1 打开,压缩空气排入输气管路内,这个过程称为排气过程。曲柄旋转一周,活塞往复行程一次,即完成一个工作循环。图 8-3 中只表示一个活塞一个缸的空气压缩机,大多数空气压缩机是多缸多活塞的组合。

但压缩机的实际工作循环是由吸气、压缩、排气和膨胀四个过程所组成,这可从如图 8-4 所示的压容图上看出,图中线段 ab 表示吸气过程,其高度 p_1,即为空气被吸入气缸时的起始压力；曲线 bc 表示活塞向左运动时气缸内发生的压缩过程；cd 表示气缸内压缩气体压力达到出口处压力 p_2，排气阀被打开时的排气过程；当活塞回到 d 时运动终止，排气过程结束，排气阀关闭。这时余隙（活塞与气缸之间余留的空隙）中还留有一些压缩空气将膨胀而达到吸气压力 p_1，曲线 da' 即表示余隙内空气的膨胀过程。所以气缸重新吸气的过程并不是从 a 点开始，而是从 a' 点开始，显然这将减少压缩机的输气量。

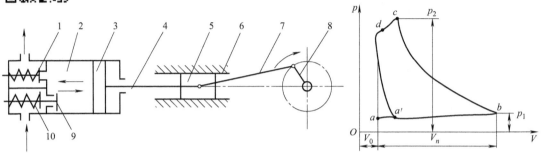

图 8-3　活塞式空气压缩机的工作原理图　　　　图 8-4　压缩机实际工作循环 p-V 图
1—排气阀；2—气缸；3—活塞；4—活塞杆；5—滑块；6—滑道；
7—连杆；8—曲柄；9—吸气阀；10—弹簧

（2）气源净化装置

① 冷却器。冷却器安装在空气压缩机的后面，也称后冷却器。它将空气压缩机排出的温度达 140~170℃ 的压缩空气降至 40~50℃。使压缩空气中油雾和水汽达到饱和，使其大部分凝结成油滴和水滴而析出。常用冷却器的结构形式有蛇形管式、列管式、散热片式、套管式等，冷却方式有水冷式和气冷式两种。图 8-5 所示为列管水冷式冷却器的结构原理及符号。

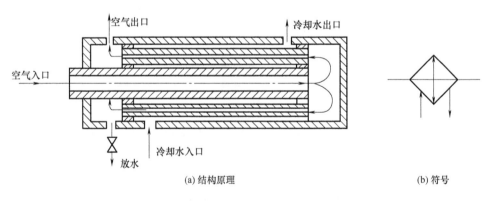

(a) 结构原理　　　　　　　　　　(b) 符号

图 8-5　冷却器的结构原理及符号

② 油水分离器。油水分离器安装在后冷却器后面的管道上，作用是分离并排除空气中凝集的水分、油分和灰尘等杂质，使压缩空气得到初步净化。油水分离器的结构形式有环行回转式、撞击折回式、离心旋式、水浴式以及以上形式的组合等。如图 8-6 所示为撞击折回式油水分离器的结构形式及其符号，当压缩空气由入口进入油水分离器后，首先与隔板撞击，一部分水和油留在隔板上，然后气流上升产生环行回转，这样凝集在压缩空气中的水滴和油滴及灰尘杂质受惯性力作用而分离析出，沉降于壳体底部，并由下面的放水阀定期排出。

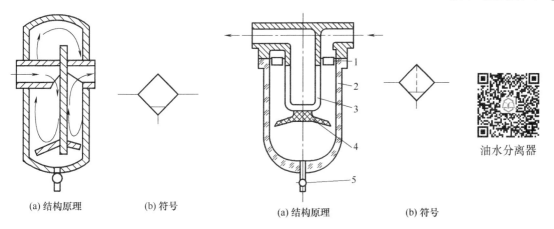

图 8-6 油水分离器　　　　　图 8-7 空气过滤器

1—旋风叶子；2—存水杯；3—滤芯；4—挡水板；5—排水阀

③ 空气过滤器。空气过滤器的作用是滤除压缩空气中的杂质微粒（如灰尘、水分等），达到系统所要求的净化程度。常用的过滤器有一次过滤器（也称简易过滤器）和二次过滤器，图 8-7 是作为二次过滤器用的分水过滤器的结构原理。从入口进入的压缩空气被引入旋风叶子 1，旋风叶子上有许多呈一定角度的缺口，迫使空气沿切线方向产生强烈旋转。这样夹杂在空气中的较大的水滴、油滴、灰尘等便依靠自身的惯性与存水杯 2 的内壁碰撞，并从空气中分离出来，沉到杯底。而微粒灰尘和雾状水汽则由滤芯 3 滤除。为防止气体旋转将存水杯中积存的污水卷起，在滤芯下部设有挡水板 4。在水杯中的污水应通过下面的排水阀 5 及时排放掉。

④ 干燥器。压缩空气经过除水、除油、除尘的初步净化后，已能满足一般气压传动系统的要求。而对某些要求较高的气动装置或气动仪表，其用气还需要经过干燥处理。如图 8-8 所示的是一种常用的吸附式干燥器的结构原理图。当压缩空气通过具有吸附水分性能的吸附剂（如活性氧化铝、硅胶等）后水分即被吸附，从而达到干燥的目的。

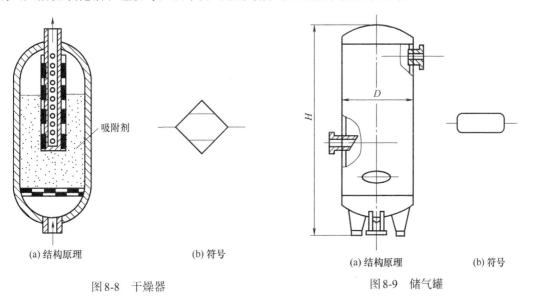

图 8-8 干燥器　　　　　图 8-9 储气罐

⑤ 储气罐。储气罐的功用是储存一定量的压缩空气，维持供需气量之间的平衡，并能有效消除压力波动，还能进一步分离气中的水、油等杂质。储气罐一般采圆筒状焊接结构，有立式和卧式两种，通常以立式应用较多，如图8-9所示。

上述冷却器、油水分离器、过滤器、干燥器和储气罐等元件通常安装在空气压缩机的出口管路上，组成一套气源净化装置，是压缩空气站的重要组成部分。

8.2.2 气动辅助元件

（1）油雾器

压缩空气经过净化后，所含污油、浊水得到了清除，但是一般的气动装置还要求压缩空气具有一定的润滑性，以减轻其对运动部件的表面磨损，改善其工作性能。因此要用油雾器对压缩空气喷洒少量的润滑油。油雾器的工作原理如图8-10所示。压力为 p_1 的压缩空气流经狭窄的颈部通道时，流速增大，压力降为 p_2，由于压差 $p=p_1-p_2$ 的出现，油池中的润滑油就沿竖直细管（称文氏管）被吸向上方，并滴向颈部通道，随即被压缩气流喷射雾化带入系统。

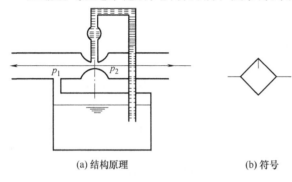

图8-10 油雾器的工作原理及符号

油雾器、分水过滤器、减压阀三件通常组合使用称为气动三联件，是多数气动设备必不可少的气源装置，其安装次序依进气方向为分水过滤器、减压阀、油雾器。

（2）消声器

气压传动系统一般不设排气管道，用后的压缩空气便直接排入大气，伴随有强烈的排气噪声，一般可达100~120dB。为降低噪声，可在排气口装设消声器。

消声器是通过阻尼或增加排气面积来降低排气的速度和功率，从而降低噪声的。气动元件上使用的消声器的类型一般有三种：吸收型消声器、膨胀干涉型消声器、膨胀干涉吸收型消声器。如图8-11所示为吸收型消声器的结构图，它依靠装在体内的吸声材料（玻璃纤维、毛毡、泡沫塑料、烧结材料等）来消声，是目的应用最广泛的一种。

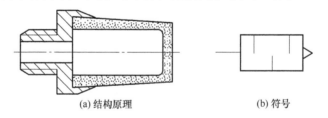

图8-11 消声器的结构原理及符号

（3）转换器

气动系统的工作介质是气体，而信号的传感和动作不一定全用气体，可能用液体或电传输，这就要通过转换器来进行转换。常用的转换器有三种，即电气转换器、气电转换器、气液转换器。

① 气电转换器。这是将气信号转变为电信号的装置，也称为压力继电器。压力继电器按信号压力的大小分为低压型（0~0.11MPa）、中压型（0.1~0.6MPa）和高压型（>1MPa）三种。如图8-12所示为高、中压型压力继电器的结构原理图。压缩空气进入下部气室A后，膜片6受到由下往上的空气压力作用，当压力上升到某一数值后，膜片上方的圆盘5带动爪枢4克服弹簧力向上移动，使两个微动开关3的触头受压发出电信号。旋转定压螺母1，即可调节转换压力的范围。

② 气液转换器。这是将气压能转换为液压能的装置。气液转换器有两种结构形式，一种是直接作用式，即在一筒式容器内，压缩空气直接作用在液面上，或通过活塞、隔膜等作用在液面上，推压液体以同样的压力输出，如图8-13所示为直接作用式气液转换器的结构原理图；另一种气液转换器是换向阀式元件，它是一个气控液压换向阀，采用这种转换器需要另备液压源。

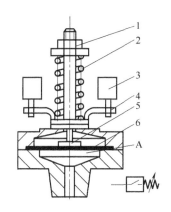

图 8-12　压力继电器
1—定压螺母；2—弹簧；3—微动开关；
4—爪枢；5—圆盘；6—膜片

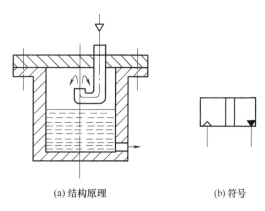

(a) 结构原理　　(b) 符号

图 8-13　气液转换器

8.3　气动执行元件

预习本节内容，并撰写讲稿（预习作业），收获成果4：能够说明气缸与气动马达的组成及工作原理。

气缸和气动马达是气压传动系统的执行元件，它们将压缩空气的压力能转换为机械能，气缸用于实现直线往复运动或摆动，气动马达则用于实现连续回转运动。

8.3.1　气缸

（1）气缸的分类

气缸是用于实现直线运动并做功的元件，其结构、形状有多种形式，分类方法也很多，常用的有以下几种。

① 按压缩空气作用在活塞端面上的方向，可分为单作用气缸和双作用气缸。单作用气

缸只有一个方向的运动是靠气压传动，活塞的复位靠弹簧力或重力；双作用气缸活塞的往返全部靠压缩空气来完成。

② 按结构特点可分为活塞式气缸、叶片式气缸、薄膜式气缸、气液阻尼缸等。

③ 按安装方式可分为耳座式气缸、法兰式气缸、轴销式气缸和凸缘式气缸。

④ 按气缸的功能可分为普通气缸和特殊气缸。普通气缸主要指活塞式单作用气缸和双作用气缸；特殊气缸包括气液阻尼缸、薄膜式气缸、冲击式气缸、增压气缸、步进气缸、回转气缸等。

(2) 几种常见气缸的工作原理和用途

① 单作用气缸。单作用气缸是指压缩空气仅在气缸的一端进气，并推动活塞运动，而活塞的返回则是借助于其他外力，加重力、弹簧力等，其结构如图8-14所示。

这种气缸有如下特点。

a. 由于单边进气，所以结构简单，耗气量小。

b. 由于用弹簧复位，使压缩空气的能量有一部分用来克服弹簧的反力，因而减小了活塞杆的输出推力。

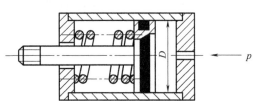

图8-14 单作用气缸

c. 缸体内因安装弹簧而减小了空间，缩短了活塞的有效行程。

d. 气缸复位弹簧的弹力是随其变形大小而变化的，因此活塞杆的推力和运动速度在行程中是变化的。

因此，单作用活塞式气缸多用于短行程及对活塞杆推力、运动速度要求不高的场合，如定位和夹紧装置等。

气缸工作时，活塞杆输出的推力必须克服弹簧的弹力及各种阻力，推力可用下式计算

$$F = \frac{\pi}{4} D^2 p \eta_c - F_s \tag{8-1}$$

式中，F为活塞杆上的推力；D为活塞直径；p为气缸工作压力；F_s为弹簧力；η_c为气缸的效率，一般取0.7~0.8，活塞运动速度小于0.2m/s时取大值，活塞运动速度大于0.2m/s时取小值。

气缸工作时的总阻力包括运动部件的惯性力和各密封处的摩擦力等，它与多种因素有关。综合考虑以后，以效率η_c的形式计入式（8-1）。

② 双作用气缸。双作用缸分为单活塞杆双作用气缸和双活塞杆双作用气缸两种。

a. 单活塞杆双作用气缸。单活塞杆双作用气缸是使用最为广泛的一种普通气缸，其结构如图8-15所示。这种气缸工作时活塞杆上的输出力用下式计算

$$F_1 = \frac{\pi}{4} D^2 p \eta_c \tag{8-2}$$

$$F_2 = \frac{\pi}{4}(D^2 - d^2) p \eta_c \tag{8-3}$$

式中，F_1为当无杆腔进气时活塞杆上的输出力；F_2为当有杆腔进气时活塞杆上的输出力；D为活塞直径；d为活塞杆直径；p为气缸工作压力；η_c为气缸的效率，一般取0.7~0.8，活塞运动速度小于0.2m/s时取大值，活塞运动速度大于0.2m/s时取小值。

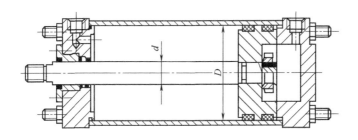

图 8-15 单活塞杆双作用气缸结构示意图

b. 双活塞杆双作用气缸。双活塞杆双作用气缸使用得较少，其结构与单活塞杆气缸基本相同，只是活塞两侧都装有活塞杆。因两端活塞杆直径相同，所以活塞往复运动的速度和输出力均相等，其输出力用式（8-3）计算。这种气缸常用于气动加工机械及包装机械设备上。

③ 薄膜式气缸。薄膜式气缸是利用压缩空气通过膜片推动活塞杆做往复运动，它具有结构紧凑、简单、制造容易、成本低、维修方便、寿命长、泄漏少、效率高等优点，适用于气动夹具、自动调节阀及短行程场合。它主要由缸体、膜片和活塞杆等零件组成。它可以是单作用式的，也可以是双作用式的，其结构分别如图 8-16（a）、（b）所示。其膜片有盘形膜片和平膜片两种，膜片材料为夹织物橡胶、钢片或磷青铜片。薄膜式气缸与活塞式气缸相比，因膜片的变形量有限，故其行程较短，一般不超过 40~50mm。其最大行程 L_{max} 与缸径 D 的关系为

$$L_{max}=(0.12\sim0.25)D$$

因膜片变形要吸收能量，所以活塞杆上的输出力随着行程的增大而减小。

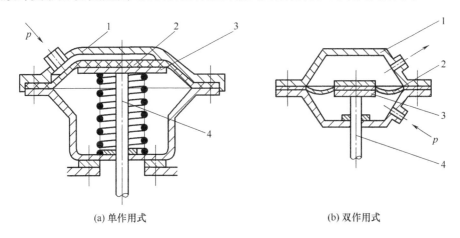

(a) 单作用式　　　　(b) 双作用式

图 8-16　单、双作用式薄膜式气缸结构示意图
1—缸体；2—膜片；3—膜盘；4—活塞杆

④ 气液阻尼缸。普通气缸工作时，由于气体压缩性大，当负载变化较大时会产生"爬行"或"自走"现象，使气缸的工作不平稳。为了使活塞运动平稳而采用了气液阻尼缸。气液阻尼缸是由气缸和液压缸组合而成，它以压缩空气为动力，并利用油液的不可压缩性来获得活塞的平稳运动。

图 8-17 所示为气液阻尼缸的工作原理。它将液压缸和气缸串联成一个整体，两个活塞

固定在一根活塞杆上。当气缸右腔供气时，活塞克服外载并带动液压缸活塞向左运动，此时液压缸左腔排油，油液只能经节流阀1缓慢流回右腔，对整个活塞的运动起到阻尼作用。因此，调节节流阀，就能达到调节活塞运动速度的目的。当压缩空气进入气缸左腔时，液压缸右腔排油，此时单向阀3打开，活塞能快速返回。油箱2的作用只是用来补充液压缸因泄漏而减少的油量，因此改用油杯就可以了。

图8-17所示为串联型气液阻尼缸，它的缸体长，加工与装配的工艺要求高，且两缸间可能产生油气互串现象。而图8-18所示为并联型气液阻尼缸，其缸体短，两缸直径可以不同且两缸不会产生油气互串现象。

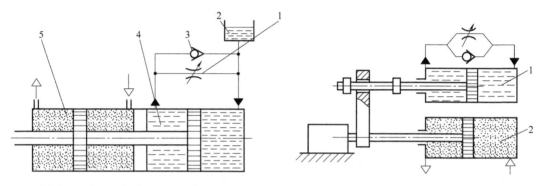

图8-17 串联型气液阻尼缸工作原理图
1—节流阀；2—油箱；3—单向阀；4—液压缸；5—气缸

图8-18 并联型气液阻尼缸工作原理图
1—液压缸；2—气缸

⑤ 冲击气缸。冲击气缸是一种较新型的气动执行元件，主要由缸体、中盖、活塞和活塞杆等零件组成，如图8-19所示。冲击气缸在结构上比普通气缸增加了一个具有一定容积的蓄能腔和喷嘴，中盖5与缸体固定，中盖和活塞把气缸分隔成三个部分，即活塞杆腔1、活塞腔2和蓄能腔3。中盖5的中心开有喷嘴口4。

当压缩空气进入蓄能腔时，其压力只能通过喷嘴口小面积地作用在活塞上，还不能克服活塞杆腔的排气压力所产生的向上的推力以及活塞与缸体间的摩擦力，喷嘴处于关闭状态，从而使蓄能腔的充气压力逐渐升高。当充气压力升高到能使活塞向下移动时，活塞的下移使喷嘴口开启，聚集在蓄能腔中的压缩空气通过喷嘴口突然作用于活塞的全面积上。高速气流进入活塞腔进一步膨胀并产生冲击波，波的阵面压力可高达气源压力的几倍到几十倍、给予活塞很大的向下推力。此时活塞杆腔内的压力很低，活塞在很大的压差作用下迅速加速，在很短的时间内以极高的速度向下冲击，从而获得很大的动能。利用这

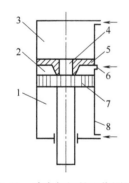

图8-19 冲击气缸的工作原理图
1—活塞杆腔；2—活塞腔；3—蓄能腔；4—喷嘴口；5—中盖；6—排气孔；7—活塞；8—缸体

个能量可产生很大的冲击力，实现冲击做功。如内径230mm、行程403mm的冲击气配，可产生400~500kN的冲击力。

冲击气缸广泛用于锻造、冲压、下料、压坯等各方面。

（3）标准化气缸简介

① 标准化气缸的标记和系列。标准化气缸是用符号"QG"表示气缸，用符号"A、B、

C、D、H"表示五种系列，具体的标记方法如下。

$$\boxed{QG}\ \boxed{ABCDH}\ \boxed{缸径}\times\boxed{行程}$$

五种标准化气缸系列为：QGA——无缓冲普通气缸；QGB——细杆（标族杆）缓冲气缸；QGC——粗杆缓冲气缸；QGD——气液阻尼缸；QGH——回转气缸。

例如，QGA100×125表示直径为100mm、行程为125mm的无缓冲普通气缸。

② 标准化气缸的主要参数。标准化气缸的主要参数是缸筒内径D和行程L。因为在一定的气源压力下，缸筒内径标志气缸活塞杆的理论输出力，行程标示气缸的作用范围。

标准化气缸系列有11种规格。

缸径D(mm)：40、50、63、125、1 60、 200、250、320、400。

行程L(mm)：对无缓冲气缸$L=(0.5\sim2)D$；对有缓冲气缸$L=(1\sim10)D$。

8.3.2 气动马达

气动马达属于气动执行元件，它是把压缩空气的压力能转换为机械能的转换装置。它的作用相当于电动机或液压马达，即输出力矩，驱动机构做旋转运动。

(1) 气动马达的分类和工作原理

最常用的气动马达有叶片式、薄膜式、活塞式三种，分别如图8-20（a）、(b)、(c) 所示。

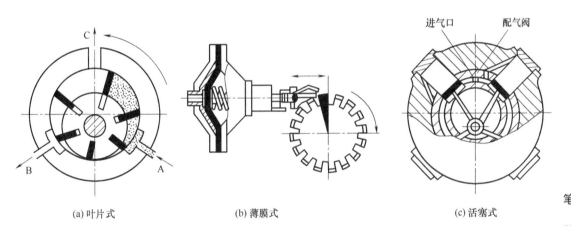

(a) 叶片式　　　(b) 薄膜式　　　(c) 活塞式

图8-20　各种气动马达工作原理图

图8-20（a）所示的是叶片式气动马达的工作原理。压缩空气由孔A输入后分为两路：一路经定子两端密封盖的槽进入叶片底部（图中未示）将叶片推出，叶片就是靠此气压推力和转子转动的离心力作用而紧密地贴紧在定子内壁上；另一路进入相应的密封工作空间，压缩空气作用在两个叶片上。由于两叶片伸出长度不等，就产生了转矩，因而叶片与转子按逆时针方向旋转。做功后的气体由定子上的孔C排出，剩余残气经孔B排出。若改变压缩空气输入方向，则可改变转子的转速。

图8-20（b）所示的是薄膜式气动马达工作原理。它实际上是一个薄膜式气缸，当它做往复运动时，通过推杆端部的棘爪使棘轮做间歇性转动。

图8-20（c）所示的是径向活塞式气动马达的工作原理。压缩空气从进气口进入配气阀后再进入气缸，推动活塞及连杆组件运动，迫使曲轴旋转，同时，带动固定在曲轴上的配气

阀转动，使压缩空气随着配气阀角度位置的改变而进入不同的缸内，依次推动各个活塞运动，由各活塞及连杆带动曲轴连续运转，与此同时，与进气状态的气缸相对应的气缸则处于排气状态。

（2）气动马达的特点

气动马达具有下述优点。

① 工作安全。可以在易燃、易爆、高温、振动、潮湿、灰尘多等恶劣环境下工作，同时不受高温及振动的影响。

② 具有过载保护作用。可长时间满载工作而温升较小，过载时马达只是降低转速或停车，当过载解除后，立即可重新正常运转。

③ 可以实现无级调速。通过控制调节节流阀的开度来控制进入气动马达的压缩空气的流量，就能控制调节气动马达的转速。

④ 具有较高的启动转矩，可以直接带负载启动，启动、停止迅速。

⑤ 功率范围及转速范围均较宽。功率小至几百瓦，大至几万瓦；转速可从每分钟几转到上万转。

⑥ 结构简单，操纵方便，可正、反转，维修容易，成本低。

气动马达的缺点是：速度稳定性较差，输出功率小，耗气量大，效率低，噪声大。

8.4 气动控制元件

预习本节内容，并撰写讲稿（预习作业），收获成果5：能够说明方向控制阀、压力控制阀、速度控制阀的分类与工作原理；成果6：能够说明气动逻辑元件的分类与工作原理。

在气压传动系统中的控制元件是控制和调节压缩空气的压力、流量、流动方向和发送信号的重要元件，利用它们可以组成各种气动控制回路，使气动执行元件按设计的程序正常地进行工作。控制元件按功能和用途可分为方向控制阀、压力控制阀和流量控制阀三大类。此外，尚有通过改变气流方向和通断实现各种逻辑功能的气动逻辑元件和射流元件等。

8.4.1 方向控制阀

气动换向阀和液压换向阀相似，分类方法也大致相同。气动换向阀按阀芯结构不同可分为：滑柱式（又称柱塞式、也称滑阀）、截止式（又称提动式）、平面式（又称滑块式）、旋塞式和膜片式。其中以截止式换向阀和滑柱式换向阀应用较多；按其控制方式不同可以分为：电磁换向阀、气动换向阀、机动换向阀和手动换向阀，其中后三类换向阀的工作原理和结构与液压换向阀中相应的阀类基本相同；按其作用特点可以分为：单向型控制阀和换向型控制阀。

（1）单向型控制阀

① 单向阀。单向阀是指气流只能向一个方向流动而不能反向流动的阀。单向阀的工作原理、结构和图形符号与液压阀中的单向阀基本相同，只不过在气动单向阀中，阀芯和阀座之间有一层胶垫（密封垫），如图8-21和图8-22所示。

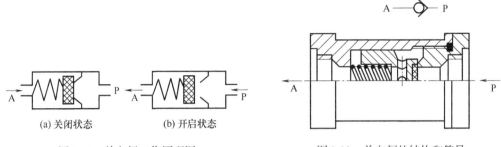

图 8-21 单向阀工作原理图　　　图 8-22 单向阀的结构和符号

② 或门型梭阀。在气压传动系统中，当两个通路 P_1 和 P_2 均与通路 A 相通，而不允许 P_1 与 P_2 相通时，就要采用或门型梭阀。由于阀芯像织布梭子一样来回运动，因而称之为梭阀。该阀的结构相当于两个单向阀的组合。在气动逻辑回路中，该阀起到"或"门的作用，是构成逻辑回路的重要元件。

图 8-23 为或门型梭阀的工作原理图。当通路 P_1 进气时，将阀芯推向右边，通路 P_2 被关闭，于是气流从 P_1 进入通路 A，如图 8-23（a）所示；反之，气流则从 P_2 进入 A，如图 8-23（b）所示；当 P_1、P_2 同时进气时，哪端压力高，A 就与哪端相通，另一端就自动关闭。图 8-23（c）为该阀的图形符号。

或门型梭阀在逻辑回路和程序控制回路中被广泛采用，图 8-24 是在手动-自动回路的转换上常应用的或门型梭阀。

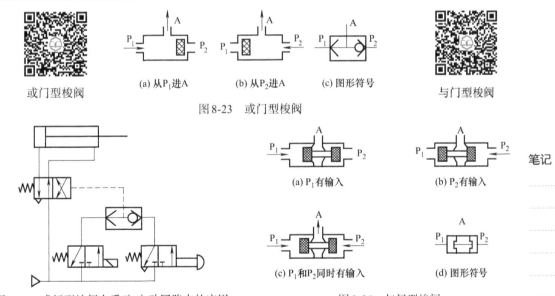

或门型梭阀　　(a) 从 P_1 进 A　　(b) 从 P_2 进 A　　(c) 图形符号　　与门型梭阀

图 8-23　或门型梭阀

(a) P_1 有输入　　(b) P_2 有输入

(c) P_1 和 P_2 同时有输入　　(d) 图形符号

图 8-24　或门型梭阀在手动-自动回路中的应用　　图 8-25　与门型梭阀

③ 与门型梭阀（双压阀）。与门型梭阀又称双压阀，如图 8-25 所示。该阀只有两个输入口 P_1、P_2 同时进气时，A 口才有输出，这种阀也是相当于两个单向阀的组合。与门型梭阀（双压阀）的工作原理是，当 P_1 或 P_2 单独有输入时，阀芯被推向右端或左端 [如图 8-25（a）、（b）所示]，此时 A 口无输出；只有当 P_1 和 P_2 同时有输入时，A 口才有输出 [如图 8-25（c）所示]；当 P_1 和 P_2 气体压力不等时，则气压低的通过 A 口输出。图 8-25（d）为该阀的图形符号。

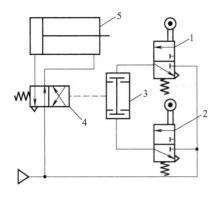

图 8-26 与门型梭阀应用回路
1,2—行程阀；3—与门梭阀；4—气动换向阀；
5—钻孔缸（气缸）

与门型梭阀的应用很广泛，图 8-26 为该阀在钻床控制回路中的应用。行程阀 1 为工件定位信号，行程阀 2 是夹紧工件信号。当两个信号同时存在时，与门型梭阀（双压阀）3 才有输出，使换向阀 4 切换，钻孔缸 5 进给，钻孔开始。

④ 快速排气阀。快速排气阀简称快排阀。它是为加快气缸运动速度作快速排气用的。通常气缸排气时，气体是从气缸经过管路由换向阀的排气口排出的。如果从气缸到换向阀的距离较长，而换向阀的排气口又小时，排气时间就较长，气缸动作速度较慢。此时，若采用快速排气阀，则气缸内的气体就能直接由快排阀排往大气中，加速气缸的运动速度。实验证明，安装快排阀后，气缸的运动速度可提高 4~5 倍。

快速排气阀的工作原理如图 8-27 所示。当进气腔 P 进入压缩空气时，将密封活塞迅速上推，开启阀门 2，同时关闭排气口 1，使进气腔 P 与工作腔 A 相通［如图 8-27（a）所示］；当 P 腔没有压缩空气进入时，在 A 腔和 P 腔压差作用下，密封活塞迅速下降，关闭 P 腔，使 A 腔通过阀口 1 经 O 腔快速排气，如图 8-27（b）所示。图 8-27（c）为该阀的图形符号。

快速排气阀的应用回路如图 8-28 所示。在实际使用中，快速排气阀应配置在需要快速排气的气动执行元件附近，否则会影响快排效果。

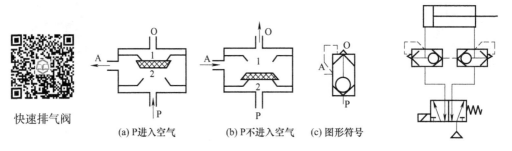

图 8-27 快速排气阀　　图 8-28 快速排气阀的应用回路

（2）换向型控制阀

换向型方向控制阀（简称换向阀）的功用是改变气体通道使气体流动方向发生变化，从而改变气动执行元件的运动方向。换向型控制阀包括气压控制阀、电磁控制阀、机械控制阀、人力控制阀和时间控制阀。

① 气压控制换向阀。气压控制换向阀是利用气体压力来使主阀芯运动而使气体改变流向的，按控制方式不同可分为加压控制、卸压控制和差压控制两种。

加压控制是指所加的控制信号压力是逐渐上升的，当气压增加到阀芯的动作压力时，主阀便换向；卸压控制指所加的气控信号压力是减小的，当减小到某压力值时，主阀换向；差压控制是使主阀芯在两端压力差的作用下换向。

气控换向阀按主阀结构不同，又可分为截止式和滑阀式两种主要形式，滑阀式气控阀的结构和制作原理与液动换向阀基本相同，在此仅介绍截止式换向阀的工作原理。

a. 截止式气控阀的工作原理。图 8-29 为单气控截止式换向阀的工作原理图，图 8-29

(a) 为没有控制信号 K 时的状态，阀芯在弹簧及 P 腔压力作用下关闭，阀处于排气状态；当输入控制信号 K ［如图 8-29（b）］时，主阀芯下移，打开阀口使 P 与 A 相通。故该阀属常闭型二位三通阀，当 P 与 O 换接时，即成为常通型二位三通阀，图 8-29（c）为其图形符号。

b. 截止式换向阀的特点。截止式换向阀和滑阀式换向阀一样，可组成二位三通、二位四通、二位五通或三位四通、三位五通等多种形式，与滑阀相比，它的特点是：

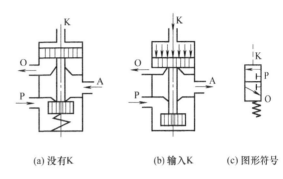

图 8-29 单气控截止式换向阀

(a) 阀芯的行程短只要移动很小的距离就能使阀完全开启，故阀开启时间短，通流能力强，流量特性好，结构紧凑，适用于大流量的场合。

(b) 截止式阀一般采用软质材料（如橡胶）密封、且阀芯始终存在背压，所以关闭时密封性好，泄漏量小但换向力较大，换向时冲击力也较大，所以不宜用在灵敏度要求较高的场合。

(c) 抗粉尘及污染能力强，对过滤精度要求不高。

② 电磁控制换向阀。气压传动中的电磁控制换向阀和液压传动中的电磁控制换向阀一样，也由电磁铁控制部分和主阀两部分组成，按控制方式不同分为电磁铁直接控制（直动）式电磁阀和先导式电磁阀两种。它们的工作原理分别与液压阀中的电磁阀和电液动阀相类似，只是二者的工作介质不同而已。

a. 直动式电磁阀。由电磁铁的衔铁直接推动换向阀阀芯换向的阀称为直动式电磁阀，直动式电磁阀分为单电磁铁和双电磁铁两种，单电磁铁换向阀的工作原理如图 8-30 所示，图 8-30（a）为原始状态、图 8-30（b）为通电时的状态，图 8-30（c）为该阀的图形符号。从图中可知，这种阀阀芯的移动靠电磁铁，而复位靠弹簧，因而换向冲击较大，故一般只制成小型的阀。

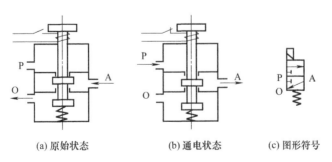

图 8-30 单电磁铁换向阀

若将阀中的复位弹簧改成电磁铁，就成为双电磁铁直动式电磁阀，如图 8-31 所示。图 8-31（a）为 1 通电、2 断电时的状态，图 8-31（b）为 2 通电、1 断电时的状态，图 8-31（c）为其图形符号。由此可见，这种阀的两个电磁铁只能交替得电工作，不能同时得电，否则会产生误动作。因而这种阀具有记忆的功能。

这种直动式双电磁铁换向阀亦可构成三位阀，即电磁铁 1 得电（2 失电）、电磁铁 1、2 同时失电和电磁铁 2 得电（1 失电）三个切换位置。在两个电磁铁均失电的中间位置，可形成三种气体流动状态（类似于液压阀的中位机能），即中间封闭（O型），中间加压（P型）和中间泄压（Y型）。

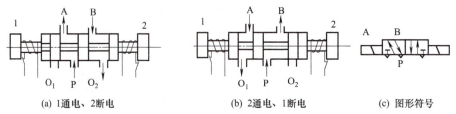

图8-31 双电磁铁直动式电磁阀

b. 先导式电磁阀。由电磁铁首先控制从主阀气源节流出来的一部分气体，产生先导压力，去推动主阀阀芯换向的阀类，称之为先导式电磁阀，如图8-32所示。该先导控制部分，实际上是一个电磁阀，称之为电磁先导阀，由它所控制用以改变气流方向的阀，称为主阀。由此可见，先导式电磁阀由电磁先导阀和主阀两部分组成。一般电磁先导阀都单独制成通用件，既可用于先导控制，也可用于气流量较小的直接控制。先导式电磁阀也分单电磁铁控制和双电磁铁控制两种，图8-32为双电磁铁控制的先导式电磁阀的工作原理图，图中控制的主阀为二位阀。同样，主阀也可为三位阀。

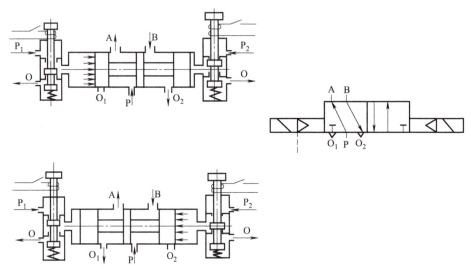

图8-32 双电磁铁控制的先导式电磁阀

③ 时间控制换向阀。时间控制换向阀是使气流通过气阻（如小孔、缝隙等）节流后到气容（储气空间）中，经一定时间气容内建立起一定压力后，再使阀芯换向的阀。在不允许使用时间继电器（电控）的场合（如易燃、易爆、粉尘大等），用气动时间控制就显示出其优越性。

a. 延时阀。图8-33所示为二位三通延时换向阀，它是由延时部分和换向部分组成的。当无气控信号时，P与A断开，A腔排气；当有气控信号时，气体从K腔输入经可调节流阀节流后到气容腔a内，使气容腔不断充气，直到气容腔内的气压上升到某一值时，使阀芯2由左向右移动，使P与A接通，A有输出。当气控信号消失后，气容腔内气压经单向阀到K腔排空。这种阀的延时时间可在0~20s间调整。

b. 脉冲阀。图8-34为脉冲阀的工作原理图，它与延时阀样也是靠气流流经气阻，气容的延时作用,使压力输入长信号变为短暂的脉冲信号输出的阀类。当有气压从 P 口输入时,阀芯在气压作用下向上移动, A 端有输出。同时,气流从阻尼小孔向气容充气,在充气压力达到动作压力时,阀芯下移,输出消失,这种脉冲阀的工作气压范围为 0.15~0.8MPa,脉冲时间小于 2s。

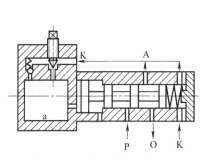
图 8-33　二位三通延时换向阀

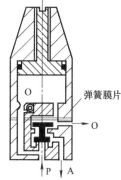
图 8-34　脉冲阀的工作原理图

机械控制和人力控制换向阀是靠机动(行程挡块等)和人力(手动或脚踏等)来使阀产生切换动作的,其工作原理与液压阀中相类似的阀基本相同,在此不再重复。

8.4.2　压力控制阀

压力控制阀主要用来控制系统中气体的压力,满足各种压力要求或用以节能。

气压传动系统与液压传动系统不同的一个特点是,液压传动系统的液压油是由安装在每台设备上的液压源直接提供;而气压传动则是将比使用压力高的压缩空气储于储气罐中,然后减压到适用于系统的压力。因此每台气动装置的供气压力都需要用减压阀(在气动系统中又称调压阀)来减压,并保持供气压力值稳定。对于低压控制系统(如气动测量),除用减压阀降低压力外,还需要用精密减压阀(或定值器)以获得更稳定的供气压力。这类压力控制阀当输入压力在一定范围内改变时,能保持输出压力不变;当管路中压力超过允许压力时,为了保证系统的工作安全,往往用安全阀实现自动排气,以使系统的压力下降;有时,气动装置中不便安装行程阀而要依据气压的大小来控制两个以上的气动执行机构的顺序动作,能实现这种功能的压力控制阀称为顺序阀。因此,在气压传动系统中压力控制可分为三类:一类是起降压稳压作用的减压阀、定值器;一类是起限压安全保护作用的安全阀、限压切断阀等;一类是根据气路压力不同进行某种控制的顺序阀、平衡阀等。所有的压力控制阀,都是利用空气压力和弹簧力相平衡的原理来工作的。由于安全阀、顺序阀的工作原理与液压控制阀中溢流阀(安全阀)和顺序阀基本相同,因而本节主要讨论气动减压阀(调压阀)的工作原理和主要性能。

(1)气动调压阀的工作原理

图 8-35 所示为直动式调压阀的工作原理图及符号。当顺时针方向调整手柄 1 时,调压弹簧 2(实际上有两个弹簧)推动下弹簧座 3、膜片 4 和阀芯 5 向下移动,使阀口开启,气流通过阀口后压力降低,从右侧输出二次压力气。与此同时,有一部分气流由阻尼孔 7 进入膜片室,在膜片下产生一个向上的推力与弹簧力平衡,调压阀便有稳定的压力输出。当输入压力 p_1 增高时,输出压力 p_2 也随之增高,使膜片下的压力也增高,将膜片向上推,阀芯 5 在复位

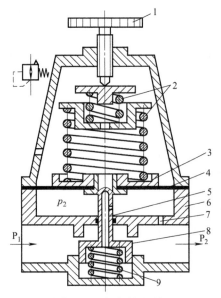

图 8-35 直动式调压阀
1—调整手柄；2—调压弹簧；3—下弹簧座；
4—膜片；5—阀芯；6—阀体；7—阻尼孔；
8—阀口；9—复位弹簧

弹簧9的作用下上移，从而便阀口8的开度减小，节流作用增强，使输出压力降低到调定值为止；反之，若输入压力下降，则输出压力也随之下降，膜片下移，阀口开度增大，节流作用降低，使输出压力回升到调定压力，以维持压力稳定。调节手柄1以控制阀口开度的大小，即可控制输出压力的大小。

(2) 气动调压阀的基本性能

① 调压阀的调压范围。气动调压阀的调压范围是指它的输出压力 p_2 的可调范围，在此范围内要求达到规定的精度。调压范围主要与调压弹簧的刚度有关。为使输出压力在高低调定值下都能得到较好的流量特性，常采用两个并联或串联的调压弹簧。一般调压阀最大输出压力是 0.6MPa，调压范围是 0.1~0.6MPa。

② 调压阀的压力特性。调压阀的压力特性是指流量 q 一定时，输入压力 p_1 波动而引起输出压力 p_2 波动的特性。当然，输出压力波动越小，减压阀的特性越好。如图8-36所示。输出压力 p_2 必须低于输入压力 p_1 一定值后，才基本上不随输入压力变化而变化。

③ 调压阀的流量特性。调压阀的输入压力 p_1 一定时，输出压力 p_2 随输出流量 q 而变化的特性。很明显，当流量 q 发生变化时，输出压力 p_2 的变化越小越好。图8-37所示为调压阀的流量特性，由图可见，输出压力越低，它输出流量的变化波动就越小。

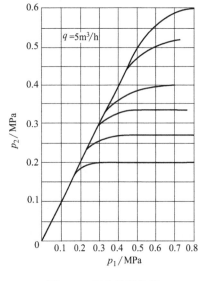

图 8-36 压力特性曲线

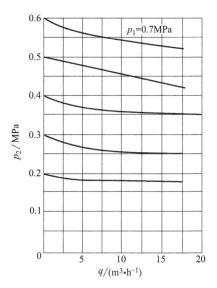

图 8-37 流量特性曲线

8.4.3 流量控制阀

在气压传动系统中，经常要求控制气动执行元件的运动速度，这要靠调节压缩空气的流量来实现。凡用来控制气体流量的阀，称为流量控制阀。流量控制阀就是通过改变阀的通流截面积来实现流量控制的元件，它包括节流阀、单向节流阀、排气节流阀和柔性节流阀等。由于节流阀和单向节流阀的工作原理与液压阀中同类型阀相似，在此不再重复。本节仅对排气节流阀和柔性节流阀做一简要介绍。

（1）排气节流阀

排气节流阀的节流原理和节流阀一样，也是靠调节通流面积来调节阀的流量的。它们的区别是，节流阀通常是安装在系统中调节气流的流量，而排气节流阀只能安装在排气口处，调节排入大气的流量。以此来调节执行机构的运动速度。图 8-38 为排气节流阀的工作原理图，气流从 A 口进入阀内，由节流口 1 节流后经消声套 2 排出。因而它不仅能调节执行元件的运动速度，还能起到降低排气噪声的作用。

排气节流阀通常安装在换向阀的排气口处与换向阀联用，起单向节流阀的作用。它实际上只不过是节流阀的一种特殊形式。由于其结构简单，安装方便，能简化回路，故应用日益广泛。

（2）柔性节流阀

图 8-39 所示为柔性节流阀的原理图，依靠阀杆夹紧柔韧的橡胶管而产生节流作用；也可以利用气体压力来代替阀杆压缩橡胶管。柔性节流阀结构简单，动作可靠性高，对污染不敏感，通常工作压力范围为 0.3~0.63MPa。

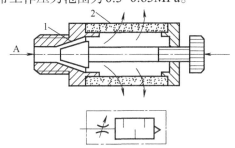

图 8-38 排气节流阀的工作原理图
1—节流口；2—消声套

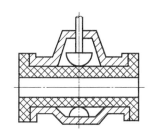

图 8-39 柔性节流阀的原理图

应当指出，用流量控制阀控制气动执行元件的运动速度，其精度远不如液压控制高。特别是在超低速控制中，要按照预定行程变化来控制速度，只用气动是很难实现的。在外部负载变化较大时，仅用气动流量阀也不会得到满意的调速效果。为提高其运动平稳性，建议采用气液联动的方式．

8.4.4　气动逻辑元件

气动逻辑元件是用压缩空气为介质，通过元件的可动部件在气控信号作用下动作，改变气流方向以实现一定逻辑功能的气体控制元件。实际上气动方向控制阀也具有逻辑元件的各种功能，所不同的是它的输出功率较大，尺寸大。而气动逻辑元件的尺寸较小，因此在气动控制系统中广泛采用各种形式的气动逻辑元件（逻辑阀）。

（1）气动逻辑元件的分类

气动逻辑元件一般可按下列方式来分类：

① 按工作压力来分。可分为高压元件（工作压力为 0.2~0.8MPa）、低压元件（工作压

力 0.02~0.2MPa）及微压元件（工作压力 0.02MPa 以下）三种。

② 按逻辑功能分。可分为"是门"（S=A）元件、"或门"（S=A+B）元件、"与门"（S=AB）元件、"非门"（S=$\bar{A}$）元件和双稳元件等。

③ 按结构形式分。可分为截止式逻辑元件、膜片式逻辑元件和滑阀式逻辑元件等。

（2）高压截止式逻辑元件

高压截止式逻辑元件是依靠控制气压信号推动阀芯或通过膜片的变形推动阀芯动作，改变气流的流动方向以实现一定逻辑功能的逻辑元件。这类元件的特点是行程小、流量大、工作压力高、对气源净化要求低，便于实现集成安装和实现集中控制，其拆卸也很方便。

① 或门。截止式逻辑元件中的或门，大多由硬、芯膜片及阀体所构成，膜片可水平安装，也可垂直安装。图 8-40 所示为或门元件的工作原理图，图中 A、B 为信号输入孔，S 为输出孔。当只有 A 有信号输入时，阀芯 a 在信号气压作用下向下移动，封住信号孔 B，气流经 S 输出；当只有 B 有输入信号时，阀芯口在此信号作用下上移。封住 A 信号孔通道，S 也有输出；当 A、B 均有输入信号时，阀芯口在两个信号作用下或上移、或下移、或保持在中位，S 均会有输出。也就是说，或有 A、或有 B、或者 A、B 二者都有，均有输出 S，亦即 S=A+B。

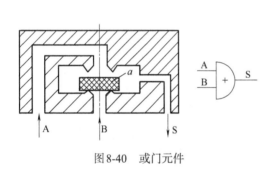

图 8-40　或门元件

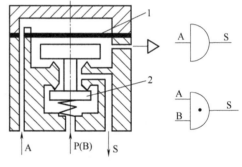

图 8-41　是门和与门元件
1—膜片；2—阀芯

② 是门和与门元件。图 8-41 为是门和与门元件的工作原理图，图中 A 为信号输入孔，S 为信号输出孔，中间孔接气源 P 时为是门元件。也就是说，在 A 输入孔无信号时，阀芯 2 在弹簧及气源压力 p 作用下处于图示位置，封住 P、S 间的通道，使输出孔 S 与排气孔相通，S 无输出。反之，当 A 有输入信号时，膜片 1 在输入信号作用下将阀芯 2 推动下移，封住输出口与排气孔间通道，P 与 S 相通，S 有输出。也就是说，无输入信号时无输出；有输入信号时就有输出。元件的输入和输出信号之间始终保持相同的状态，即 S=A。

若将中间孔不接气源而换接另一输入信号 B，则成与门元件，也就是只有当 A、B 同时有输入信号时，S 才有输出。即 S=AB。

③ 非门和禁门元件。图 8-42 所示为非门和禁门元件的工作原理图。当元件的输入端 A 没有信号输入时，阀芯 3 在气源压力作用下紧压在上阀座上，输出端 S 有输出信号；反之，当元件的输入端 A 有输入信号时，作用在膜片 2 上的气压力经阀杆使阀芯 3 向下移动，关断气源通路，没有输出。也就是说，当有信号 A 输入时，就没有输出 S，当没有输入 A 信号时，就有输出 S，即 S=$\bar{A}$。显示活塞 1 用以显示有无输出。

若把中间孔不作气源孔 P，而改作另一输入信号孔 B，该元件即为"禁门"元件。也就是说，当 A、B 均有输入信号时，阀杆及阀芯 3 在 A 输入信号作用下封住 B 孔，S 无输出；在

A无输入信号而B有输入信号时，S就有输出。A的输入信号对B的输入信号起"禁止"作用。即S=$\overline{A}$B。

④ 或非元件。图8-43所示为或非元件的工作原理图，它是在非门元件的基础上增加两个信号输入端，即具有A、B、C三个输入信号。很明显，当所有的输入端都没有输入信号时，元件有输出S，只要三个输入端中有一个有输入信号，元件就没有输出S，即S=A+B+C。

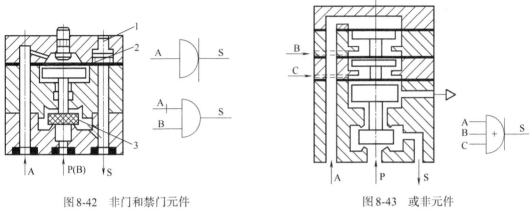

图8-42　非门和禁门元件　　　　　　图8-43　或非元件
1—显示活塞；2—膜片；3—阀芯

或非元件是一种多功能逻辑元件，用这种元件可以实现是门、或门、与门、非门及记忆等各种逻辑功能，见表8-5。

表8-5　或非元件实现的逻辑功能

是门	A ─▷ S	S=A
或门	A,B ─▷+ S	S=A+B
与门	A,B ─▷· S	S=A·B
非门	A ─▷ S	S=$\overline{A}$
双稳	A ─ 1 S₁ / B ─ 0 S₂	S₁, S₂

⑤ 双稳元件。双稳元件属记忆元件，在逻辑回路中起着重要的作用。图8-44为双稳元件的工作原理图。当A有输入信号时，阀芯a被推向图中所示的右端位置，气源的压缩空气便由P通至S_1输出，而S_2与排气口相通，此时"双稳"处于"1"状态；在控制端B的输入信号到来之前，A的信号虽然消失，但阀芯a仍保持在右端位置，S_1总是有输出；当B有输入信号时，阀芯a被推向左端，此时压缩空气由P至S_2输出，而S_1与排气孔相通，于是"双稳"处

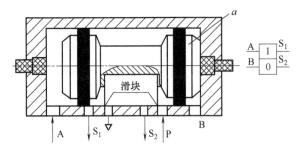

图8-44 双稳元件

于"0"状态，在B信号消失后，a信号输入之前，阀芯a仍处于左端位置，S_2总有输出。所以该元件具有记忆功能，即$S_1 = K_A^A$，$S_2 = K_A^B$。但是，在使用中不能在双稳元件的两个输入端同时加输入信号，那样元件将处于不定工作状态。

(3) 高压膜片式逻辑元件

高压膜片元件是利用膜片式阀芯的变形来实现各种逻辑功能的。它的最基本的单元是三门元件和四门元件。

① 三门元件。三门元件的工作原理如图8-45所示，它是由左、右气室及膜片组成，左气室有输入口A和输出口B，右气室有一个输入口C，一膜片将左右两个气室隔开。因为元件共有三个口，所以称为三门元件。在图8-45中，A口接气源（输入），B口为输出口，C口接控制信号，若A口和C口输入相等的压力，因B口通大气，由于膜片两边作用面积不同，受力不等，A口通道被封闭，所以从A到B的气路不通。当C口的信号消失后，膜片在A口气源压力作用下变形，使A到B的气路接通；但在B口接负载时，三门的关断是有条件的，即B口降压或C口升压才能保证可靠地关断。利用这个压力差作用的原理，关闭或开启元件的通道，可组成各种逻辑元件。

② 四门元件。四门元件的工作原理如图8-46所示，膜片将元件分成左右两个对称的气室，左气室有输入口A和输出口B，右气室有输入口C和输出口D，因为共有四个口，所以称之为四门元件。四门元件是一个压力比较元件。若输入口A的气压比输入口C的气压低，则膜片封闭B的通道，使A和B气路断开，C和D气路接通。反之，C到D通路断开，A到B气路接通。也就是说膜片两侧都有压力且压力不相等时，压力小的一侧通道被断开，压力高的一侧通道被导通；若膜片两侧气压相等，则要看哪一通道的气流先到达气室，先到者通

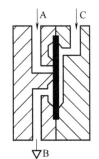 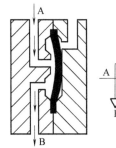 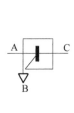 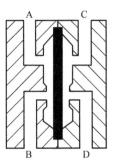 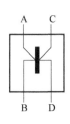

图8-45 三门元件　　　　　　　　图8-46 四门元件

过,迟到者不能通过。

根据上述三门和四门这两个基本元件,就可构成逻辑回路中常用的或门、与门、非门、记忆元件等。

(4) 逻辑元件的选用

气动逻辑控制系统所用气源的压力变化必须保障逻辑元件正常工作需要的气压范围和输出端切换时所需的切换压力,逻辑元件的输出流量和响应时间等在设计系统时可根据系统要求参照有关资料选取。

无论采用截止式或膜片式高压逻辑元件,都要尽量将元件集中布置,以便于集中管理。

由于信号的传输有一定的延时,信号的发出点(例如行程开关)与接收点(例如元件)之间,不能相距太远。

当逻辑元件要相互串联时,一定要有足够的流量,否则可能无力推动下一级元件。

另外,尽管高压逻辑元件对气源过滤要求不高,但最好使用过滤后的气源,一定不要使加入油雾的气源进入逻辑元件。

8.5 气动基本回路

预习本节内容,并撰写讲稿(预习作业),收获成果7:能够说明换向回路、压力控制回路、速度控制回路的组成及工作原理。

8.5.1 换向回路

换向回路是利用换向阀实现气动执行元件运动方向的变化。

(1) 单作用气缸换向回路

如图8-47所示为单作用气缸换向回路,如图8-47(a)所示为用二位三通电磁阀控制的单作用气缸上、下回路。该回路中,当电磁阀得电时,气缸向上伸出,失电时气缸在弹簧作用下返回。如图8-47(b)所示为三位四通电磁阀控制的单作用气缸上、下和停止的换向回路,该阀在两电磁铁均失电时自动对中,使气缸停于任何位置,但定位精度不高,且定位时间不长。

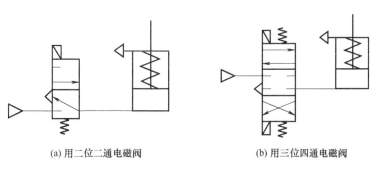

图 8-47 单作用气缸换向回路

(2) 双作用气缸换向回路

如图8-48所示为各种双作用气缸的换向回路。

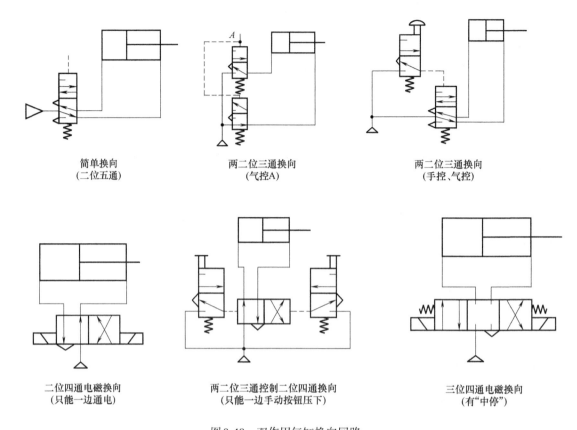

图8-48 双作用气缸换向回路

8.5.2 压力控制回路

笔记

压力控制回路的作用是使系统保持在某规定的压力范围内。

（1）一次压力控制回路

其作用是使储气罐送出的气体压力不超过规定压力。一般在储气罐上安装一只安全阀，罐内压力超过规定压力时即向大气放气或在储气罐上装一电接点压力表，罐内压力超过规定压力时即控制压缩机断电。

（2）二次压力控制回路

如图8-49所示为用空气过滤器—减压阀—油雾器（气动三联件）组成的压力控制回路，其作用是保证系统使用的压力为一定值。

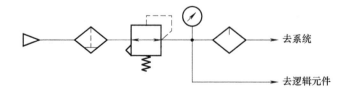

图8-49 二次压力控制回路

8.5.3 速度控制回路

速度控制回路的基本方法是用节流阀控制进入或排出执行元件的气流量。

(1) 单作用气缸速度控制回路

① 节流阀调速。如图 8-50 (a) 所示为两反向安装单向节流阀分别控制活塞杆伸出和缩回速度。

② 排气阀节流调速。如图 8-50 (b) 所示为上升时可调速（节流阀），下降时通过快排气阀排气，快速返回。

(2) 双作用气缸的速度控制回路

如图 8-51 (a)、(b) 所示均为双向排气节流调速回路。采用排气节流调速的方法控制气缸速度，其活塞运动较平稳，比进气节流调速效果好。

如图 8-51 (a) 所示为换向阀前节流控制回路，它是采用单向节流阀式的双向节流调速回路；如图 8-51 (b) 所示为换向阀后节流控制回路。它是采用排气节流阀的双向节流调速回路。

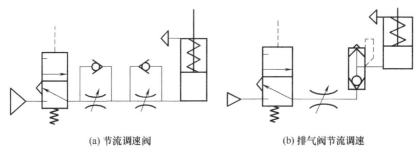

(a) 节流调速阀　　　　　　　　(b) 排气阀节流调速

图 8-50　单作用气缸速度控制回路

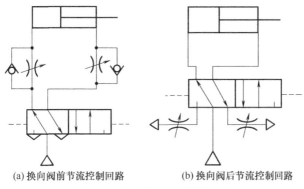

(a) 换向阀前节流控制回路　　　　(b) 换向阀后节流控制回路

图 8-51　双向排气节流调速回路

8.5.4 其他常用回路

(1) 气液联动回路

在气动回路中，若采用气液转换器或气液阻尼缸后．就相当于把气压传动转换为液压传动，就能使执行元件的速度调节更加稳定，运动也更平稳。

① 气液转换器的速度控制回路。如图 8-52 所示，利用气液转换器把气压变为液压，

利用液压油驱动液压缸,得到平稳、易于控制的活塞运动速度,调节节流阀可改变活塞运动速度。

② 气液阻尼缸的速度控制回路。如图 8-53 所示的回路,采用气液阻尼缸实现快进—工进—快退的工作循环。其工作情况如下。

快进。K_2 有信号,五通阀右位工作,活塞向左运动,液体缸右腔的油经 a 口进入左腔,气缸快速左进。

工进。活塞将 a 口封闭,液压缸右腔的油经 b 口经节流阀回左腔,活塞工进。

快退。K_2 消失,K_1 输入信号,五通阀左位工作,活塞快退。

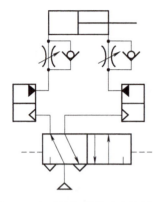 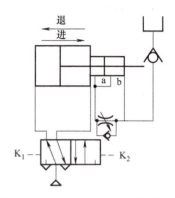

图 8-52　气液转换器的速度控制回路　　　图 8-53　气液阻尼缸的速度控制回路

(2) 延时控制回路

① 延时输出回路。如图 8-54 所示为延时输出回路。当控制信号切换阀 4 后,压缩空气经单向节流阀 3 向气容腔 2 充气。充气压力延时升高达到一定值使阀 1 换向后,压缩空气就从该阀输出。

② 延时退回回路。如图 8-55 所示为延时退回回路。按下按钮阀 1,主控阀 2 换向,活塞杆伸出,至行程终端,挡块压下行程阀 5,其输出的控制气经节流阀 4 向气容腔 3 充气,当充气压力延时升高达到一定值后,阀 2 换向,活塞杆退回。

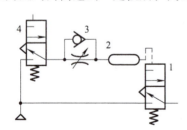 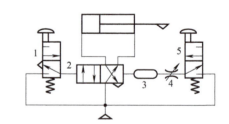

图 8-54　延时输出回路　　　　　　　　　图 8-55　延时退回回路
1—气动换向阀;2—气容腔;3—单向节流阀;4—切换阀　　1—按钮阀;2—换向阀;3—气容腔;4—节流阀;5—行程阀

(3) 计数回路

计数回路可以组成二进制计数器,如图 8-56 所示。其工作原理如下。

① 第一次按下阀 1 按钮,气信号→阀 2 右位→阀 4 左端→阀 4 左位工作,阀 5 右位工作→气缸伸出。

② 阀 1 复位→阀 4 左端控制气信号→阀 2→阀 1→大气→阀 5 复位,左位工作→气缸无杆

腔压缩空气→阀5左位→阀2左端→阀2换至左位，等待阀1的信号。

③ 第二次按下阀1，气信号→阀2左位→阀4右端→阀4右位工作，阀3左位工作→气缸退回。

④ 阀1复位→阀4右端控制气信号→阀2→阀1→大气→阀3复位，右位工作→气缸有杆腔压缩空气→阀3右位→阀2右端→阀2换至右位，等待阀1的信号。

第1、3、5、7……次（奇数）压下阀1，气缸伸出；第2、4、6、8……次（偶数）压下阀1，气缸退回。

(4) 安全保护和操作回路

由于气动机构负荷的过载、气压的突然降低以及气动机构执行元件的快速动作等原因都可能危及操作人员和设备的安全，因此在气动回路中常常加入安全回路。

① 过载保护回路。如图8-57所示的保护回路，当活塞杆在伸出过程中，若遇到挡铁6或其他原因使气缸过载时，无杆腔压力升高，打开顺序阀3，使阀2换向，阀4随即复位，活塞就立即缩回，实现过载保

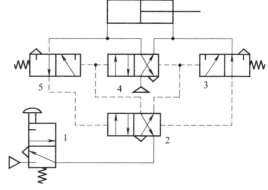

图8-56　计数回路
1—按钮阀；2~5—气动换向阀

护；若无障碍，气缸继续向前运动时压下阀5，活塞即刻返回。

② 互锁回路。如图8-58所示为互锁回路，四通阀的换向受三个串联的机动三通阀控制，只有三个都接通，主控阀才能换向。

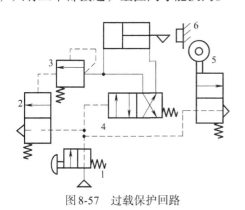

图8-57　过载保护回路
1—按钮阀；2,4—换向阀；3—顺序阀；5—行程阀；6—挡铁

图8-58　互锁回路

过载保护回路

互锁回路

(5) 双手同时操作回路

双手同时操作回路就是使用两个启动用的手动阀，只有同时按动两个阀才动作的问题。这种回路主要是为了安全。在锻造、冲压机械上常用来避免误动作，以保护操作者的安全。

如图8-59（a）所示回路为使用逻辑"与"回路的双手操作回路，为使主控阀换向，必须使压缩空气信号进入其左端，故两只三通手动阀要同时换向，另外这两个阀必须安装在单手不能同时操作的位置上，在操作时，如任何一只手离开则控制信号消失，主控阀复位，则活塞杆退回。

如图8-59（b）所示的是使用三位主控阀的双手操作回路，把此主控换向阀1的信号A作为手动换向阀2和3的逻辑"与"回路，亦即只有手动换向阀2和3同时动作时，主控换向

阀1换向至上位，活塞杆前进；把信号B作为手动换向阀2和3的逻辑"或非"回路，即当手动换向阀2和3同时松开时（图示位置），主控换向阀1换向至下位，活塞杆退回；若手动换向阀2和3任何一个动作，将使主控阀复位至中位，活塞杆处于停止状态。

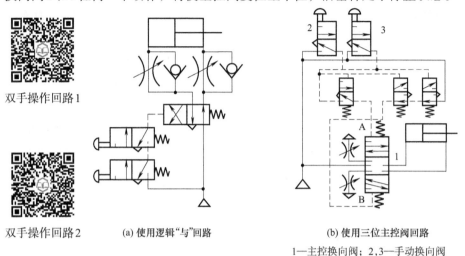

(a) 使用逻辑"与"回路　　　　(b) 使用三位主控阀回路

1—主控换向阀；2,3—手动换向阀

图 8-59　双手同时操作回路

（6）顺序动作回路

顺序动作回路是指在气动回路中，各个气缸按一定程序完成各自的动作。

① 单缸往复动作回路。单缸往复动作回路可分为单缸单往复和单缸连续往复动作回路。前者指如给定一个信号后，气缸只完成A_1A_0一次往复动作（A表示气缸，下标"1"表示A缸活塞伸出，下标"0"表示活塞缩回动作）。而单缸连续往复动作回路指输入一个信号后，气缸可连续进行A_1A_0 A_1A_0……动作。

如图8-60所示为三种单往复控制回路，其中如图8-60（a）所示为行程阀控制的单往复动作回路。当按下阀1的手动按钮后，压缩空气使阀3换向，活塞杆前进，当凸块压下行程阀2时，阀3复位，活塞杆返回，完成A_1A_0循环；如图8-60（b）所示为压力控制的单往复回路，当按下阀1的手动按钮后，阀3阀芯右移，气缸无杆腔进气，活塞杆前进，当活塞到达行程终点时，气压升高，打开顺序阀2，使阀3换向，气缸返回，完成A_1A_0循环；如图8-60（c）所示是利用阻容回路形成的时间控制单往复回路，当按下阀1的按钮后，阀3换向，气缸活塞杆伸出，当压下行程阀2后，需经过一定的时间后，阀3才能换向，再使气缸返回完成动作A_1A_0的循环。由以上可知，在单往复回路中，每按动一次按钮，气缸可完成一个A_1A_0的循环。

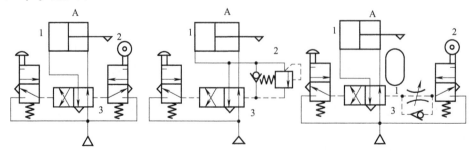

(a) 行程阀控制的单往复动作回路　(b) 压力控制的单往复回路　(c) 利用阻容回路形成的时间控制单往复回路

图 8-60　单往复控制回路

② 连续往复动作回路。如图8-61所示的回路为连续往复动作回路，能完成连续的动作循环。当按下阀1的按钮后，阀4换向，活塞向右运动，此时阀3复位将气路封闭，阀4不能复位，活塞继续前进；活塞到达行程终点压下阀2，使阀4控制气路排气，在弹簧作用下阀4复位，气缸返回。活塞到达行程终点压下阀3，阀4换向，活塞再次向前，形成A_1A_0 A_1A_0……连续往复动作，提起阀1的按钮后，阀4复位，活塞返回而停止运动。

③ 多缸顺序动作回路。两三只或多只气缸按一定顺序动作的回路，称为多缸顺序动作回路。其应用较广泛，在一个循环顺序里，若气缸只做一次往复，称之为单往复顺序，若某些气缸做多次往复，就称为多往复顺序。若用A、B、C……表示气缸，仍用下标1、0表示活塞的伸出和缩回，则两只气缸的基本动作顺序有$A_1B_0A_0B_1$、$A_1B_1A_0B_0$和$A_1A_0B_1B_0$三种。而三只气缸的基本动作就有15种之多，如$A_1B_1C_1A_0B_0C_0$、$A_1A_0B_1C_1B_0C_0$、$A_1B_1C_1A_0C_0B_0$等等。这些顺序动作回路，都属于单往复顺序。如图8-62所示为两缸往复顺序动作回路，其基本动作为$A_1B_1A_0B_0A_1B_1A_0B_0$……的连续往复顺序动作。在程序控制系统中，把这些顺序动作回路，都叫作程序控制回路。

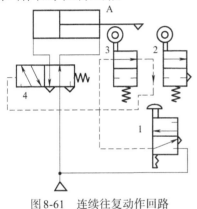

图8-61 连续往复动作回路

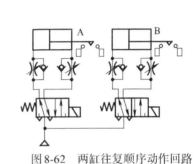

图8-62 两缸往复顺序动作回路

连续往复回路

8.6 典型气动回路分析

预习本节内容，并撰写讲稿（预习作业），收获成果8：能够说明气动机械手气压传动系统组成与工作原理；成果9：能够说明气动钻床气压传动系统组成与工作原理；成果10：能够说明工件夹紧气压传动系统的组成与工作原理。

气压传动技术是实现工业生产自动化和半自动化的方式之一，其应用遍及国民经济生产的各个部门。本章主要介绍其在机械行业的应用，首先讲述两个程序控制系统的应用实例，而后再分析两个一般的气压传动和气-液传动系统的实例。在分析程序控制系统时，从工作程序入手，由X-D线图，逻辑回路图到气压传动系统，其目的在于提高读者分析程序控制系统的能力。而对于一般的气压传动系统，则以讲清其动作原理为限。

8.6.1 气动机械手气压传动系统

机械手是自动生产设备和生产线上的重要装置之一，它可以根据各种自动化设备的工作需要，按照预定的控制程序动作。因此，在机械加工、冲压、锻造、铸造、装配和热处理等生产过程中被广泛用来搬运工件，借以减轻工人的劳动强度；也可实现自动取料、上料、卸料和自动换刀的功能，气动机械手是机械手的一种，它具有结构简单、重量轻、动作迅速、平稳、可靠和节能等优点。

如图8-63是用于某专用设备上的气动机械手的结构示意图，它由四个气缸组成，可在三个坐标内工作，图中A为夹紧缸，其活塞退回时夹紧工件，活塞杆伸出时松开工件。B缸为长臂伸缩缸，可实现伸出和缩回动作。C缸为立柱升降缸。D缸为回转缸，该气缸有两个活塞，分别装在带齿条的活塞杆两头，齿条的往复运动带动立柱上的齿轮旋转，从而实现立柱及长臂的回转。

(1) 工作程序图

该气动机械手的控制要求是：手动启动后，能从第一个动作开始自动延续到最后一个动作。其要求的动作顺序为：

启动→立柱下降→伸臂→夹紧工件→缩臂→立柱顺时针转→立柱上升→放开工件→立柱逆时针转→（循环）

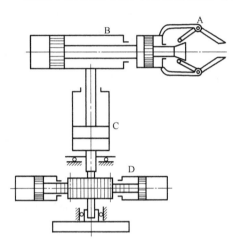

图8-63　气动机械手的结构示意图

写成工作程序图为：

$$\underline{q\,(qd_0)} \longrightarrow A_1 \xrightarrow{a_1} B_1 \xrightarrow{b_1} B_0 \xrightarrow{b_0} B_1 \xrightarrow{b_1} B_0 \xrightarrow{b_0} A_0 \xrightarrow{a_0} (循环)$$

可写成简化式为 $C_0B_1A_0B_0D_1C_1A_1D_0$。

由以上分析可知，该气动系统属多缸单往复系统。

(2) X-D线图

根据上述的分析可以画出气动机械手在 $C_0B_1A_0B_0D_1C_1A_1D_0$ 动作程序下的X-D线图（图8-64），

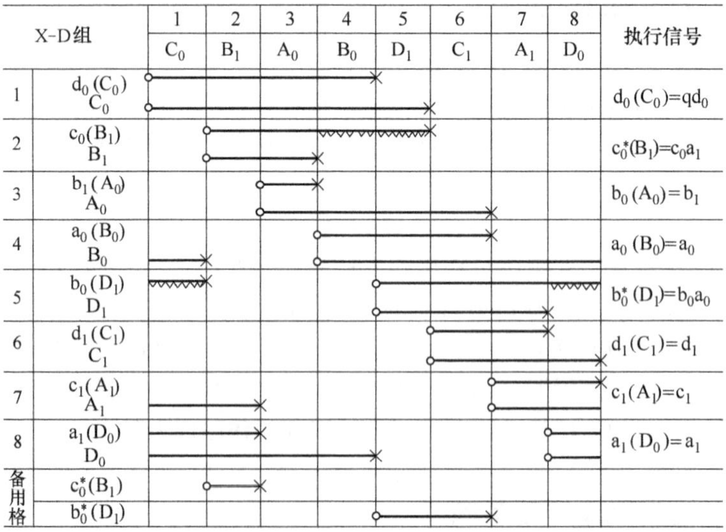

X-D组		1 C_0	2 B_1	3 A_0	4 B_0	5 D_1	6 C_1	7 A_1	8 D_0	执行信号
1	$d_0(C_0)$ C_0									$d_0(C_0)=qd_0$
2	$c_0(B_1)$ B_1									$c_0^*(B_1)=c_0a_1$
3	$b_1(A_0)$ A_0									$b_0(A_0)=b_1$
4	$a_0(B_0)$ B_0									$a_0(B_0)=a_0$
5	$b_0(D_1)$ D_1									$b_0^*(D_1)=b_0a_0$
6	$d_1(C_1)$ C_1									$d_1(C_1)=d_1$
7	$c_1(A_1)$ A_1									$c_1(A_1)=c_1$
8	$a_1(D_0)$ D_0									$a_1(D_0)=a_1$
备用格	$c_0^*(B_1)$ $b_0^*(D_1)$									

图8-64　气动机械手X-D线图

从图中可以比较容易地看出其原始信号 c_0 和 b_0 均为障碍信号，因而必须排除。为了减少整个气动系统中元件的数量，这两个障碍信号都采用逻辑回路来排除，其消障后的执行信号分别为 $c_0^*(B_1) = c_0 a_1$ 和 $b_0^*(D_1) = b_0 a_0$。

（3）逻辑原理图

图 8-65 为气动机械手在其程序为 $C_0 B_1 A_0 B_0 D_1 C_1 A_1 D_0$ 条件下的逻辑原理图。图中列出了四个缸八个状态以及与它们相对应的主控阀，图中左侧列出的是由行程阀、启动阀等发出的原始信号（简略画法）。在三个与门元件中，中间一个与门元件说明启动信号 q 对 d_0 起开关作用，其余两个与门则起排除障碍作用。

（4）气动回路原理图

按图 8-65 的气控逻辑原理图可以绘制出该机械手的气动回路图，如图 8-66 所示。在 X-D 图中可知，原始信号 c_0、b_0 均为障碍信号，而且是用逻辑

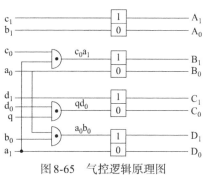

图 8-65　气控逻辑原理图

回路法除障，故它们应为无源元件，即不能直接与气源相接。按除障后的执行信号表达式 $c_0^*(B_1) = c_0 a_1$ 和 $b_0^*(D_1) = b_0 a_0$ 可知，原始信号 c_0 要通过 a_1 与气源相接，同样原始信号 b_0 要通过 a_0 与气源相接。

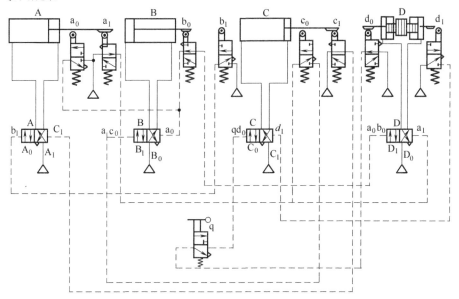

图 8-66　气动机械手气动回路图

由该系统图分析可知，当按下启动阀 q 后，主控阀 C 将处于 C_0 位，活塞杆退回，即得到 C_0；$a_1 c_0$ 将使主控阀 B 处于 B_1 位，活塞杆伸出，得到 B_1；活塞杆伸出碰到 b_1，则控制气使主控阀 A 处于 A_0 位，A 缸活塞退回，即得到 A_0；A 缸活塞杆挡铁碰到 a_0，a_0 又使主控阀 B 处于 B_0 位，B 缸活塞缸返回，即得到 B_0；B 缸活塞杆挡块又压下 b_0，$a_0 b_0$ 又使主控阀 D 处于 D_1 位，使 D 缸活塞杆往右运动，得到 D_1；D 缸活塞杆上的挡铁压下 d_1，d_1 则使主控阀 C 处于 C_1 位，使 C 缸活塞杆伸出，得到 C_1，C 的活塞杆上挡铁又压下 c_1，则 c_1 使主控缸 A 处于 A_1 位，A 缸活塞杆伸出，即得到 A_1；A 缸活塞杆上的挡铁压下 a_1，a_1 使主控阀 D 处于 D_0 位，使 D 缸活

塞杆往左，即得 D_0，D 缸活塞上的挡铁压下 d_0， d_0 经启动阀又使主控阀 C 处于 C_0 位，又开始新的一轮工作循环。

8.6.2 气动钻床气压传动系统

全气动钻床是一种利用气动钻削头完成主体运动（主轴的旋转）、再由气动滑台实现进给运动的自动钻床。根据需要机床上还可安装由摆动气缸驱动的回转工作台，这样，一个工位在加工时，另一个工位则装卸工件，使辅助时间与切削加工时间重合，从而提高生产率。

本节介绍的气动钻床气压传动系统，是利用气压传动来实现进给运动和送料、夹紧等辅助动作。它共有三个气缸，即送料缸 A、夹紧缸 B、钻削缸 C。

（1）工作程序图

该气动钻床气压传动系统要求的动作顺序为：

$$启动 \rightarrow 送料 \rightarrow 夹紧 \rightarrow \begin{Bmatrix} 送料后退 \\ 钻孔 \end{Bmatrix} \rightarrow 钻头退 \rightarrow 松开 \rightarrow (循环)$$

写成工作程序图为：

$$q\,(qd_0) \xrightarrow{} A_1 \xrightarrow{a_1} B_1 \xrightarrow{b_1} \begin{Bmatrix} A_0 \\ C_1 \end{Bmatrix} \xrightarrow{(c_1 a_0)/c_1} C_0 \xrightarrow{c_0} B_0 \xrightarrow{b_0} (循环)$$

由于送料缸后退（A_0）与钻削缸前进（C_1）同时进行，考虑到 A_0 动作对下一个程序执行没有影响，因而可不设联锁信号，即省去一个发信元件 a_0，这样可克服若 C_1 动作先完成，而 A_0 动作尚未结束时， C_1 等待造成钻头与孔壁相互摩擦，降低钻头寿命的缺点。在工作时只要 C_1 动作完成，立即发信执行下一个动作，而此时若 A_0 运动尚未结束，但由于控制 A_0 运动的主控阀所具有的记忆功能， A_0 仍可继续动作。

该动作程序可写成简化式为：$A_1 B_1 \begin{Bmatrix} A_0 \\ C_1 \end{Bmatrix} C_0 B_0$。

（2）X-D 线图

按上述的工作程序可以绘出如图 8-67 所示的 X-D 线图，由图可知，图中有两个障碍信号 $b_1(C_1)$ 和 $c_0(B_0)$，分别用逻辑线路法和辅助阀法来排除障碍，消障后的执行信号表达式为：$b_1^*(C_1) = b_1 a_1$ 和 $C_0^*(B_0) = c_0 K_{b0}^{c1}$。

X-D组		1	2	3	4	5	执行信号
		A_1	B_1	A_0 / C_1	C_0	B_0	
1	$b_0(A_1)$ / A_1						$b_0(A_1) = qb_0$
2	$a_1(B_1)$ / B_1						$a_1(B_1) = a_1$
3	$b_1(A_0)$ / A_0						$b_1(A_0) = b_1 a_1$
	$b_1(C_1)$ / C_1						$b_1^*(C_1) = b_1 a_1$
4	$c_1(C_0)$ / C_0						$c_1(C_0) = c_1$
5	$c_0(B_0)$ / B_0						$c_0^*(B_0) = c_0 K_{b0}^{c1}$
备用格	$b_1^*(C_1)$						
	K_{b0}^{c1}						
	$c_0^*(B_0)$						

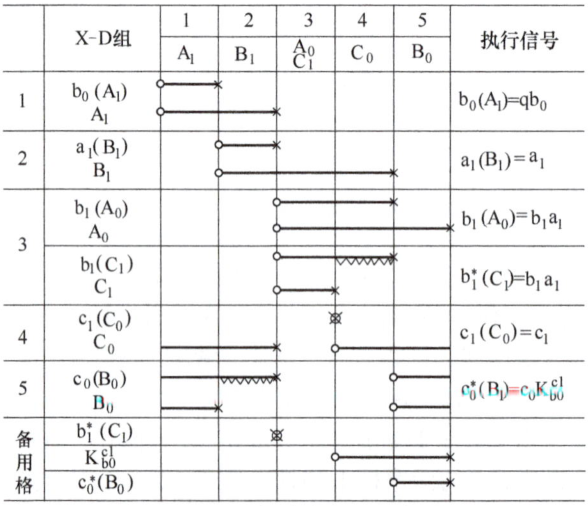

图 8-67 气动钻床 X-D 线图

（3）逻辑原理图

根据图8-67的X-D图，可以绘出如图8-68所示的逻辑原理图，图中右侧列出了三个气缸的六个状态，中间部分用了三个与门元件和一个记忆元件（辅助阀），图中左侧列出的由行程阀、启动阀等发出的原始信号。

（4）气动系统原理图

根据图8-68的气动钻床逻辑原理图即可绘出该钻床的气压传动系统图，如图8-69所示。

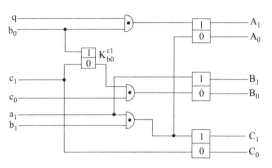

图8-68　气动钻床逻辑原理图

从图8-67的X-D线图中可以看出，a_1、b_0、c_1均为无障碍信号，因而它们是有源元件，在气动回路图中直接与气源相连接，而b_1、c_0为有障碍的原始信号，按照其消除障碍后的执行信号表达式$b_1^*(C_1) = b_1 a_1$ 和 $C_0^*(B_0) = c_0 K_{b0}^{c1}$可知，原始信号$b_1$为无源元件，应通过$a_1$与气源相接；原始信号$C_0$只需与辅助阀（单记忆元件）、气源串接即可。另外，在设计中省略了a_0信号，即A缸活塞杆缩回（A_0）结束时它不发信号。

按下启动按钮q后，该气压传动系统能自动完成$A_1 B_1 \begin{Bmatrix} A_0 \\ C_1 \end{Bmatrix} C_0 B_0$的动作循环，在此不再详述。

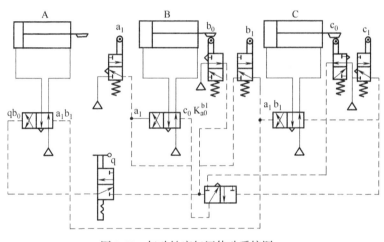

图8-69　气动钻床气压传动系统图

8.6.3　工件夹紧气压传动系统

图8-70是机械加工自动线、组合机床中常用的工件夹紧的气压传动系统图。其工作原理是：当工件运行到指定位置后，气缸A的活塞杆伸出，将工件定位锁紧后，两侧的气缸B和C的活塞杆同时伸出，从两侧面压紧工件，实现夹紧，而后进行机械加工，其气压系统的动作过程如下。

当用脚踏下脚踏换向阀1（在自动线中往往采用其他形式的换向方式）后，压缩空气经单向节流阀进入气缸A的无杆腔，夹紧头下降至锁紧位置后使机动行程阀2换向，压缩空气经单向节流阀5进入中继阀6的右侧，使阀6换向，压缩空气经阀6通过换向阀4的左位进入气缸B和C的无杆腔，两气缸同时伸出。与此同时，压缩空气的一部分经单向节流阀3调定延时后使主控阀换向到右侧，则两气缸B和C返回。在两气缸返回的过程中有杆腔的压缩空气使脚踏阀1复位，则气缸A返回。此时由于行程阀2复位（右位），所以中继阀6也复位；由于阀6复位，气缸B和C的无杆腔通大气，主控阀4自动复位，由此完成了一个缸A压下（A_1）→夹紧缸B和C返回（B_0、C_0）→缸A返回（A_0）的动作循环。

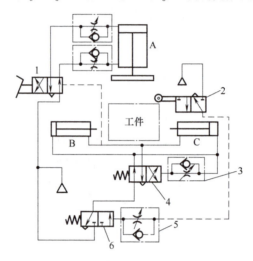

图8-70　工件夹紧气压传动系统
1—脚踏换向阀；2—行程阀；3,5—单向节流阀；4—换向阀；6—中继阀

8.7　气动系统使用和维护

预习本节内容，并撰写讲稿（预习作业），收获成果11：能够说明气动系统安装与调试步骤及注意事项；成果12：能够说明气动系统使用与维护注意事项。

8.7.1　气动系统安装和调试

气动系统的安装并不是简单地用管子把各阀连接起来，安装实际上是设计的延续。作为一种生产设备它首先应保证运行可靠、布局合理、安装工艺正确、将来维修检测方便。由于各元件之间管道连接的多变性和实际现有管接件品种数量等因素，有许多气动控制柜的装配图是在安装人员根据气动系统原理图安装好以后，再由技术人员补画的。目前气动系统的安装一般采用紫铜管卡套式连接和尼龙软管快插式连接两种，快插式接头拆卸方便，一般用于产品试验阶段或一些简易气动系统；卡套式接头安装牢固可靠，一般用于定型产品，下面我们主要介绍用卡套式接头连接的气动系统。

（1）安装

① 安装步骤

a. 审查气动系统设计。首先要充分了解控制对象的工艺要求，根据其要求对系统图进行逐路分析，然后确定管接头的连接形式，既要考虑现在安装时经济快捷，也要考虑将来整体安装好后中间单个元件拆卸维修更换方便。另外，在达到同样工艺要求的前提下应尽量减少管接头的用量。

b. 模拟安装。首先必须按图核对元件的型号和规格，然后卸掉每个元件进出口的堵头，在各元件上初拧上端直通或端直角管接头，认清各气动元件的进出口方向。接着，把各元器件按气动系统线路平铺在工作台上，再量出各元件间所需管子的长度，长度选取要合理，要考虑电磁阀接线插座拆卸、接线和各元件以后更换得方便。

c. 正式安装。根据模拟安装的工艺，拧下各元器件上的端直通，在端直通接头上包上聚四氟乙烯密封带，再重新拧入气动元件内并用扳手拧紧。按照模拟安装时选好的管子长度，把各元件连接起来，注意：铜管插入管接头时必须插到底再稍退1mm，并且检查每一个管接头中是否漏放铜卡鼓，卡紧螺帽必须用扳手扳紧，以防漏气。待这部分组件安装好后将它整体固定到控制柜内，再用铜管把相关回路连接起来，最后再装上相关仪表，注意压力表要垂直安装，表面朝向要便于观察。

② 管道的安装

a. 安装前要彻底清理管道内的粉尘、铁锈等污物。接管时应防止密封带碎片进入管内。

b. 管子支架要牢固，工作时不得产生振动。

c. 接管时要充分注意密封性，防止漏气，尤其注意接头处及焊接处。

d. 管路尽量平行布置，减少交叉，力求最短、转弯最少，并考虑到能自由拆装。

e. 安装软管要有一定的弯曲半径，不允许有拧扭现象，且应远离热源或安装隔热板。

③ 元件的安装

a. 阀在安装前应查看铭牌，注意型号、规格是否相符，应注意阀的推荐安装位置和标明的安装方向。大多数电磁阀对安装位置和方向无特殊要求，对指定要求的应予以注意。

b. 逻辑元件应按控制回路的需要，将其成组装在底板上，并在底板上开出气路，用软管接出。

c. 移动缸的中心线与负载作用力的中心线要同心，否则引起侧向力，使密封件加速磨损，活塞杆弯曲。

d. 各种自动控制仪表、自动控制器、压力继电器等，在安装前应进行校验。

（2）调试

① 调试前的准备工作。首先必须把所有的输出口用事先准备好的堵头堵住，在需要测试的部位安装好临时压力表以便观察压力。准备好驱动电磁阀的临时电源，并将电磁阀的临时电源连接好。对220V电压的系统要特别注意安全，核查每一个电磁阀的额定许用电压是否与试验电压一致。最后连接好气源。

② 正式调试。打开气源开关，缓缓调节进气调压阀，使压力逐渐升高至0.6MPa，然后检查每一个管接头处是否有漏气现象，如有必须先加以排除。调节每一个支路上的调压阀使其压力升高，观察其压力变化是否正常。对每一路的电磁阀进行手动换向和通电换向，如遇电磁阀不换向，可用升高压力或对阀体稍加振动的方法进行试验。换向阀因久放不用，发生不换向现象时，须拆开阀体把涂在阀芯上的干硬硅脂用煤油清洗掉，重新涂上硅脂安装好。注意在用手动方法换向后，一定要把手动手柄恢复到原位，否则可能会出现通电后不换向的情况。

③ 空载运行。空载时运行一般不少于2h，注意观察压力、流量、温度的变化，如发现异常应立即停车检查。待排除故障后才能继续运转。

④ 负载试运转。负载试运转应分段加载，运转一般不少于4h，分别测出有关数据，记入试运转记录。

8.7.2 气动系统使用与维护

（1）气动系统使用的注意事项
① 开车前后要放掉系统中的冷凝水。
② 定期给油雾器注油（食品、医药行业往往有采用无油气缸等特殊要求，此时系统无注油器）。
③ 开车前检查各调节手柄是否在正确位置，机控阀、行程开关、挡块的位置是否正确、牢固，对导轨、活塞杆等外露部分的配合表面进行擦拭。
④ 随时注意压缩空气的清洁度，对空气过滤器的滤芯要定期清洗。
⑤ 设备长期不用时，应将各手柄放松，以防弹簧永久变形，而影响元件的调节性能。

（2）压缩空气的污染及预防办法
压缩空气的质量对气动系统性能的影响极大，如被污染将使管道和元件锈蚀、密封件变形、堵塞喷嘴，使系统不能正常工作。压缩空气的污染主要来自水分、油分和粉尘三个方面，其污染原因及预防办法有以下几方面。

① 水分。空气压缩机吸入的是含水分的湿空气，经压缩后提高了压力，当再度冷却时就要析出冷凝水，侵入到压缩空气中致使管道和元件锈蚀，影响其性能。
防止冷凝水侵入压缩空气的方法是：及时排除系统各排水阀中积存的冷凝水，经常注意自动排水器、干燥器的工作是否正常，定期清洗空气过滤器、自动排水器的内部元件等。

② 油分。这里是指使用过的因受热而变质的润滑油。压缩机使用的一部分润滑油成雾状混入压缩空气中，受热后引起气化随压缩空气一起进入系统，将使密封件变形，造成空气泄漏，摩擦阻力增大，阀和执行元件动作不良，而且还会污染环境。
清除压缩空气中油分的方法有：较大的油分颗粒通过除油器和空气过滤器的分离作用同空气分开，从设备底部排污阀排除；较小的油分颗粒可通过活性炭吸附作用清除。

③ 粉尘。大气中含有的粉尘、管道内的锈粉及密封材料的碎屑等侵入到压缩空气中，将引起元件中的运动件卡死、动作失灵、堵塞喷嘴、加速元件磨损、降低使用寿命，导致故障发生，严重影响系统性能。
防止粉尘侵入压缩机的主要方法是：经常清洗空气压缩机前的预过滤器，定期清洗空气过滤器的滤芯，及时更换滤清元件等。

（3）气动系统的日常维护
气动系统日常维护的主要内容是冷凝水和系统润滑的管理。冷凝水的管理方法在前面已讲述，这里仅介绍对系统润滑的管理。

气动系统中从控制元件到执行元件，凡有相对运动的部件表面都需润滑。如润滑不当，会使摩擦阻力增大，导致元件动作失常。同时，密封面磨损会引起系统漏气等危害。

润滑油的性能直接影响润滑效果。通常，高温环境下用高黏度润滑油，低温环境下用低黏度润滑油。如果温度特别低，为克服起雾困难可在油杯内装加热器。供油量是随润滑部位的形状、起动状态及负载大小而变化。供油量总是大于实际需要量，一般以每 $10m^3$ 自由空气供给 1mL 的油量为基准。还要注意油雾器的工作是否正常，如果发现油量没有减少，需及时检修或更换油雾器。

（4）气动系统的定期检修

定期检修的时间间隔，通常为三到四个月。其主要内容有：

① 查明系统各漏气点，并设法予以解决。

② 通过对方向控制阀排气口的检查，判断润滑油是否适度，空气中是否有冷凝水。如果润滑不良，可检查油雾器规格是否合适和安装位置是否恰当，滴油量是否正常等。如果有大量冷凝水排出，则检查过滤器的安装位置是否恰当，排除冷凝水的装置是否合适，冷凝水的排除是否彻底。如果方向控制阀排气口关闭时，仍有少量泄漏，往往是元件损伤的初期阶段，检查后，可更换受磨损元件以防止发生动作不良。

③ 检查安全阀、紧急安全开关动作是否可靠。定期检修时，必须确认它们动作的可靠性，以确保设备和人身安全。

④ 观察换向阀的动作是否可靠。根据换向时声音是否异常，判定铁芯和衔铁配合处是否有杂质，检查铁芯是否有磨损，密封件是否老化，手摸电磁头是否过热、外壳是否损坏。

⑤ 反复开关换向阀观察气缸动作，判断活塞上的密封是否良好。检查活塞杆外露部分，判定其与前盖的配合处是否有漏气现象。

上述各项检查和修复的结果应记录在案，以作为设备出现故障查找原因和设备大修时的参考。

气动系统的大修间隔期为一年或几年。其主要内容是检查系统各元件和部件，判定其性能和寿命，并对平时产生故障的部位进行检修或更换元件，对老化的尼龙管进行更换，排除修理间隔期间内一切可能产生故障的因素。

通常，新安装的气动系统被调整好后，在较短的时间之内，不会出现过早磨损的情况，正常磨损要在几年后才会出现。系统发生故障的原因往往是：a.机器部件的表面故障或由堵塞导致的故障；b.控制系统的内部故障。经验证明，控制系统发生故障的概率远远小于与外部接触的传感器或机器本身的故障。

练习题

8-1 简述活塞式空气压缩机的工作原理。

8-2 气缸按结构特点可分为哪几类？气缸选择的主要步骤有哪些？

8-3 气马达有几种类型？简述气马达的优缺点。

8-4 简述冷却器的工作原理。

8-5 单作用气缸内径 $D=63$mm，复位弹簧最大反力 $F=150$N，工作压力 $P=0.5$MPa，负载效率为 0.4，求该气缸的推力为多少？

8-6 单叶片摆动式气动马达的内半径 $r=50$mm，外半径 $R=300$mm，进排气口的压力分别为 0.6MPa 和 0.15MPa，叶片轴向宽度 $B=320$mm，效率 $\eta=0.5$，输入流量为 0.4m³/min，$\eta_v=0.6$，求其输出转矩 T 和角速度 ω 为多少？

8-7 有一气缸，当信号 A、B、C 中任一信号存在时都可使其活塞返回，试设计其控制回路。

8-8 指出图所示的各元件的名称，并分析回路的工作过程。

8-9 试分析图所示的槽形弯板机的气压传动系统，

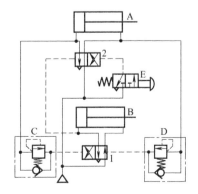

题 8-8 图

其动作顺序为 $A_1 \begin{Bmatrix} B_1 \\ C_1 \end{Bmatrix} \begin{Bmatrix} D_1 \\ E_1 \end{Bmatrix} \begin{Bmatrix} A_0 & B_0 & D_0 \\ & C_0 & E_0 \end{Bmatrix}$

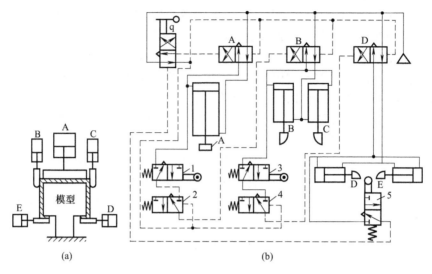

题 8-9 图

第 9 章
液压传动虚拟仿真技术

【佳文赏阅】阅读下面文章,谈谈你的择业观。
万玫乐,张瑞英.浅谈大学生的择业观.中国市场,2020.18:176-177.

【成果要求】基于本章内容的学习,要求收获如下成果。
成果1:能够基于换向液压回路图正确创建液压系统仿真模型;
成果2:能够分析不同参数下的换向液压系统特性。

仿真技术是人们对现实系统的属性进行的某种程度的抽象建模。人们利用这样的理论模型进行试验,对现实系统进行研究,从中得到所需的信息,以便更好地理解并进一步预测现实系统的某些性能,进而做出修正和决策。

在系统设计过程中,仿真技术是一个强有力的开发工具。随着计算机技术的不断发展,仿真的精确性、可靠性和界面的友好性有了很大的进步。利用工作站甚至个人计算机就可以对设计的系统进行分析和评估,预测系统的性能,以便及时修正和完善系统的设计,从而进行系统优化、缩短设计周期,解决传统液压系统试验费用高和难度大等问题,降低由于设计不当而造成的各种风险。因此,了解和利用计算机仿真技术,对所设计的液压系统进行整体分析和性能评估,有着重要的现实意义和经济效益。

9.1 Automation Studio™软件

Automation Studio™是一款综合仿真软件,可以模拟包括液压、气动、电路控制、可编程逻辑控制器(PLC)、顺序功能图(SFC)等多种技术领域的回路和技术。该软件可动态仿真回路,观察组件与电路之间的关系,控制实际硬件,具有组件剖面动态演示功能,提供了一个涵盖多学科领域、仿真过程形象直观的软件环境。Automation Studio™特点是支持多领域建模仿真,包含机、电、液、电磁、控制等多学科领域。同时,具有易操作的图形化用户操作界面及实时仿真功能。元件模型在软件中用图标表示,由计算机自动生成回路的仿真描述文件和程序,用户可实时看到仿真动作。

该软件由几个模块和库组成,而这些库可以根据使用者的具体需要和要求进行添加。每个库包含有数百个 SO、IEC、JIC 和 NEMA 兼容符号。因此,用户可以选择合适的组件并且将其拖拽至工作区,从而快速创建任何类型的系统。系统可由诸如液压、气动、电气之类的单一系统构成,也可以由上述的两种或多种子系统构成。

Automation Studio™具有编辑、模拟、打印、文件管理和显示功能,还具有访问技术和商业数据的功能。图 9-1 为 Automation Studio™ 启动后的主窗口。

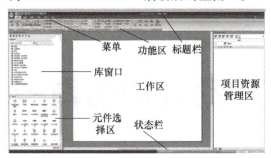

图 9-1　Automation Studio™ 启动后的主窗口

9.2　Automation Studio™ 软件界面

本节内容对 Automation Studio™ 软件主窗口的内容做简要说明。从图 9-1 中可以看出，除了最明显的工作区之外，主窗口还包括标题栏、Automation Studio™ 菜单、功能区、库窗口、元件选择区、状态栏和资源管理器等。此外，还有用于调整工作区的横向滚动条和纵向滚动条。

（1）标题栏

启动 Automation Studio™ 软件后，图表编辑器的标题栏在默认情况下会显示为："Automation Studio™-［项目 1：图 1］"，如图 9-2 所示。当第一次保存或者打开一个当前项目时，标题栏会以同样的格式显示出："本软件的名称-［项目名称：图表名称］"。

图 9-2　Automation Studio™ 软件的标题栏

（2）菜单

鼠标单击主窗口左上角的 Automation Studio™ 图标 ，即可弹出如图 9-3 所示的 Automation Studi™ 菜单。

图 9-3　Automation Studio™ 菜单

Automation Studio™ 软件的所有菜单都集中于此，因此，所有的项目管理功能也集中于此。点击不同的项目，可以弹出不同的功能。

如图 9-3 所示，菜单窗口底部具有两个功能按钮："Automation Studio™ 选项" 和 "退出 Automation Studio™"。前者用于修改应用程序的配置，后者用来关闭应用程序。

（3）功能区

功能区里集成了多种功能和命令按钮，根据选用的选项卡的不同，功能区显示的功能也会相应自动变化和调整。图 9-4 所示为选中 "编辑" 选项卡时的功能区。

图 9-4 选中"编辑"选项卡时的功能区

(4) 库窗口

库窗口采用树状视图对软件拥有的库进行显示，可以通过选择目录进行定位。用鼠标点击相应库名称前面的箭头，可以在树状视图的分支中显示可用的元件。如图 9-1 所示，Automation Studi™软件主要包含的模块和库有：液压、比例液压、气动、电气控制、数字电子电路、人机界面和控制面板、梯形图等。除了这些自带的库和模块之外，使用者也可以自行创建、管理新库和新元件。

(5) 元件选择区

在使用软件时，用鼠标选在库窗口中选用库后，左下角的元件选择区会自动切换至对应的库。液压库包含的元件见图 9-5。元件以图形符号的形式显示在库中供使用者调用，同时在符号下方标注了名称。在本书中，我们主要使用液压库做相关的仿真模型。

图 9-5 液压库中的元件

(6) 状态栏

状态栏显示了对选定的所有功能的菜单和命令的说明。状态栏还包括指示模拟或者编辑应用模式的单元信息，也包括具体的按键比如大写锁定、数字锁定、工作区缩放等。鼠标在工作区的具体的实时位置信息也显示在状态栏上。

(7) 项目资源管理器

项目资源管理器可以控制所有与已经打开的项目以及其文档的管理相关的功能。与选定文档相关的上下文菜单使创建、显示、保存、导入/导出、发送、模拟文档以及全部和部分打印文档成为可能。项目资源管理器由最上方的工具栏、中间最大的部分称为树状视图以及状态栏组成。

9.3 实例操作

建立如图9-6所示的换向液压系统,进行仿真分析。

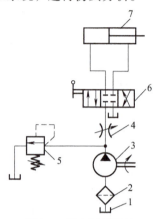

图9-6 换向液压系统

1—油箱;2—过滤器;3—液压泵;4—节流阀;5—溢流阀;6—换向阀;7—液压缸

如图9-6所示,该液压系统主要有液压泵、溢流阀、节流阀、换向阀、液压缸及辅助元件组成。液压泵3为系统提供油液;换向阀6为三位四通手动换向阀,用于控制液压缸7的伸缩运动;节流阀4控制液压缸7的运动速度;溢流阀5用于保护系统压力不要过高;过滤器2用于防止污染物被吸入液压泵3内。液压系统的主要参数见表9-1所示。

表9-1 液压系统的主要参数

元件名称	参数	值
溢流阀	开启压力/MPa	10
液压缸	缸径/mm	100
	杆径/mm	50
	行程/mm	500
	伸出时阻力/N	10000
	缩回时阻力/N	2000
液压泵	排量/(mL/r)	20
	转速/(r/min)	1000
节流阀	内径/mm	10

(1) 仿真模型的建立

① 启动 Automation Studio™ 软件,得到如图9-1所示的主窗口。

② 在图9-1所示的窗口中选择液压库。

③ 在元件选择区,用鼠标拖动油箱、过滤器、液压泵、溢流阀、节流阀、换向阀和液压缸等元件图标至工作区,完成后的仿真模型草图如图9-7所示。如有需要,可以使用鼠标对相应元件的图标进行拖动,以便移动至合适的位置。如有需要,在软件的功能区里点击"查看"选项卡,勾选"网格",如图9-8所示,这时工作区中将会出现网格。勾选"网格"后的效果如图9-7所示。网格可以帮助准确定位每个元件的位置。

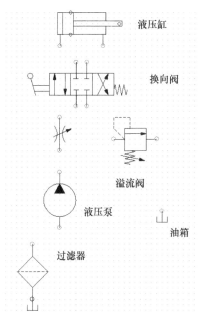 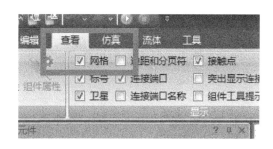

图9-7 仿真模型草图　　　　　图9-8 "查看"选项卡下的"网格"功能

④ 连接管路。鼠标左键点击散布在工作区中的元件的红色圆圈触头，可以拉伸出管路。将鼠标移至要连接的元件端口时，光标会增加一个圆环，点击即可完成管路的连接。

根据功能的不同，液压系统中的管路可以分成高压管路、先导管路、泄漏管路、回油管路等多种类型。在 Automation Studio™ 软件中，也可以对系统的管路进行分类显示。在工作区的空白处用鼠标右键单击，在"管路功能"中可以将管路分成"压力""先导管线""排放管线""负荷传感管线"和"返回管线"等类型，见图9-9。在本例中，将换向阀回油至油箱的管路定义成"返回管线"类型，该管路显示为虚线。管路连接完成后的本液压系统的仿真模型如图9-10所示。

 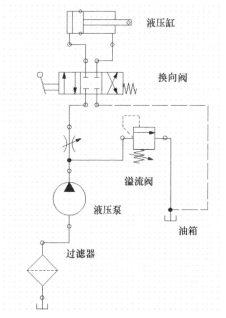

图9-9　Automation Studio™软件中的管路类型　　　图9-10　管路连接完成后的液压系统仿真模型

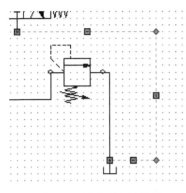

图 9-11 管路走向的调整

有时候,需要对管路的走向进行调整。用鼠标选中需要调整的管路,被选中的管路就会显示出若干个控制点,如图9-11所示。使用鼠标对控制点进行拖动即可对管路的位置和走向进行调整。

(2) 模型参数设置

① 溢流阀的参数设置。双击溢流阀的图标,出现参数设置对话框,如图9-12所示。在参数设置的对话框里,可以选择的单位有 Pa(帕斯卡)、bar(巴)、psi(磅每平方英寸)、atm(工程大气压)、MPa(兆帕)、kgf/cm²(公斤力每平方厘米)。在本例中,设置溢流阀的开启压力为 10MPa。设置完成后,点击右上角的关闭按钮即可自动保存参数。

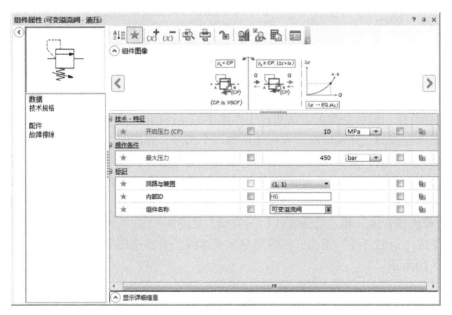

图 9-12 溢流阀的开启压力设定

② 液压缸的参数设置。双击液压缸图标,即可打开如图9-13所示的参数设置窗口。具体的项目及说明见表9-2。

表 9-2 液压缸模型项目及说明

组别	项目	说明
技术-建模	活塞位置	活塞的初始停留位置
	斜角	液压缸的角度
技术-特征	冲程	液压缸的行程
	杆直径	液压缸活塞杆直径
	活塞直径	液压缸活塞直径
技术-外部数据	拉外力	液压缸活塞杆缩回时的负载
	推外力	液压缸活塞杆伸出时的负载

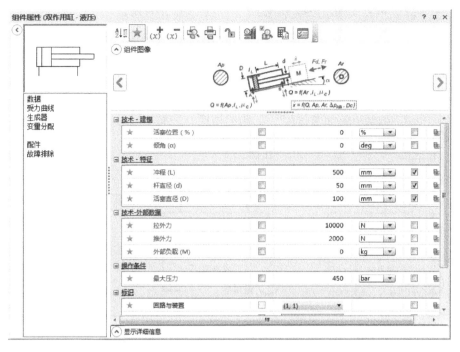

图9-13 液压缸模型的参数设置窗口

根据表9-1中液压缸的参数对仿真模型中液压缸参数设置完成后关闭窗口。

③ 液压泵的参数设置。双击液压泵的图标，即可打开如图9-14所示的参数设置窗口。根据表9-1中液压泵的参数，将仿真模型中液压泵的排量设置成20cm³/rev（等效成mL/r）后关闭窗口即可。

④ 节流阀的参数设置。双击节流阀的图标，将节流阀的内径设置为10mm。因此设置比较简单，不再赘述。

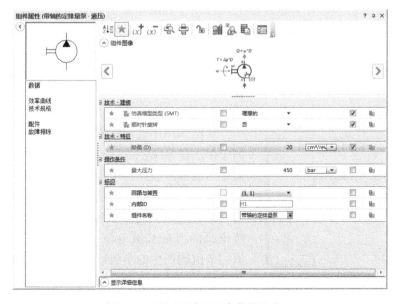

图9-14 液压泵模型的参数设置窗口

（3）系统仿真分析

图9-15 "仿真"选项卡的"正常仿真"

用鼠标选择功能区的"仿真"选项卡，点击左侧的"正常仿真"按钮，如图9-15所示。同时，仿真模型会变成如图9-16所示的动态仿真图。可以通过鼠标左键点击换向阀的左、中和右位实现阀的切换，进而实现对液压缸动作的控制。

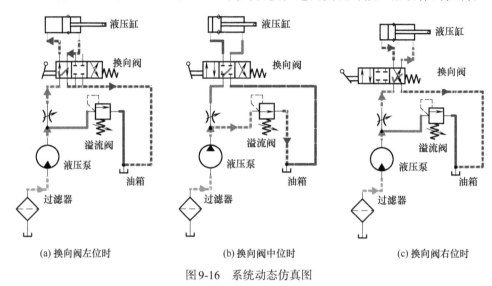

图9-16 系统动态仿真图

在本软件的动态仿真图中，用红色表示高压管路，蓝色表示压力较低的管路，绿色表示吸油管路。箭头的方向表示了油液的流动方向。

从图9-16（a）中可以看出，当换向阀左位工作时，液压泵从油箱中吸油，排出的高压油液经节流阀、换向阀的左位进入液压缸的无杆腔，有杆腔的油液流出，经换向阀的左位流回油箱。在实际仿真的计算机屏幕上，可以看到液压缸活塞杆伸出的动画。与之类似，从图9-16（c）中可以看出液压缸活塞杆缩回的有关情况。当液压缸的活塞杆伸出或缩回到端点时，液压泵排出的油液全部经溢流阀回油箱。

当换向阀处于中位工作时，如图9-16（b）所示，液压缸停止运动，液压泵排出的油液全部经溢流阀回油箱。

（4）节流阀的调速作用分析

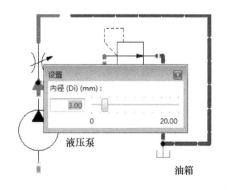

图9-17 节流阀内径参数设置窗口

从图9-16中还可以看出，不论液压缸的活塞杆是处于伸出还是缩回的状态，只要在运动过程中，液压泵排出的油液就全部进入了液压缸，没有经溢流回油箱的部分。这说明此时节流阀没有起到调节系统流量的目的。这是因为，节流阀的内径为10mm，相对于液压泵的流量120L/min来说，这是一个比较大的数值。节流阀产生的节流阻力较小，再加上液压缸的负载较小，故液压泵的全部流量都可以经节流阀流入液压缸，节流阀前的压力没有升高到溢流阀的开启压力（本例中为10MPa）。

下面将节流阀的内径变小再进行仿真分析。

用鼠标左键直接点击节流阀的图标,弹出节流阀的内径参数设置窗口,如图9-17所示,将内径改为3mm,完成后直接关闭窗口即可。

修改参数后的仿真动态图如图9-18所示。从图中可以看出,节流阀的内径变小后,液压泵排出的油液将分成两部分,一部分经换向阀进入液压缸,另一部分经溢流阀回油箱。这是因为节流阀的内径变小后,对油液产生了较大的阻力,导致节流阀前的压力达到了溢流阀的开启压力。溢流阀开启后,部分油液经溢流阀回油箱。此时,液压缸的速度较前一工况(节流阀的内径为10mm)时速度变慢。

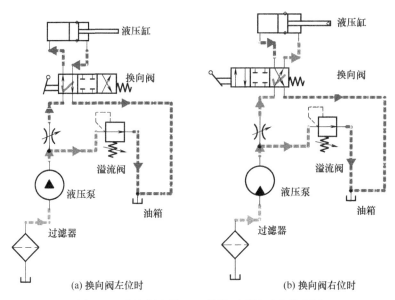

图9-18 节流阀内径3mm情况下系统动态仿真图

以上的分析中,可以定性地知道液压缸运动速度的快慢,但是并不能了解准确的运动参数。下文我们将了解如何获取准确的仿真数据。

(5)液压缸的运动参数分析

在实际的工作过程中,有很多参数的都是以时间为坐标进行表示的,比如位移、速度等。在Automation Studio™软件中,如何获得这样的数据呢?

如图9-19所示,在功能区的"仿真"选项卡中,点击"y(t)绘图仪"按钮。弹出的Yt绘图仪窗口如图9-20所示。这个窗口就可以用来显示以时间为坐标的仿真数据。

图9-19 "y(t)绘图仪"按钮

用鼠标选中液压缸的图标,拖曳图标至Yt绘图仪窗口,得到图9-21所示的数据选择窗口。在此,可以对希望显示的数据进行选择,完成后点击右下角的 图标即可。本例中,仅选择"线性位置",表示液压缸活塞的位移。

图 9-20　Yt 绘图仪窗口

图 9-21　显示数据选择窗口

　　图 9-22 为液压缸活塞位移曲线。图 9-22（a）和图 9-22（b）分别显示了两种不同情况下液压缸活塞杆两次伸缩时的位移变化情况。每次的伸缩运动，都包括伸出、停止和缩回三个阶段。图 9-22（a）为节流阀的内径 10mm 时的运动情况，活塞杆伸出约耗时 2s，缩回耗时约 1.5s。图 9-22（b）为节流阀内径 3mm 时的情况，活塞杆伸出约耗时 4s，缩回耗时约 2.5s。从图中可以明显看出，液压缸活塞在第一种情况下的运动速度大于第二情况下的运动速度。这是由于节流阀的内径变化造成流量变化引起的。我们还可以分析得出，活塞杆伸出耗时大于缩回耗时，这是因为液压缸无杆腔的面积大于有杆腔的面积。

　　图 9-23 为节流阀内径为 3mm 时液压缸活塞运动速度与流量曲线。图中，实线为活塞运动速度曲线，虚线为流量曲线。从图中可以看出，液压缸活塞运动速度与流量同步变化。图中活塞运动速度为正时，流量为负值，这是由流量的方向定义引起的。当进入液压缸无杆腔的流量约为 55L/min 时，液压缸活塞运动速度约为 120mm/s。我们可以根据表 9-1 的数据计

算，计算结果与仿真结果基本吻合。液压泵排出的流量仍然为120L/min，多余的流量经溢流阀回油箱。

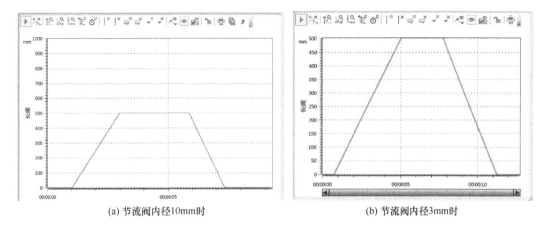

图9-22 液压缸活塞位移曲线

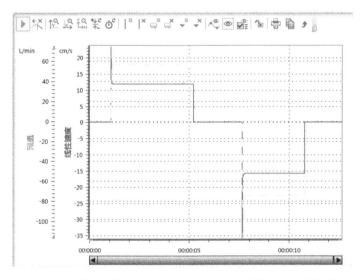

图9-23 节流阀内径3mm时液压缸活塞运动速度与流量曲线

图9-24为节流阀内径为10mm时液压缸活塞运动速度与流量曲线。图中，实线为活塞运动速度曲线，虚线为流量曲线。从图中可以看出，液压缸活塞运动速度与流量同步变化。因为此时节流阀的内径很大，在节流阀前压力小于10MPa的情况下足够120L/min的流量通过。从图9-24中可以看出，当进入液压缸无杆腔的流量为120L/min时，液压缸活塞运动速度约为250mm/s。我们可以根据表9-1的数据计算活塞的理论运动速度，计算结果与仿真结果基本吻合。此时，没有多余的流量经溢流阀回油箱。

以上的例子，以最简单的方式，呈现了Automation Studio™软件进行液压系统仿真的基本方法。例子深入简出，但显示出了Automation Studio™软件的直观性和易用性。这对液压与气动技术的初学者极为重要，有助于加深对基本知识和抽象概念的理解，以期进一步的深入探索。本例以基本操作为主，对很多细节和内容描述不够清晰和完整。读者如果要想系统性地掌握和使用软件，还需要查阅更多的参考资料。

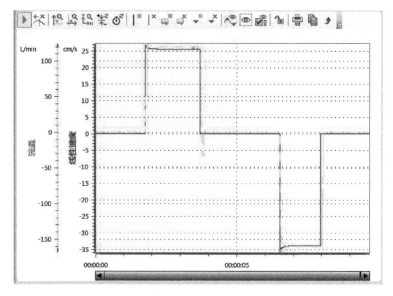

图9-24 节流阀内径10mm时液压缸活塞运动速度与流量曲线

练习题

9-1 创建如图所示的液压回路仿真模型，分析不同调速参数下的活塞运行速度及压力表的读数变化。

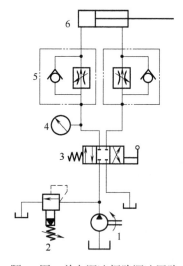

题9-1图 单向调速阀路调速回路

1—液压泵；2—先导式溢流阀；3—三位四通手动换向阀；4—压力表；5—单向调速阀；6—单活塞杆式液压缸

附录

实验

【佳文赏阅】阅读下面文章,谈谈创业困境与实施途径。

郑岩. 新时代背景下大学生创业心理现状及提升途径研究. 吉林工程技术师范学院学报,2020.03:18-20.

【成果要求】基于本章内容的学习,要求收获如下成果。

成果1:能够识读液压回路中元件符号,确定对应的实体元件;
成果2:能够按照液压回路图连接实体元件;
成果3:能够正确拆装液压泵;
成果4:能够说明液压泵各部分的功能;
成果5:能够识读调速液压回路图,并根据回路图确定元器件、构建液压回路;
成果6:能够根据实验结果,分析调速原理;
成果7:能够识读顺序调速液压回路图,并根据回路图确定元器件、构建液压回路;
成果8:能够根据实验结果,分析顺序回路工作原理;
成果9:能够识读气动调速液压回路图,并根据回路图确定元器件、构建液压回路;
成果10:能够根据实验结果,分析气动调速回路工作原理;
成果11:能够识读气动延时节流调速往复运动回路图,并根据回路图确定元器件、构建液压回路;
成果12:能够根据实验结果,分析气动延时节流调速往复运动回路工作原理。

液压传动实验教学是帮助学生进一步理解液压传动理论知识,培养学生自己动手实践的能力。本章的实验内容可以根据教学进度针对性的安排,有助于提高教学效果。

实验1 认识液压系统

成果1:能够识读液压回路中元件符号,确定对应的实体元件;
成果2:能够按照液压回路图连接实体元件。

(1)实验内容
① 在老师的指导下组合液压传动系统。
② 启动系统观察其工作过程。
③ 通过阀控节流调速回路认识液压传动系统的组成。
④ 了解每个组成部分的主要功能。

⑤ 初步认识液压元件。

（2）实验设备

液压实验台、液压元件、其他相关工具。

（3）实验原理图（见实验图1-1）

（4）实验步骤

① 教师讲解实验内容、实验设备和注意事项。

② 学生观察教师在实验台上连接液压传动系统过程。

③ 启动连接好液压系统，观察其工作过程。

④ 学生将连接好的液压传动系统拆开，在指定位置摆放好液压元件。

⑤ 学生组合液压传动系统，启动系统并观察其工作过程。

（5）思考题

把液压系统实物图和原理图进行对照认识，说出液压元件名称和功能。

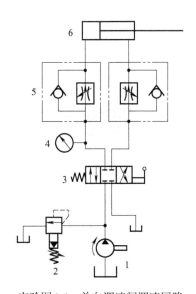

实验图1-1 单向调速阀调速回路

1—液压泵；2—先导式溢流阀；3—三位四通手动换向阀；4—压力表；5—单向调速阀；6—单活塞杆式液压缸

实验2 液压泵的拆装

成果3：能够正确拆装液压泵；

成果4：能够说明液压泵各部分的功能。

以CY系列泵为例讲解液压泵的拆装。由于CY系列泵的结构较为典型，重点掌握其组成、工作原理、各部分结构的关系、主要零件的结构和技术要求及拆装要点等达到触类旁通的效果

（1）实验内容

① 认识CY系列泵组成（主泵部分和变量机构部分）。

② 搞清所拆卸液压泵的工作原理及各部分的结构关系。

③ 根据技术要求，正确拆卸液压泵。

④ 根据技术要求，正确组装液压泵。

⑤ 掌握拆装液压泵的方法和修理要点。

（2）实验设备

CY系列轴向柱塞泵，内六角扳手、固定扳手、螺丝刀、铜棒等其他相关工具

（3）实验步骤

① 观察所要拆卸的液压泵，说出其工作原理、各部分功能及其相互间的结构关系。

② 学生分组拆卸液压泵，按照顺序拆卸，按零件的拆卸顺序编号，把零件摆放在指定位置，并掌握主要零件的结构、作用和技术要求。

③ 对于密封圈、定位销、螺栓、螺母及垫片等标准件，要检查是否损坏，如果损坏必

须更换。

④ 使用清洗剂把零件表面的油污、锈迹和黏附的机械杂质等清洗掉，干燥后用不起毛的布擦干净，保持零件的清洁

⑤ 按技术要求组装液压泵，注意一般组装的顺序和拆卸的顺序相反，即先拆的后装。

⑥ 组装好后，请教师检查是否合格，如果不合格，分析其原因，并重新组装。

⑦ 组装好后，向液压泵的进出油口注入机油，用手转动时应为均匀无过紧的感觉。

（4）注意事项

① 在拆装液压泵时，要保持场地和元件的清洁。

② 在拆装液压泵时，要用专用或教师指定的工具。

③ 组装时，不要将元件装反，注意元件的安装位置、配合表面及密封元件，不要拉伤配合表面和损坏密封元件。

④ 在拆装液压泵时，如果某些液压元件出现卡死现象，不要用锤子敲打，在教师指导下请用铜棒轻轻敲打或加润滑油等方法来解除卡死现象。

⑤ 安装完毕要检查现场有无漏装元件。

（5）思考题

① 液压泵的变量机构的作用是什么？它是如何组成的？其工作原理是什么？

② 配流盘的作用是什么？为了保持液压泵良好的工作性能，减小冲击、降低噪声的不良影响。在配流盘上采取了哪些具体措施？

③ 滑履的作用是什么？怎样保证滑履贴紧斜盘？

④ 为了防止柱塞的偏磨损和柱塞的卡死现象，在结构上采取了什么措施？

⑤ 传动轴和缸体之间是怎样连接的？是怎样支承在泵体中的？

实验3　液压传动系统调速回路组装实验

成果5：能够识读调速液压回路图，并根据回路图确定元器件、构建液压回路；

成果6：能够根据实验结果，分析调速原理。

速度调节回路是液压传动系统的重要组成部分，液压传动系统依靠它来控制工作机的运动速度。例如，在机床中经常需要调节工作台（或刀架）的移动速度，以适应加工工艺要求，液压传动的优点之一就是能够很方便地实现无级调速。液压传动系统速度的调节一般有三种，即节流调速、容积调速和节流容积调速。

（1）实验内容

① 通过亲自装拆，了解进口节流调速回路的组成及性能。

② 通过该回路实训，加深理解 $Q = KA\Delta P^m$ 的关系，如何改变调速阀进出口压差，以及该压差对调速阀输出流量的影响。

③ 利用现有液压元件拟定其他方案，进行比较。

（2）实验设备

液压演示台及各种液压元件及相关工具。

（3）实验原理图

单向调速阀或单向节流阀进油调速回路原理如实验图3-1所示。

(4) 实验步骤

① 照实验图3-2回路图的要求,去除要用的液压元件,检查型号是否正确。

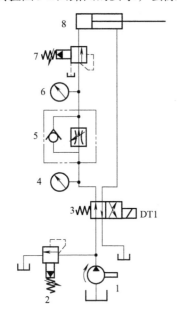

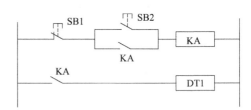

实验图3-1 进油节流调速回路原理　　实验图3-2 进油节流调速回路电气接线图

1—液压泵;2—先导式溢流阀;3—二位四通电磁换向阀;4,6—压力表;
5—单项调速阀;7—先导式顺序阀(加载);8—单活塞杆式液压缸

② 将检查完毕性能完好的液压元件安装在实验台面板合理位置,通过快换接头和液压软管按回路要求连接。

③ 进行电气线路连接。

④ 装完后,把溢流阀的压力调到最低,启动液压泵,调节溢流阀Ⅰ的压力为4MPa,调节单向调速阀或单向节流阀开口,观察液压缸的运动速度,并分析原因。

⑤ 调节顺序阀的压力,记录单向调速阀进出口的压力和液压缸的速度,并填写实验表3-1。

⑥ 绘制 V-F 曲线。

实验表3-1　进油路节流阀调速实验数据表

系统调压值 P/MPa		油缸大腔面积 A_1/cm²	油缸小腔面积 A_2/cm²
节流阀开口		A_{T1}(稍大)	A_{T2}(稍小,小到缸速能随负载压力变化)
实验计算参数	负载压力 P_0/MPa		
	系统压力 P/MPa		
	运动时间 t/s		
	运动位移 l/m		
	负载压力 P_0/MPa		
	运动速度 v/(m/s)		

(5) 思考问题

① 该油路在出口或旁路调速回路中是否可以使用不带单向阀的调速阀(节流阀)?为什么?

② 单向调速阀进口节流调速为什么能保证工作缸运动速度基本不变？
③ 由实验可知，当负载压力上升到接近于系统压力时，为什么缸速度开始变慢？
④ 分析该 V-F 曲线形成的原因。

实验4　液压传动系统顺序回路组装实验

成果7：能够识读顺序调速液压回路图，并根据回路图确定元器件、构建液压回路；
成果8：能够根据实验结果，分析顺序回路工作原理。

在机床及其他装置中，往往要求几个工作部件按照一定顺序依次工作。例如，组合机床的工作台复位、夹紧，滑台移动等动作，这些动作间有一定顺序要求。预先加紧后才能加工，加工完毕先退出刀具才放松。又如，磨床上砂轮的切入运动，一定要周期性地在工作台每次换向时进行，因此，采用顺序回路。以实现顺序动作，依控制方式不同可分为压力控制式、行程控制式和时间控制式。

（1）实验内容

① 通过亲自装拆，了解回路组成工作原理、作用和性能，

② 利用现有的液压元件，拟定其他方案，并与之比较。

（2）实验设备

液压演示台及各种液压元件。

（3）实验原理图（见实验图4-1～实验图4-3）

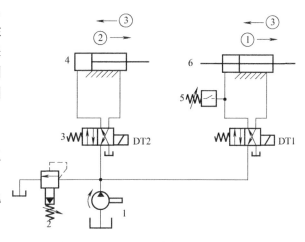

实验图4-1　双缸顺序控制回路原理图

1—液压泵；2—先导式溢流阀；3—二位四通手动换向阀；4—单活塞杆式液压缸；5—压力继电器；6—双活塞杆式液压缸

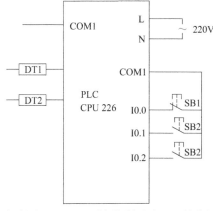

实验图4-2　双缸顺序控制回路PLC接线图

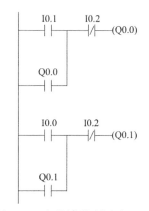

实验图4-3　双缸顺序控制回路PLC梯形图

（4）实验步骤

① 教师讲解实验内容、实验设备和注意事项。

② 学生将连接好的液压传动系统拆开，在指定位置摆放好液压元件。
③ 学生组合液压传动系统，启动系统并观察其工作过程。
④ 把溢流阀压力调到最低，启动液压泵。
⑤ 调节溢流阀的压力为3.5MPa，启动液压系统，观察顺序动作，列表记录顺序动作过程。

(5) 思考题
① 每只行程开关分别是控制哪个电磁铁的？
② 填写下面的工况表（实验表4-1）。
③ 根据动作过程，分析液压系统的工作原理。

实验表4-1　液压缸动作顺序表

	1YA	2YA	压力继电器
右缸进			
左缸进			
两缸同时退			

实验5　双作用气缸的速度控制

成果9：能够识读气动调速液压回路图，并根据回路图确定元器件、构建液压回路；
成果10：能够根据实验结果，分析气动调速回路工作原理。

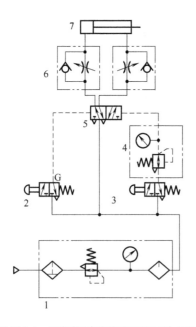

实验图5-1　双气控手动节流调速回路原理图
1—气动三联件；2,3—按钮二位四通换向阀（常闭式）；4—带压力表的气动减压阀；5—双气控二位五通阀；6—单向节流阀；7—双作用单活塞杆式气缸

(1) 实验内容
① 认识相关气动元件。
② 加深对试验中用到的相关气动元件的工作原理和特性的理解和掌握。
③ 掌握单双作用气缸的速度控制回路的组装方法和工作原理。
(2) 实验设备
液压演示台及各种液压元件。
(3) 实验原理图（见实验图5-1）
(4) 实验步骤
① 教师讲解实验内容、实验设备和注意事项。
② 学生组合气压传动系统，启动系统并观察其工作过程。
③ 调节减压阀的压力，观察气缸速度快慢和减压阀出口压力大小的关系。
(5) 思考题
① 分析并写出气缸活塞杆伸出和返回时压缩流经路线。

② 写出气缸速度快慢随减压阀出口压力大小变化的关系,并分析原因。

实验6 气动双缸往复电-气联合控制回路

成果11:能够识读气动延时节流调速往复运动回路图,并根据回路图确定元器件、构建液压回路;

成果12:能够根据实验结果,分析气动延时节流调速往复运动回路工作原理。

(1) 实验内容
① 认识相关气动元件。
② 加深对试验中用到的相关气动元件的工作原理和特性的理解和掌握。
③ 掌握双缸往复电-气联合控制回路的组装方法和工作原理。
(2) 实验设备
液压演示台及各种液压元件。
(3) 实验原理图(见实验图6-1)

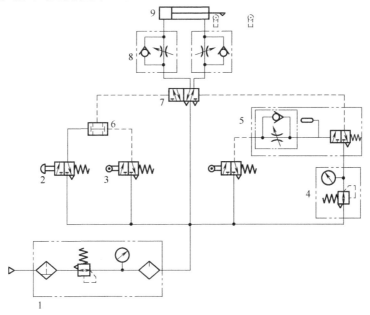

实验图6-1 延时节流调速往复回路原理图

1—气动三联件;2—二位三通手动换向阀(常闭式);3—二位三通手动换向阀(常闭式);4—带压力表的气动减压阀;5—二位三通延时气动换向阀;6—与门逻辑阀;7—二位五通气动换向阀;8—单向节流阀;9—单活塞杆式气缸

(4) 实验步骤
① 教师讲解实验内容、实验设备和注意事项。
② 学生组合气压传动系统,启动系统,观察并记录其工作过程。
(5) 思考题
① 分析并写出气缸活塞杆伸出和返回时压缩流经路线。
② 该回路的工作原理是什么?
③ 该回路所用到的气动元件的工作原理和作用是什么?

参 考 文 献

[1] 宋正和，曹燕. 液压与气动技术. 北京：北京交通大学出版社，2009.
[2] 毛好喜，刘青云. 液压与气动技术. 2版. 北京：人民邮电出版社，2012.
[3] 曾亿山. 液压与气压传动. 合肥：合肥工业大学出版社，2008.
[4] 朱梅，朱光力. 液压与气动技术. 2版. 西安：西安电子科技大学出版社，2007.
[5] 左健民. 液压与气压传动. 2版. 北京：机械工业出版社，2003.
[6] 路甬祥. 液压气动技术手册. 北京：机械工业出版社，2002.
[7] 朱怀忠，王恩海. 液压与气动技术. 北京：科学出版社，2007.
[8] 袁广，张勤. 液压与气压传动技术. 北京：北京大学出版社，2008.
[9] 骆简文，朱琪，李兴成. 液压传动与控制. 重庆：重庆大学出版社，2006.
[10] 许福玲. 液压与气压传动. 2版. 北京：机械工业出版社，2004.
[11] 张宏友. 液压与气动技术. 大连：大连理工大学出版社，2006.
[12] 侯会喜. 液压传动与气压技术. 北京：冶金工业出版社，2008.
[13] 张玉莲. 液压和气压传动与控制. 杭州：浙江大学出版社，2007.
[14] 张世亮. 液压与气压传动. 北京：机械工业出版社，2006.
[15] 林建亚，何存兴. 液压元件. 北京：机械工业出版社，1990.
[16] 杨曙东，何存兴. 液压传动与气压传动. 武汉：华中科技大学出版社，2002.
[17] 李芝. 液压传动. 北京：机械工业出版社，2005.
[18] 许大华，黎少辉. 液压与气动技术. 北京：北京交通大学出版社，2014.